線形代数学入門

山形邦夫・和田倶幸 共著

培風館

まえがき

大学で初めに学ぶ数学の一つである線形代数は，数学や物理学，化学などの理学においては言うまでもなく，工学や情報科学，農学，医学，経済学など，数学の関わる多くの分野で利用される基礎的な理論である．本書は，これら多くの分野で利用できるよう基礎的な部分について解説した線形代数の入門書である．

行列や行列式に関わる計算法の修得が線形代数を学ぶ目的のように思われがちであるが，線形代数を学ぶ重要な目的の一つは，具体的な性質から抽象化された概念や考え方を理解し，さらにはそれらを具体的な問題に適用し処理するという方法を身につけることにある．これは高等学校までの数学や，やはり大学初年度に学ぶ微積分とは異なる点で，初めての学習者には敬遠されがちになる．この修得には時間をかけて根気よく学習を継続するほかない．本書ではこの学習の一助となるよう，理論的な体系ができるだけ失われないように注意し具体例を織り交ぜながら説明を試みた．

本書は一年課程で終了できる教科書として書かれている．概ね第 1 章から 4 章までの行列と行列式，平面と空間のベクトルの部分が前期，5 章のベクトル空間と 6 章の行列の標準化の部分が後期の範囲と想定している．しかし，平面と空間のベクトルの第 4 章や一部の例題などは授業時間に応じて参照すれば十分であるように配慮した．また入門書としての考えから細部に入ることは避け基礎的な事項に限定した．このため行列のジョルダン標準形など重要なもので本書では扱わなかったものも多い．

本書の執筆にあたり出版についてお世話頂いた培風館編集部の松本和宣氏および原稿を読んで多くの貴重なご意見を下さった大貫洋介氏，また表紙デザインを作成して頂いた和田庸伸氏に心より感謝の意を表したい．

2006 年 1 月

山形邦夫，和田倶幸

目　　次

集合の記号について

本書では **集合**とは，ある“もの”の集まりであるとし，これらの“もの”をその集合の**要素**または**元**（げん）とよぶ．x が集合 S の要素であるとき，x は S に**属する**ともいい，$x \in S$ または $S \ni x$ などと表す．

すべての実数から成る集合を $\boldsymbol{R}$，すべての複素数から成る集合を $\boldsymbol{C}$ で表す．

集合 S の一部の要素から成る集合 X を S の**部分集合**といい，$X \subseteqq S$ または $S \supseteqq X$ と表す．特に S は S の部分集合でもある．S の要素 x で，ある性質 P を満たすもの全部から成る部分集合を次のように表すこともある．

$$\{x \in S \mid x \text{ は性質 } P \text{ を満たす}\} \quad \text{または} \quad \{x \mid x \in S \text{ は性質 } P \text{ を満たす}\}$$

例えば，$X = \{x \mid x \in \boldsymbol{R},\ x^2 > 1\}$ は，集合 X は「$x^2 > 1$ であるすべての実数 x から成る」ことを表す．

要素をもたない集合というものも考え，任意の集合の部分集合と考える．これを $\emptyset$ と表し**空集合**（くうしゅうごう）とよぶ．

X，Y を集合 S の部分集合とする．$X \subseteqq Y$ すなわち X が Y の部分集合であることは，関係「$x \in X \Longrightarrow x \in Y$」が成り立つことである．$X \subseteqq Y$ かつ $Y \subseteqq X$ であるとき X と Y は等しいといい，$X = Y$ と表す．また

$$X \cup Y = \{x \in S \mid x \in X \text{ または } x \in Y\}$$
$$X \cap Y = \{x \in S \mid x \in X \text{ かつ } x \in Y\}$$

をそれぞれ X と Y の**和集合**，**共通部分**という．X と Y の共通部分に要素が存在しないときは $X \cap Y = \emptyset$ と表される．

集合 X から集合 Y への**写像**（または**対応**）$f : X \to Y$ とは，X の各要素 x に対して Y のただ一つの要素 y を定める規則のことである．このときの要素 x と y の関係を $y = f(x)$ または $x \mapsto y$ などと表す．

二つの写像 $f : X \to Y$，$g : Y \to Z$ に対して，写像 $gf : X \to Z$ は次の関係によって定められ，f と g の**合成**とよばれる：

$$(gf)(x) = g\bigl(f(x)\bigr) \quad (x \in X)$$

さらに写像 $h : Z \to W$ に対して，f，g，h の合成として得られる X から W への二つの写像 $(hg)f$, $h(gf)$ について次の等式（写像の結合法則）が成り立つ．

$$(hg)f = h(gf) : X \to W$$

1章 行　　列

行列は数をある規則のもとに配列したものである．二つの行列の間には普通の数のように和や積などの演算が考えられる場合があり，行列は数のような代数的性質をもつ．本章では行列の演算規則について学ぶ．

本書では後に複素数も扱うが，特に断らない限り数は実数であるとする．

1.1 行　　列

行列の定義　m と n を自然数とする．mn 個の数を縦に m 個ずつ，横に n 個ずつ長方形に並べたものを $\boldsymbol{m \times n}$ **行列**（m-by-n matrix）といい，$m \times n$ を行列の**型**という．行列を表す数の配置を明示するために通常は行列を次のようにカッコでくくって表す（[ ]を用いることも多い）．

$$\begin{pmatrix} a_{11} & a_{12} & \cdots & a_{1n} \\ a_{21} & a_{22} & \cdots & a_{2n} \\ \vdots & \vdots & & \vdots \\ a_{m1} & a_{m2} & \cdots & a_{mn} \end{pmatrix}$$

行列の横の並びを**行**（row）とよび

$$\begin{pmatrix} a_{i1} & a_{i2} & \cdots & a_{in} \end{pmatrix}$$

をこの行列の**第 $\boldsymbol{i}$ 行**とよぶ．縦の並びを**列**（column）とよび

$$\begin{pmatrix} a_{1j} \\ a_{2j} \\ \vdots \\ a_{mj} \end{pmatrix}$$

を行列の**第 $\boldsymbol{j}$ 列**とよぶ．第 i 行かつ第 j 列の位置にある数 a_{ij} をこの行列の (i,j) **成分**(entry)という．

$m \times n$ 行列を A で表したとき，簡単のため

$$A = (a_{ij})_{m \times n} \quad \text{または} \quad A = (a_{ij})$$

などと略記することがある．実数を成分とする $m \times n$ 行列全体の集合を $M_{m,n}(\boldsymbol{R})$ と書く．

二つの行列 $A = (a_{ij})_{m \times n}$，$B = (b_{ij})_{p \times q}$ において，A と B の型が同じ ($m = p$, $n = q$) で，かつすべての (i, j) 成分が等しい（$a_{ij} = b_{ij}$, $1 \leqq i \leqq m$, $1 \leqq j \leqq n$）とき，A と B は**等しい**といい $A = B$ と書く．

正方行列　行の数と列の数が一致する行列，すなわち $n \times n$ 行列のことを $\boldsymbol{n}$ **次(正方)行列**という．実数を成分とする n 次正方行列全体の集合を $M_n(\boldsymbol{R})$ とかく．正方行列 $A = (a_{ij})_{n \times n}$ の左上から右下への対角線上に並ぶ成分 $a_{11}, a_{22}, \cdots, a_{nn}$ を A の**対角成分**という．

対角成分より下の成分がすべて 0 である正方行列，すなわち $a_{ij} = 0$（$i > j$）を満たす行列

$$A = \begin{pmatrix} a_{11} & a_{12} & \cdots & a_{1n} \\ 0 & a_{22} & \cdots & a_{2n} \\ \vdots & \ddots & \ddots & \vdots \\ 0 & \cdots & 0 & a_{nn} \end{pmatrix}$$

を**上三角行列**といい，対角成分より上の成分がすべて 0 である正方行列

$$A = \begin{pmatrix} a_{11} & 0 & \cdots & 0 \\ a_{21} & a_{22} & \ddots & \vdots \\ \vdots & \vdots & \ddots & 0 \\ a_{n1} & a_{n2} & \cdots & a_{nn} \end{pmatrix}$$

を**下三角行列**という．上三角行列と下三角行列を総称して**三角行列**という．

対角成分以外の成分がすべて 0 である正方行列を**対角行列**（diagonal matrix）という．特に対角成分がすべて 1 である n 次の対角行列を**単位行列**（identitiy matrix）といい，E で表す．次数を明示したいときは E_n と書く．

$$E_n = \begin{pmatrix} 1 & 0 & \cdots & 0 \\ 0 & 1 & \cdots & 0 \\ \vdots & \vdots & \ddots & \vdots \\ 0 & 0 & \cdots & 1 \end{pmatrix}$$

例 1　$\begin{pmatrix} 1 & 0 & 0 & 0 \\ 0 & 2 & 0 & 0 \\ 0 & 0 & 0 & 0 \\ 0 & 0 & 0 & 5 \end{pmatrix}$ は 4 次の対角行列，$E_3 = \begin{pmatrix} 1 & 0 & 0 \\ 0 & 1 & 0 \\ 0 & 0 & 1 \end{pmatrix}$ は 3 次の単位行列.

零行列　すべての成分が 0 である $m \times n$ 行列を**零行列**とよび，O と書く．$m \times n$ 型の零行列であることを明示したいときは $O_{m \times n}$ と書く.

例 2　2×4 型の零行列は　$O = O_{2 \times 4} = \begin{pmatrix} 0 & 0 & 0 & 0 \\ 0 & 0 & 0 & 0 \end{pmatrix}$ である.

転置行列　$m \times n$ 行列 $A = (a_{ij})$ に対して，i 行 j 列成分が a_{ji} であるような $n \times m$ 行列を A の**転置行列**（transpose）といい，${}^tA$ と書くことが多い（A^T と書くこともある）.

$$A = \begin{pmatrix} a_{11} & a_{12} & \cdots & a_{1n} \\ a_{21} & a_{22} & \cdots & a_{2n} \\ \vdots & \vdots & & \vdots \\ a_{m1} & a_{m2} & \cdots & a_{mn} \end{pmatrix}, \qquad {}^tA = \begin{pmatrix} a_{11} & a_{21} & \cdots & a_{m1} \\ a_{12} & a_{22} & \cdots & a_{m2} \\ \vdots & \vdots & & \vdots \\ a_{1n} & a_{2n} & \cdots & a_{mn} \end{pmatrix}$$

明らかに A の転置行列の転置行列は A に一致する.

$${}^t({}^tA) = A$$

例 3　$A = \begin{pmatrix} 1 & -2 & 0 \\ 5 & 0 & -1 \end{pmatrix}$　ならば　${}^tA = \begin{pmatrix} 1 & 5 \\ -2 & 0 \\ 0 & -1 \end{pmatrix}$.

数ベクトル　$n \times 1$ 型の行列

$$\boldsymbol{a} = \begin{pmatrix} a_1 \\ \vdots \\ a_n \end{pmatrix} \tag{1.1}$$

を n 次の**列ベクトル**（column vector）または**縦ベクトル**といい，各 a_i を $\boldsymbol{a}$ の第 i 成分という．$1 \times n$ 型の行列

$$\begin{pmatrix} b_1 & \cdots & b_n \end{pmatrix}$$

を n 次の**行ベクトル**（row vector）または**横ベクトル**という．特に成分がすべて 0 である縦または横ベクトルを $\mathbf{0}$ と書き，**零ベクトル**という．横ベクトルは縦ベクトルの転置として得られる．例えば（1.1）での縦ベクトル $\boldsymbol{a}$ について

$$^t\boldsymbol{a} = \begin{pmatrix} a_1 & \cdots & a_n \end{pmatrix}. \tag{1.2}$$

横ベクトルや縦ベクトルを $\boldsymbol{n}$ **次の数ベクトル**ということもある．実数成分の n 次の縦ベクトル全体を $\boldsymbol{R}^n$ で表す．

$m \times n$ 行列 A の各列を A の**列ベクトル**，各行を A の**行ベクトル**という．

本書では特に断らない限り，数ベクトルは縦ベクトルであるとする．また紙面の都合上，縦ベクトルを（1.2）におけるように転置を用いて横ベクトルとして表示する場合がある．

基本ベクトル　第 i 成分が 1 で他の成分は 0 である n 次の数ベクトルを n 次の**基本ベクトル**（fundamental vector）といい，$\boldsymbol{e}_i$ で表す．

$$\boldsymbol{e}_1 = \begin{pmatrix} 1 \\ 0 \\ \vdots \\ 0 \end{pmatrix}, \quad \boldsymbol{e}_2 = \begin{pmatrix} 0 \\ 1 \\ \vdots \\ 0 \end{pmatrix}, \quad \ldots, \quad \boldsymbol{e}_n = \begin{pmatrix} 0 \\ 0 \\ \vdots \\ 1 \end{pmatrix}$$

このとき横ベクトルの n 次の基本ベクトルは $^t\boldsymbol{e}_1, {}^t\boldsymbol{e}_2, \cdots, {}^t\boldsymbol{e}_n$ である．

$$^t\boldsymbol{e}_i = \begin{pmatrix} 0 & \cdots & \overset{\overset{i}{\smile}}{1} & \cdots & 0 \end{pmatrix} \qquad (\overset{i}{\smile} \text{ は左から } i \text{ 番目の位置を示す})$$

クロネッカーのデルタ　次のように定義される記号 δ_{ij} を**クロネッカーのデルタ**（Kronecker's delta）とよぶ．

$$\delta_{ij} = \begin{cases} 1 & (i = j) \\ 0 & (i \neq j) \end{cases}$$

例 4　$\delta_{11} = \delta_{22} = \delta_{33} = 1, \quad \delta_{12} = \delta_{13} = \delta_{23} = \delta_{21} = \delta_{31} = \delta_{32} = 0.$

この記号を用いれば n 次単位行列は $E = (\delta_{ij})_{n \times n}$ と書ける．

演習問題 1.1

1. 3 次行列 $A=(a_{ij})$ の (i,j) 成分が次の式で与えられるとき，(1) から (4) の各場合に A を表せ．

(1) $a_{ij}=i+j$　　(2) $a_{ij}=(-1)^{i+j}$

(3) $a_{ij}=i^2-j^2$　　(4) $a_{ij}=ij\delta_{i,4-j}$

2. 各行，各列の成分は 1 がただ一つで他は 0 であるという n 次行列を n 次**置換行列**という．2 次と 3 次の置換行列をすべて書け．

3. 集合 $S=\{1,2,3,4\}$ の部分集合

$$S_1=\{1\},\quad S_2=\{1,2\},\quad S_3=\{3,4\},\quad S_4=\{1,2,4\}$$

に対して，数 a_{ij} を次のように定める：

$S_i\cap S_j\neq\emptyset$ であるとき $S_i\cap S_j$ の要素の個数

$S_i\cap S_j=\emptyset$ であるとき 0.

このとき a_{ij} を (i,j) 成分とする 4 次行列 $A=(a_{ij})$ を求めよ．

4. n 個の点 $\{1,2,\cdots,n\}$ があって，ある点とある点が線で結ばれている図形を考える．点 i と点 j が k 本の線で結ばれているときは $a_{ij}=k$，結ばれていないときは $a_{ij}=0$ とおいて n 次行列 $A=(a_{ij})$ を定める．このとき次の図形によって定まる行列 A を求めよ．

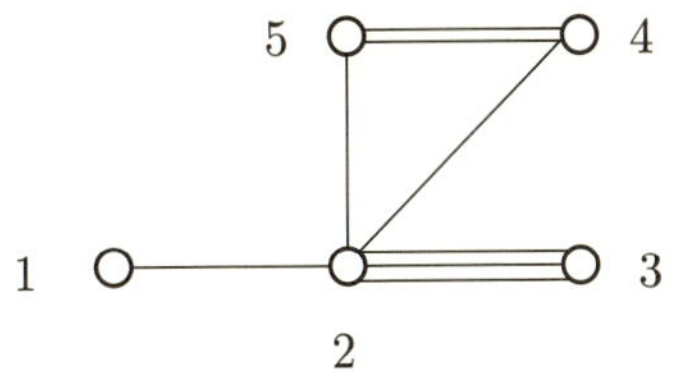

1.2 行列の演算

行列に和(差)，スカラー倍，積の三種類の演算を定義する．

和と差　同じ型の二つの行列 $A=(a_{ij})_{m\times n}, B=(b_{ij})_{m\times n}$ に対して $a_{ij}+b_{ij}$ を (i,j) 成分とする $m\times n$ 行列を A と B の**和**といい，$A+B$ と書く．

$$A+B=(a_{ij}+b_{ij})_{m\times n}$$

A と B の**差**も $A-B=(a_{ij}-b_{ij})_{m\times n}$ で定義する．

例 1
$$\begin{pmatrix} 3 & -2 & 5 \\ -1 & 0 & 4 \end{pmatrix}+\begin{pmatrix} -4 & 1 & -5 \\ -2 & 3 & 0 \end{pmatrix}=\begin{pmatrix} -1 & -1 & 0 \\ -3 & 3 & 4 \end{pmatrix}$$

スカラー倍　行列を考えるときには普通の数を**スカラー**（scalar）とよんで，数と 1×1 行列とを区別する（実数だけではなく複素数をスカラーと考えることもある）．スカラー c と行列 $A=(a_{ij})_{m\times n}$ に対して，A のすべての成分を c 倍した行列を A の c **倍**あるいは c による**スカラー倍**といい cA と書く．

$$cA=(c\,a_{ij})_{m\times n}$$

特に $(-1)A$ を $-A$ と書く．差 $A-B$ は $A+(-B)$ と一致し，$A-A=O$ である．

例 2
$$2\begin{pmatrix} 3 & -2 & 5 \\ -1 & 0 & 4 \end{pmatrix}=\begin{pmatrix} 6 & -4 & 10 \\ -2 & 0 & 8 \end{pmatrix}$$

積　$m\times r$ 行列 $A=(a_{ij})$ と $r\times n$ 行列 $B=(b_{ij})$ について，**積** $AB=(c_{ij})$ を (i,j) 成分が次の式で与えられる $m\times n$ 行列であると定義する．

$$c_{ij}=a_{i1}b_{1j}+a_{i2}b_{2j}+\cdots+a_{ir}b_{rj}=\sum_{k=1}^{r}a_{ik}b_{kj}$$

例 3
$$\begin{pmatrix} 1 & 0 & 2 \\ 0 & 3 & 1 \end{pmatrix}\begin{pmatrix} 1 & 3 \\ 2 & 1 \\ 0 & 2 \end{pmatrix}$$
$$=\begin{pmatrix} 1\times 1+0\times 2+2\times 0 & 1\times 3+0\times 1+2\times 2 \\ 0\times 1+3\times 2+1\times 0 & 0\times 3+3\times 1+1\times 2 \end{pmatrix}=\begin{pmatrix} 1 & 7 \\ 6 & 5 \end{pmatrix}$$

　積の定義から容易にわかるように，$m \times n$ 行列 A のスカラー c 倍に対して

$$cA = (cE_m)A = A(cE_n)$$

が成り立つ．したがって，A の左または右から cE という形の行列を掛けることは，A をスカラー c 倍することに他ならない．この意味で cE の形の行列を**スカラー行列**という．

演算に関する性質　行列の和やスカラー倍，積などは数の演算によく似た性質をもつ．なお以下で A, B, C は行列を表し，和や積の形に書かれている場合はそれらが定義される型であるとする．

1　和に関する性質

$$(A+B)+C = A+(B+C) \qquad \text{（結合法則）}$$
$$A+O = A = O+A$$
$$A+(-A) = O = (-A)+A$$
$$A+B = B+A \qquad \text{（可換法則）}$$

2　積に関する性質

定理 1.2.1　A, B, C をそれぞれ $m \times s$ 行列，$s \times t$ 行列，$t \times n$ 行列とすると，積 $(AB)C$，$A(BC)$ は $m \times n$ 行列で次の等式が成り立つ．

$$(AB)C = A(BC) \quad \text{（結合法則）}$$

証明　$A = (a_{ik}), B = (b_{kl}), C = (c_{lj})$ とおき，

$$(AB)C = (\alpha_{ij}), \qquad A(BC) = (\beta_{ij})$$

とおく．任意の i, j に対して $\alpha_{ij} = \beta_{ij}$ を示せばよい．

　AB の (i,l) 成分は $\sum_k a_{ik}b_{kl}$ であるから，$(AB)C$ の (i,j) 成分は

$$\alpha_{ij} = \sum_l \Big(\sum_k a_{ik}b_{kl}\Big)c_{lj} = \sum_{k,l} (a_{ik}b_{kl})c_{lj}. \tag{1.3}$$

また BC の (k,j) 成分は $\sum_l b_{kl}c_{lj}$ で，$A(BC)$ の (i,j) 成分は

$$\beta_{ij} = \sum_k a_{ik}\Bigl(\sum_l b_{kl}c_{lj}\Bigr) = \sum_{k,l} a_{ik}(b_{kl}c_{lj}). \tag{1.4}$$

$(a_{ik}b_{kl})c_{lj} = a_{ik}(b_{kl}c_{lj})$ であるから，(1.3) (1.4) により $\alpha_{ij} = \beta_{ij}$ を得る．□

その他 次の等式が成り立つ．

$$A(B+C) = AB + AC, \quad (A+B)C = AC + BC \quad \text{（分配法則）}$$
$$AE = A, \quad EA = A$$
$$AO = O, \quad OA = O$$

3 スカラー倍に関する性質

スカラー a, b, c に対して次の等式も明らかに成立する．

$$a(A+B) = aA + aB, \quad (a+b)A = aA + bA \quad \text{（分配法則）}$$
$$0A = O, \quad 1A = A$$

行列の和(差）や積はいつも定義されるとは限らない．また積については AB と BA が定義できても $AB = BA$ とは限らないことに注意しよう．

例 4 $\begin{pmatrix} 0 & 0 \\ 0 & 1 \end{pmatrix}\begin{pmatrix} 0 & 1 \\ 0 & 0 \end{pmatrix} = \begin{pmatrix} 0 & 0 \\ 0 & 0 \end{pmatrix}, \quad \begin{pmatrix} 0 & 1 \\ 0 & 0 \end{pmatrix}\begin{pmatrix} 0 & 0 \\ 0 & 1 \end{pmatrix} = \begin{pmatrix} 0 & 1 \\ 0 & 0 \end{pmatrix}$

例 4 での積のように，零でない二つの行列 A, B の積 AB が零行列になる場合もある．このような行列 A, B を**零因子**という．行列に零因子が存在することは実数や複素数とは大きく異なる性質である．

三つの行列の積 $A_1A_2A_3$ を計算するには $(A_1A_2)A_3$ と $A_1(A_2A_3)$ の二通りが考えられるが，積の結合法則によってどちらも同じ行列を表す．

四つの行列の積についても，積の結合法則により

$$\begin{aligned}\bigl((A_1A_2)A_3\bigr)A_4 &= (A_1A_2)(A_3A_4) = A_1\bigl(A_2(A_3A_4)\bigr) \\ &= A_1\bigl((A_2A_3)A_4\bigr) = \bigl(A_1(A_2A_3)\bigr)A_4\end{aligned}$$

であり，どのような順に積をとっても同じ行列が得られる．したがって ( ) をつけて積の順を明示する必要はなく，単に $A_1A_2A_3A_4$ と表してよい．

一般に行列 $A_1, \ldots, A_n$ が積 A_iA_{i+1} $(i = 1, \ldots, n-1)$ の定義できる型であれば，積の結合法則により，積をとる順によらずに積 $A_1A_2\cdots A_n$ が定まる．

和に関しても $A_1, \ldots, A_n$ がすべて同じ型であれば，和 $A_1 + \cdots + A_n$ が定まる．

A が正方行列で $A = A_i\ (i = 1, \ldots, n)$ のとき，積 $A_1 A_2 \cdots A_n$ を A^n と表し，A の n 乗とよぶ．$A^0 = E$（単位行列）とおけば，$m, n = 0, 1, 2, \ldots$ に対して明らかに次の指数法則が成り立つ．

$$A^m A^n = A^{m+n}, \qquad (A^m)^n = A^{mn}$$

転置行列に関する演算については次が成り立つ．積については行列の順序が入れ換わることに注意しよう．

$${}^t(A+B) = {}^tA + {}^tB, \qquad {}^t(cA) = c({}^tA), \qquad {}^t(AB) = {}^tB\,{}^tA$$

例題 1.2.1 $A = \begin{pmatrix} 2 & -1 \\ 0 & 3 \\ -4 & 2 \end{pmatrix}$，$B = \begin{pmatrix} 0 & 3 & 1 \\ -2 & 6 & 5 \\ 1 & 0 & -3 \end{pmatrix}$，$C = \begin{pmatrix} -1 & 4 \\ 2 & 0 \\ 1 & -3 \end{pmatrix}$

とするとき，$2A + {}^tBC$ を計算せよ．

解

$$\begin{aligned} 2A + {}^tBC &= 2\begin{pmatrix} 2 & -1 \\ 0 & 3 \\ -4 & 2 \end{pmatrix} + \begin{pmatrix} 0 & -2 & 1 \\ 3 & 6 & 0 \\ 1 & 5 & -3 \end{pmatrix}\begin{pmatrix} -1 & 4 \\ 2 & 0 \\ 1 & -3 \end{pmatrix} \\ &= \begin{pmatrix} 4 & -2 \\ 0 & 6 \\ -8 & 4 \end{pmatrix} + \begin{pmatrix} -3 & -3 \\ 9 & 12 \\ 6 & 13 \end{pmatrix} = \begin{pmatrix} 1 & -5 \\ 9 & 18 \\ -2 & 17 \end{pmatrix} \end{aligned}$$

□

行列単位　自然数 i, j を $1 \leqq i \leqq n$，$1 \leqq j \leqq n$ とする．(i, j) 成分のみが 1 で，他の成分はすべて 0 である n 次行列を E_{ij} で表し，n 次**行列単位**（matrix unit）という．任意の n 次行列 $A = (a_{ij})$ は

$$A = \sum_{i=1}^{n} \sum_{j=1}^{n} a_{ij} E_{ij}$$

と表される．特に次の等式が成り立つ．

$$E_n = \sum_{i=1}^{n} \sum_{j=1}^{n} \delta_{ij} E_{ij}$$

対称行列と交代行列　正方行列 A が ${}^tA = A$ を満たすとき A を**対称行列** (symmetric matrix) といい，${}^tA = -A$ をみたすとき**交代行列** (alternating matrix) または**歪対称行列** (skew-symmeticr matrix) という．交代行列の対角成分はすべて 0 である．

例 5　(1) $\begin{pmatrix} 0 & 1 \\ 1 & 1 \end{pmatrix}$ は対称行列で，$\begin{pmatrix} 1 & 0 \\ 1 & 1 \end{pmatrix}$ は対称行列ではない．

(2) $\begin{pmatrix} 0 & 1 & 5 \\ -1 & 0 & -2 \\ -5 & 2 & 0 \end{pmatrix}$ は交代行列で，$\begin{pmatrix} -1 & 1 & 5 \\ -1 & 0 & -2 \\ -5 & 2 & 0 \end{pmatrix}$ は交代行列ではない．

演習問題 1.2

1.　次の行列を計算せよ．

(1) $\begin{pmatrix} 2 & 7 & 4 \\ -1 & 5 & 3 \\ 6 & 1 & -2 \end{pmatrix}\begin{pmatrix} 1 & 4 \\ 0 & 3 \\ -2 & 1 \end{pmatrix}$　　(2) $\begin{pmatrix} 0 & 1 & 0 & 1 \\ 1 & 0 & 1 & 0 \end{pmatrix}\begin{pmatrix} 2 & -3 & -1 \\ -1 & 0 & 4 \\ 1 & 2 & -2 \\ 3 & 0 & 3 \end{pmatrix}$

(3) $\begin{pmatrix} 3 \\ 1 \\ 4 \end{pmatrix}\begin{pmatrix} 2 & 4 & 1 \end{pmatrix}$　　(4) ${}^t\begin{pmatrix} 2 & 4 \\ 3 & 0 \\ 1 & 5 \end{pmatrix}\begin{pmatrix} 3 & 5 \\ 2 & 1 \\ 3 & 2 \end{pmatrix} - 3\begin{pmatrix} 4 & -2 \\ -3 & 10 \end{pmatrix}$

(5) $\begin{pmatrix} 0 & 0 & 1 \\ 0 & 1 & 0 \\ 1 & 0 & 0 \end{pmatrix}^n$　$(n = 1, 2, \ldots)$

2.　2 次行列 $A = \begin{pmatrix} a & b \\ c & d \end{pmatrix}$ に対して，次の等式が成り立つことを示せ．

$$A^2 - (a+d)A + (ad-bc)E = 0$$

3.　n 次行列に対する次の性質が正しい場合はそれを証明し，正しくない場合は反例を一つあげよ．

(1)　$(A+E)^2 = A^2 + 2A + E$

(2)　$(A+B)^2 = A^2 + 2AB + B^2$

(3)　$A^2 = A$ ならば $A = O$ または $A = E$ である．

(4)　A, B がともに対称行列（交代行列）であれば，AB も対称行列（交代行列）である．

4.　$a_1 = 1$，$a_2 = 1$，$a_{n+1} = a_n + a_{n-1}$（$n = 2, 3, \cdots$）で定まる数列 $\{a_n\}$（フィボナッチ(Fibonacci) 数列）について

$$\begin{pmatrix} a_n \\ a_{n+1} \end{pmatrix} = A \begin{pmatrix} a_{n-1} \\ a_n \end{pmatrix}$$

と表したとき 2×2 行列 A を求めよ．

5.　$E = \begin{pmatrix} 1 & 0 \\ 0 & 1 \end{pmatrix}$, $J = \begin{pmatrix} 0 & -1 \\ 1 & 0 \end{pmatrix}$ について次を示せ（a, b, c, d は実数）．

(1)
$$\begin{pmatrix} a & -b \\ b & a \end{pmatrix} = aE + bJ$$

(2)
$$J^2 = -E$$

(3)　二つの正方行列 $A = \begin{pmatrix} a & -b \\ b & a \end{pmatrix}$，$B = \begin{pmatrix} c & -d \\ d & c \end{pmatrix}$ に対して

$$A + B = (a+c)E + (b+d)J$$
$$AB = (ac-bd)E + (ad+bc)J$$

(4)　二つの複素数 $\alpha = a + bi$，$\beta = c + di$（i は虚数単位）と上記の行列 A, B との関係を調べよ．

6.　任意の n 次行列 A に対して，次の行列 B は対称行列で C は交代行列であることを示せ．

$$B = \frac{1}{2}(A + {}^tA), \qquad C = \frac{1}{2}(A - {}^tA)$$

また任意の正方行列は対称行列と交代行列の和であることを示せ．

1.3 行列の分割

行列の表示を見やすくしたり計算をわかりやすくするために，与えられた行列 A を次のようにより小さな行列 A_{ij} に分割して表すことがある．

$$A = \left(\begin{array}{c|c|c|c} A_{11} & A_{12} & \cdots & A_{1t} \\ \hline A_{21} & A_{22} & \cdots & A_{2t} \\ \hline \vdots & \vdots & \ddots & \vdots \\ \hline A_{s1} & A_{s2} & \cdots & A_{st} \end{array}\right) \tag{1.5}$$

ただし，各 $1 \leqq i \leqq s$ に対して横の並びの

$$A_{i1}, \ \ldots, \ A_{it}$$

は同じ行数をもち，各 $1 \leqq j \leqq t$ に対して縦の並びの

$$A_{1j}, \ \ldots, \ A_{sj}$$

は同じ列数をもつように分けてある．このように分割表示された行列を**分割行列** (partitioned matrix) または**ブロック行列** (block matrix) という．ここで (1.5) の分割表示内では，各 A_{ij} はカッコでくくらないで行列表示を考える．

例 1

$$A = \left(\begin{array}{rrr|rr} 3 & -2 & 5 & 0 & 6 \\ -1 & 0 & 4 & 3 & -5 \\ \hline 6 & 7 & -3 & 4 & 0 \end{array}\right) = \begin{pmatrix} A_{11} & A_{12} \\ A_{21} & A_{22} \end{pmatrix}$$

ここで

$$A_{11} = \begin{pmatrix} 3 & -2 & 5 \\ -1 & 0 & 4 \end{pmatrix}, \quad A_{12} = \begin{pmatrix} 0 & 6 \\ 3 & -5 \end{pmatrix}$$
$$A_{21} = \begin{pmatrix} 6 & 7 & -3 \end{pmatrix}, \quad A_{22} = \begin{pmatrix} 4 & 0 \end{pmatrix}.$$

$m \times r$ 行列 A と $r \times n$ 行列 B に対して，次のように A を分割した列の数と B を分割した行の数が同じ数 t であるように A, B を分割する．

$$A = \begin{pmatrix} A_{11} & A_{12} & \cdots & A_{1t} \\ A_{21} & A_{22} & \cdots & A_{2t} \\ \vdots & \vdots & & \vdots \\ A_{s1} & A_{s2} & \cdots & A_{st} \end{pmatrix}, \qquad B = \begin{pmatrix} B_{11} & B_{12} & \cdots & B_{1u} \\ B_{21} & B_{22} & \cdots & B_{2u} \\ \vdots & \vdots & & \vdots \\ B_{t1} & B_{t2} & \cdots & B_{tu} \end{pmatrix}$$

ただし，各 $k=1,2,\ldots,t$ について A_{ik} の列の数と B_{kj} の行の数が等しいとする．このとき各 k について積 $A_{ik}B_{kj}$ が定義できて，積 AB を次のように分割できる．

$$AB=\begin{pmatrix} C_{11} & C_{12} & \cdots & C_{1u} \\ C_{21} & C_{22} & \cdots & C_{2u} \\ \vdots & \vdots & & \vdots \\ C_{s1} & C_{s2} & \cdots & C_{su} \end{pmatrix} \tag{1.6}$$

ここで各 i,j に対して

$$C_{ij}=A_{i1}B_{1j}+A_{i2}B_{2j}+\cdots+A_{it}B_{tj}.$$

等式 (1.6) が成り立つことは両辺の成分を計算して比較すればわかる．実際にこれが成り立つことを次の例で確かめてみよう．

例 2　次の行列 A, B の分割を利用して積 AB を求める．

$$A=\left(\begin{array}{rr|r|r} 3 & -2 & 5 & 0 \\ -1 & 0 & 4 & 3 \\ \hline -6 & 2 & -3 & 4 \end{array}\right), \qquad B=\left(\begin{array}{rr} 1 & -1 \\ 0 & -3 \\ \hline -2 & 0 \\ \hline 1 & 2 \end{array}\right)$$

この分割を

$$A=\begin{pmatrix} A_{11} & A_{12} & A_{13} \\ A_{21} & A_{22} & A_{23} \end{pmatrix}, \qquad B=\begin{pmatrix} B_{11} \\ B_{21} \\ B_{31} \end{pmatrix}$$

とおいて，$i=1,2$ について

$$C_{i1}=A_{i1}B_{11}+A_{i2}B_{21}+A_{i3}B_{31}$$

を計算すると

$$\begin{aligned} C_{11} &= \begin{pmatrix} 3 & -2 \\ -1 & 0 \end{pmatrix}\begin{pmatrix} 1 & -1 \\ 0 & -3 \end{pmatrix}+\begin{pmatrix} 5 \\ 4 \end{pmatrix}\begin{pmatrix} -2 & 0 \end{pmatrix}+\begin{pmatrix} 0 \\ 3 \end{pmatrix}\begin{pmatrix} 1 & 2 \end{pmatrix} \\ &= \begin{pmatrix} 3 & 3 \\ -1 & 1 \end{pmatrix}+\begin{pmatrix} -10 & 0 \\ -8 & 0 \end{pmatrix}+\begin{pmatrix} 0 & 0 \\ 3 & 6 \end{pmatrix}=\begin{pmatrix} -7 & 3 \\ -6 & 7 \end{pmatrix}, \end{aligned}$$

$$C_{21} = (-6 \quad 2)\begin{pmatrix} 1 & -1 \\ 0 & -3 \end{pmatrix} + (-3)(-2 \quad 0) + (4)(1 \quad 2)$$

$$= (-6 \quad 0) + (6 \quad 0) + (4 \quad 8) = (4 \quad 8).$$

よって

$$AB = \begin{pmatrix} C_1 \\ C_2 \end{pmatrix} = \left(\begin{array}{cc} -7 & 3 \\ -6 & 7 \\ \hline 4 & 8 \end{array}\right).$$

一方，AB を行列の積の定義に従って直接計算すればこの式の右辺と一致することがわかる．

例題 1.3.1　A_{11}, B_{11} が n 次行列，A_{22}, B_{22} が m 次行列のとき次が成り立つことを示せ．

$$\begin{pmatrix} A_{11} & A_{12} \\ O & A_{22} \end{pmatrix}\begin{pmatrix} B_{11} & B_{12} \\ O & B_{22} \end{pmatrix} = \begin{pmatrix} A_{11}B_{11} & A_{11}B_{12} + A_{12}B_{22} \\ O & A_{22}B_{22} \end{pmatrix}$$

$$\begin{pmatrix} A_{11} & O \\ O & A_{22} \end{pmatrix}\begin{pmatrix} B_{11} & O \\ O & B_{22} \end{pmatrix} = \begin{pmatrix} A_{11}B_{11} & O \\ O & A_{22}B_{22} \end{pmatrix}$$

解　第一式と第二式の左辺を分割に従って計算すると，それぞれ

$$\begin{pmatrix} A_{11}B_{11} + O & A_{11}B_{12} + A_{12}B_{22} \\ O + O & O + A_{22}B_{22} \end{pmatrix} = \begin{pmatrix} A_{11}B_{11} & A_{11}B_{12} + A_{12}B_{22} \\ O & A_{22}B_{22} \end{pmatrix},$$

$$\begin{pmatrix} A_{11}B_{11} + O & O + O \\ O + O & O + A_{22}B_{22} \end{pmatrix} = \begin{pmatrix} A_{11}B_{11} & O \\ O & A_{22}B_{22} \end{pmatrix}.$$

□

行列の行ベクトルや列ベクトルによる分割は特に重要である．

$m \times n$ 行列 A の列ベクトルを $\boldsymbol{a}_1, \boldsymbol{a}_2, \ldots, \boldsymbol{a}_n$ と書けば，

$$\boldsymbol{a}_1 = A\boldsymbol{e}_1, \ \ldots \ , \boldsymbol{a}_n = A\boldsymbol{e}_n$$

あるから，列ベクトルによる分割によって A は次のように表示される．

$$A = (\boldsymbol{a}_1 \ \boldsymbol{a}_2 \ \cdots \ \boldsymbol{a}_n) = (A\boldsymbol{e}_1 \ A\boldsymbol{e}_2 \ \cdots \ A\boldsymbol{e}_n)$$

A の第 i 行ベクトルを $\boldsymbol{a}'_i$ で表せば，A は次のように行ベクトル表示される．

$$A = \begin{pmatrix} \boldsymbol{a}'_1 \\ \boldsymbol{a}'_2 \\ \vdots \\ \boldsymbol{a}'_m \end{pmatrix}$$

さらに，$n \times l$ 行列 B の列ベクトル表示を $B = \begin{pmatrix} \boldsymbol{b}_1 & \boldsymbol{b}_2 & \cdots & \boldsymbol{b}_l \end{pmatrix}$ とおくと，次の等式が成り立つ．

$$\begin{aligned} AB &= \begin{pmatrix} A\boldsymbol{b}_1 & A\boldsymbol{b}_2 & \cdots & A\boldsymbol{b}_l \end{pmatrix} \\ &= \begin{pmatrix} \boldsymbol{a}'_1 \\ \boldsymbol{a}'_2 \\ \vdots \\ \boldsymbol{a}'_m \end{pmatrix} \begin{pmatrix} \boldsymbol{b}_1 & \boldsymbol{b}_2 & \cdots & \boldsymbol{b}_l \end{pmatrix} = \begin{pmatrix} \boldsymbol{a}'_1\boldsymbol{b}_1 & \cdots & \boldsymbol{a}'_1\boldsymbol{b}_l \\ \boldsymbol{a}'_2\boldsymbol{b}_1 & \cdots & \boldsymbol{a}'_2\boldsymbol{b}_l \\ & \cdots & \\ \boldsymbol{a}'_m\boldsymbol{b}_1 & \cdots & \boldsymbol{a}'_m\boldsymbol{b}_l \end{pmatrix} \end{aligned} \tag{1.7}$$

数ベクトルの 1 次結合表示　n 次数ベクトル $\boldsymbol{a}_1$，$\boldsymbol{a}_2$，…，$\boldsymbol{a}_r$ のスカラー倍の和

$$c_1\boldsymbol{a}_1 + c_2\boldsymbol{a}_2 + \cdots + c_r\boldsymbol{a}_r$$

を $\boldsymbol{a}_1, \boldsymbol{a}_2, \ldots, \boldsymbol{a}_r$ の **1 次結合**（linear combination）という．

任意の数ベクトル

$$\boldsymbol{x} = \begin{pmatrix} x_1 \\ x_2 \\ \vdots \\ x_n \end{pmatrix}$$

は基本ベクトル $\boldsymbol{e}_1, \boldsymbol{e}_2, \ldots, \boldsymbol{e}_n$ の 1 次結合として次のように表される．

$$\boldsymbol{x} = x_1\boldsymbol{e}_1 + x_2\boldsymbol{e}_2 + \cdots + x_n\boldsymbol{e}_n$$

また，$m \times n$ 行列 A の列ベクトル表示を $A = \begin{pmatrix} \boldsymbol{a}_1 & \boldsymbol{a}_2 & \cdots & \boldsymbol{a}_n \end{pmatrix}$ とすれば

$$A\boldsymbol{x} = x_1\boldsymbol{a}_1 + x_2\boldsymbol{a}_2 + \cdots + x_n\boldsymbol{a}_n.$$

例 3　$^t\begin{pmatrix} 2 & -3 & 0 & 5 \end{pmatrix} = 2\boldsymbol{e}_1 - 3\boldsymbol{e}_2 + 0\boldsymbol{e}_3 + 5\boldsymbol{e}_4 = 2\boldsymbol{e}_1 - 3\boldsymbol{e}_2 + 5\boldsymbol{e}_4$

演習問題 1.3

1.　4次行列を次のように分割して積の計算をする．横線も縦線も入っていない行列について，適切な分割になるように横線，縦線を入れよ．

(1)
$$\left(\begin{array}{cc|cc} \times & \times & \times & \times \\ \times & \times & \times & \times \\ \hline \times & \times & \times & \times \\ \times & \times & \times & \times \end{array}\right)\left(\begin{array}{ccc|c} \times & \times & \times & \times \\ \times & \times & \times & \times \\ \hline \times & \times & \times & \times \\ \times & \times & \times & \times \end{array}\right)=\left(\begin{array}{cccc} \times & \times & \times & \times \\ \times & \times & \times & \times \\ \times & \times & \times & \times \\ \times & \times & \times & \times \end{array}\right)$$

(2)
$$\left(\begin{array}{cccc} \times & \times & \times & \times \\ \times & \times & \times & \times \\ \times & \times & \times & \times \\ \times & \times & \times & \times \end{array}\right)\left(\begin{array}{ccc|c} \times & \times & \times & \times \\ \hline \times & \times & \times & \times \\ \hline \times & \times & \times & \times \\ \times & \times & \times & \times \end{array}\right)=\left(\begin{array}{ccc|c} \times & \times & \times & \times \\ \times & \times & \times & \times \\ \times & \times & \times & \times \\ \hline \times & \times & \times & \times \end{array}\right)$$

2.　行列の分割表示について次のことを示せ．

(1)　任意の行列を $\begin{pmatrix} A & B \\ C & D \end{pmatrix}$ の形に分割したとき，次の等式が成り立つ．

$$^t\!\begin{pmatrix} A & B \\ C & D \end{pmatrix} = \begin{pmatrix} {}^tA & {}^tC \\ {}^tB & {}^tD \end{pmatrix}$$

(2)　n 次行列 H は各成分が 1 か -1 で

$$H\,{}^tH = nE$$

を満たすとする（このような行列 H を n 次アダマール（Hadamard）行列という）．このとき $2n$ 次行列 $K = \begin{pmatrix} H & H \\ H & -H \end{pmatrix}$ も $K\,{}^tK = 2nE$ を満たす（すなわち K は $2n$ 次アダマール行列である）．

(3)　2次，4次アダマール行列の例をそれぞれ一つ挙げよ．

3.　2次行列 $A = \begin{pmatrix} -1 & -1 \\ 1 & 0 \end{pmatrix}$ について $T = \begin{pmatrix} A & A \\ O & -A \end{pmatrix}$ とおく．このとき $T^n = E$ となる最小の自然数 n を求めよ．

4.　n 次行列単位 E_{ij} について次の等式を確かめよ．

$$E_{ik}E_{lj} = \delta_{kl}E_{ij}$$

2章　連立1次方程式

行列の基本変形を利用して連立一次方程式の解法を学ぶ．また行列の階数という重要な値を定義し，逆行列をもつ正方行列を基本変形や階数を用いて特徴付ける．基本変形を利用した逆行列の計算法なども学ぶ．

2.1　行列の基本変形

係数行列と拡大係数行列　n 個の変数 $x_1, \ldots, x_n$ をもつ m 個の方程式系 $a_{i1}x_1 + a_{i2}x_2 + \cdots + a_{in}x_n = b_i$　$(i = 1, \ldots, m)$ を**連立1次方程式**（system of m linear equations in n unknowns）という．連立1次方程式を満たす数 $x_1, \ldots, x_n$ または数ベクトル ${}^t(x_1 \ \cdots \ x_n)$ をその**解**（solution）といい，すべての解を求めることを連立1次方程式を解くという．

以下で，連立1次方程式

$$\begin{cases} a_{11}x_1 + a_{12}x_2 + \cdots + a_{1n}x_n = b_1 \\ a_{21}x_1 + a_{22}x_2 + \cdots + a_{2n}x_n = b_2 \\ \qquad\qquad \cdots\cdots \\ a_{m1}x_1 + a_{m2}x_2 + \cdots + a_{mn}x_n = b_m \end{cases} \tag{2.1}$$

の解法を学ぶ．この方程式の係数を成分とする行列を $A = (a_{ij})_{m\times n}$ とおき，変数 x_i を成分にもつベクトルと定数項 b_i を成分にもつベクトルを

$$\boldsymbol{x} = \begin{pmatrix} x_1 \\ x_2 \\ \vdots \\ x_n \end{pmatrix}, \qquad \boldsymbol{b} = \begin{pmatrix} b_1 \\ b_2 \\ \vdots \\ b_m \end{pmatrix}$$

とおくと，連立1次方程式 (2.1) は

$$A\boldsymbol{x} = \boldsymbol{b} \tag{2.2}$$

と表すことができる．行列 A をこの連立1次方程式の**係数行列**（coefficient matrix）といい，$\boldsymbol{x}$ を変数ベクトル，$\boldsymbol{b}$ を定数項ベクトルという．A の最後の列に定数項ベクトル $\boldsymbol{b}$ を付け加えた $m \times (n+1)$ 行列 $(A\ \boldsymbol{b})$ を**拡大係数行列**（augumented matrix）という．

連立1次方程式を解く過程を具体例で考えてみよう．以下では，連立1次方程式の右に書かれた行列はその方程式の拡大係数行列を表す．

次の連立1次方程式を解が変わらないようにしながら簡単な形に直していく．

$$\begin{cases} 2x + y = 7 \\ x + 3y = 1 \end{cases} \qquad \left(\begin{array}{cc|c} 2 & 1 & 7 \\ 1 & 3 & 1 \end{array}\right) \tag{2.3}$$

まず第二式の -2 倍を第一式に加えると

$$\begin{cases} \quad -5y = 5 \\ x + 3y = 1 \end{cases} \qquad \left(\begin{array}{cc|c} 0 & -5 & 5 \\ 1 & 3 & 1 \end{array}\right)$$

次にこの第一式を $-1/5$ 倍して

$$\begin{cases} \qquad y = -1 \\ x + 3y = 1 \end{cases} \qquad \left(\begin{array}{cc|c} 0 & 1 & -1 \\ 1 & 3 & 1 \end{array}\right)$$

さらにこの第一式の -3 倍を第二式に加えると

$$\begin{cases} \qquad y = -1 \\ x \qquad = 4 \end{cases} \qquad \left(\begin{array}{cc|c} 0 & 1 & -1 \\ 1 & 0 & 4 \end{array}\right)$$

最後に第一式と第二式を入れ換えて次の式を得る．

$$\begin{cases} x \qquad = 4 \\ \qquad y = -1 \end{cases} \qquad \left(\begin{array}{cc|c} 1 & 0 & 4 \\ 0 & 1 & -1 \end{array}\right) \tag{2.4}$$

これらの操作は式の解を変えないので，(2.4) から求める解が得られる．

ここで行った次の三つの操作は連立1次方程式の基本変形とよばれる．

(1)　二つの式を入れ換える．

(2)　ある式に 0 でない数を掛ける．

(3)　ある式に他の式の定数倍を加える．

一般に連立1次方程式に基本変形を施しても方程式の解は変わらない．また式に基本変形を施したとき，拡大係数行列には次の三種類の変形が行われる．

行列の基本変形　行列の行に関する次の三種類の変形を**基本行変形**または**初等行変形**（elementary row operation）とよぶ．

(R1)　二つの行を入れ換える．

(R2)　ある行に 0 でない数を掛ける．

(R3)　ある行に他の行の定数倍を加える．

同様に行を列に変えて得られる三種類の変形 (C1) (C2) (C3) を**基本**（または**初等**）**列変形**といい，これらを総称して基本（または初等）変形という．連立 1 次方程式を解くには，与えられた式の拡大係数行列を基本行変形によって最も簡単な形に変形し，得られた行列を拡大係数行列とする連立 1 次方程式を解けばよい．この方法を**掃き出し法**または **ガウスの消去法**（Gaussian elimination），**ガウス・ジョルダン消去法**（Gauss-Jordan elimination）などとよぶ．

行列に零と異なる行ベクトルがあるとき，その行ベクトルに含まれる 0 と異なる最初の成分をその行ベクトル（または行列）の**主成分**（pivot）とよぶ．また次の三つの条件を満たす行列を**簡約行列**（matrix in reduced echelon form, echelon matrix）とよぶ．本書では簡約行列の主成分はすべて 1 であるとする．

(1)　零行ベクトルは，零と異なる行ベクトルより下にある．

(2)　行ベクトルの主成分は下の行ほど右にある．

(3)　行ベクトルの主成分を含む列は主成分以外の成分が 0 である．

例 1　次の行列は簡約行列で，1 はそれを含む行の主成分である．

$$\begin{array}{cccc} & \boldsymbol{e}_1 & \boldsymbol{e}_2 & \end{array}$$
$$\begin{pmatrix} 0 & 1 & 0 & 4 \\ 0 & 0 & 1 & -3 \\ 0 & 0 & 0 & 0 \end{pmatrix}$$

$$\begin{array}{cccccc} & \boldsymbol{e}_1 & \boldsymbol{e}_2 & & \boldsymbol{e}_3 & \end{array}$$
$$\begin{pmatrix} 0 & 1 & 0 & 4 & 0 & -5 \\ 0 & 0 & 1 & -1 & 0 & 3 \\ 0 & 0 & 0 & 0 & 1 & 2 \\ 0 & 0 & 0 & 0 & 0 & 0 \end{pmatrix}$$

行列 A に基本行変形を何回か施して簡約行列 B を得ることを，A の**簡約化**（reduction to reduced echelon form）といい，B を A の**簡約行列**あるいは**簡約形**という．同様のことは A の列に関しても定義できるが，それは ${}^tA$ の行に関するものによって与えられることに注意しよう．

例題 2.1.1 次の行列を基本行変形によって簡約化せよ．

$$\begin{pmatrix} 1 & -2 & 1 & -1 & 0 \\ 0 & 1 & -2 & 4 & 3 \\ -2 & 3 & 0 & 0 & 1 \\ 0 & 2 & -4 & 6 & 2 \end{pmatrix}$$

解 基本行変形の操作を行列の右に書き，その結果得られる行列を下に書いていく．最後に得られた行列が求める簡約形を表す．以下は簡約化の一例である．

$$\begin{array}{ccccc} 1 & -2 & 1 & -1 & 0 \\ 0 & 1 & -2 & 4 & 3 \\ -2 & 3 & 0 & 0 & 1 \\ 0 & 2 & -4 & 6 & 2 \end{array} \quad \begin{array}{c} \Big\}2 \\ \Big\}-2 \end{array} \quad \begin{array}{l} \text{1 行の 2 倍を 3 行に加える} \\ \text{2 行の } -2 \text{ 倍を 4 行に加える} \end{array}$$

$$\begin{array}{ccccc} 1 & -2 & 1 & -1 & 0 \\ 0 & 1 & -2 & 4 & 3 \\ 0 & -1 & 2 & -2 & 1 \\ 0 & 0 & 0 & -2 & -4 \end{array} \quad \begin{array}{c} \Big\}2 \\ \leftarrow -\frac{1}{2} \end{array} \quad \begin{array}{l} \text{2 行の 2 倍を 1 行に加える} \\ \text{2 行を 3 行に加える} \\ \text{4 行を } -\frac{1}{2} \text{ 倍する} \end{array}$$

$$\begin{array}{ccccc} 1 & 0 & -3 & 7 & 6 \\ 0 & 1 & -2 & 4 & 3 \\ 0 & 0 & 0 & 2 & 4 \\ 0 & 0 & 0 & 1 & 2 \end{array} \quad \begin{array}{c} \Big\}-7 \quad \Big\}-4 \quad \Big\}-2 \end{array} \quad \begin{array}{l} \text{4 行の } -7 \text{ 倍を 1 行に加える} \\ \text{4 行の } -4 \text{ 倍を 2 行に加える} \\ \text{4 行の } -2 \text{ 倍を 3 行に加える} \end{array}$$

$$\begin{array}{ccccc} 1 & 0 & -3 & 0 & -8 \\ 0 & 1 & -2 & 0 & -5 \\ 0 & 0 & 0 & 0 & 0 \\ 0 & 0 & 0 & 1 & 2 \end{array} \quad \updownarrow \quad \text{3 行と 4 行を入れ換える}$$

$$\begin{pmatrix} \mathbf{1} & 0 & -3 & 0 & -8 \\ 0 & \mathbf{1} & -2 & 0 & -5 \\ 0 & 0 & 0 & \mathbf{1} & 2 \\ 0 & 0 & 0 & 0 & 0 \end{pmatrix}$$

□

この例題の解法と同様の方法で一般に次のことがわかる（演習問題 **1**）．

定理 2.1.1 任意の行列は適当な基本行変形を繰り返して簡約化できる．

基本行変形によって行列を簡約化する方法は一通りではないが，どのように基本行変形を行っても得られる簡約行列は一致する(証明は付録の定理 A.1.1)．したがって，行列の簡約形における主成分の個数は簡約化の仕方に依らずに定まる一定な値であることがわかる．この事実は簡約形の一意性とは別に第 5 章(定理 5.5.3) においても示されるのでそれまで事実として認めておくことにし，次のように定義しておく．

行列 A の簡約形を B とするとき，B の主成分の数（零ではない行ベクトルの数）を A の**階数** (rank) とよび，$\mathrm{rank}\, A$ で表す．

例えば例題 2.1.1 における行列の階数は 3 である．

簡約行列の形からわかるように，$m \times n$ 行列 A の階数は簡約形 B の主成分を含む列の個数と一致する．ここで B の主成分を含む列は m 次の基本ベクトル

$$\boldsymbol{e}_1,\ \boldsymbol{e}_2,\ \ldots,\ \boldsymbol{e}_{r-1},\ \boldsymbol{e}_r \quad (r = \mathrm{rank}\, A)$$

であることに注意しよう．以上の注意から次の定理を得る．

定理 2.1.2 A が $m \times n$ 行列ならば，$\mathrm{rank}\, A \leqq m$，$\mathrm{rank}\, A \leqq n$.

演習問題 2.1

1. 任意の行列は適当な基本行変形を繰り返して簡約化できることを示せ．

2. 次の行列の簡約形を求めよ．またその階数を求めよ．

(1) $\begin{pmatrix} 3 & 2 & -1 & 5 \\ 2 & 0 & 2 & 6 \end{pmatrix}$ (2) $\begin{pmatrix} 1 & 2 & 3 \\ 4 & 5 & 6 \\ 7 & 8 & 9 \end{pmatrix}$ (3) $\begin{pmatrix} 1 & 2 & 0 & 1 \\ 0 & 2 & 1 & 0 \\ 0 & 0 & 1 & -1 \end{pmatrix}$

(4) $\begin{pmatrix} 1 & -3 & 2 & 0 \\ 0 & -1 & 0 & 2 \\ -2 & 2 & 1 & 3 \end{pmatrix}$ (5) $\begin{pmatrix} 3 & 6 \\ -2 & 3 \\ 3 & 6 \\ 5 & 24 \end{pmatrix}$ (6) $\begin{pmatrix} 3 & -1 & 0 & 1 \\ 5 & 5 & -4 & -3 \\ 2 & 1 & -1 & 0 \\ 3 & 4 & -3 & -1 \end{pmatrix}$

2.2　連立1次方程式の解き方

本節では，方程式の数が m 個，変数の数が n 個である連立1次方程式

$$A\boldsymbol{x} = \boldsymbol{b} \tag{2.5}$$

が解をもつための条件を調べる．ここで A は $m \times n$ 行列 で $\boldsymbol{b}$ は $m \times 1$ 行列である．前節で述べたように，連立1次方程式 (2.5) を解くにはその拡大係数行列 $(A\ \boldsymbol{b})$ を簡約化すればよい．

解の存在と拡大係数行列との関係については次の定理が成り立つ．

定理 2.2.1　連立1次方程式 $A\boldsymbol{x} = \boldsymbol{b}$ が解をもつための必要十分条件は

$$\mathrm{rank}\,(A\ \boldsymbol{b}) = \mathrm{rank}\,A.$$

証明　拡大係数行列 $(A\ \boldsymbol{b})$ の階数については

$$\mathrm{rank}\,(A\ \boldsymbol{b}) = \mathrm{rank}\,A \tag{2.6}$$

$$\mathrm{rank}\,(A\ \boldsymbol{b}) = \mathrm{rank}\,A + 1 \tag{2.7}$$

のいずれかが成り立つ．

$(A\ \boldsymbol{b})$ の簡約形は次の形の行列である．

$$\begin{array}{ccccccccccccc}
x_1 & \cdots & x_{i_1} & \multicolumn{2}{c}{\cdots} & x_{i_2} & \multicolumn{2}{c}{\cdots} & \cdots & x_{i_r} & \cdots & x_n & \text{定数}
\end{array}$$

$$\left(\begin{array}{cccccccccccc|c}
0 & \cdots & \mathbf{1} & * & * & 0 & * & * & * & 0 & * & * & * \\
0 & \cdots & 0 & \cdots & 0 & \mathbf{1} & * & * & * & 0 & * & * & * \\
\vdots & & \vdots & & & \vdots & & & \ddots & \vdots & \vdots & \vdots & \vdots \\
0 & \cdots & 0 & \cdots & & 0 & & \cdots & & \mathbf{1} & * & * & * \\
0 & \cdots & 0 & \cdots & & 0 & & \cdots & & 0 & \cdots & 0 & c \\
0 & \cdots & & & & & & & & & \cdots & 0 & 0 \\
\vdots & & \vdots & & & \vdots & & & & \vdots & & \vdots & \vdots \\
0 & \cdots & 0 & \cdots & & 0 & & \cdots & & 0 & \cdots & 0 & 0
\end{array}\right)$$

ここで，最後列の c を含む行は第 $r+1$ 行で $c=0$ または 1 である．またこの簡約行列を拡大係数行列にもつ連立 1 次方程式において，主成分を係数とする変数を次のようにおく．

$$x_{i_1},\ \ldots,\ x_{i_r} \quad (1 \leqq i_1 < \cdots < i_r \leqq n)$$

(1)　$\mathrm{rank}\,(A\ \boldsymbol{b}) = \mathrm{rank}\,A$ が成り立つとすれば $c=0$ である．このとき $(A\ \boldsymbol{b})$ の簡約形を拡大係数行列にもつ連立 1 次方程式を書けば，主成分を係数とする変数は主成分以外の成分を係数とする変数の式で表されることがわかる．したがって，x_j（$j \neq i_1, \ldots, i_r$）に任意の値を与えると $x_{i_1}, \ldots, x_{i_r}$ の値が定まり，これらの値が求める解となる．

(2)　$\mathrm{rank}\,(A\ \boldsymbol{b}) = \mathrm{rank}\,A+1$ であると仮定する．このとき $c=1$ で第 $r+1$ 行 $(0\ \cdots\ 0\ 1)$ の表す式は $0x_1+0x_2+\cdots+0x_n=1$ であるが，明らかにこの式を満たす $x_1, x_2, \ldots, x_n$ の値は存在しない．よってこの場合には $A\boldsymbol{x}=\boldsymbol{b}$ は解をもたない．　□

例 1　拡大係数行列の簡約形が次のような形のものであったとする．

$$\begin{array}{cccccccc} x_1 & x_2 & x_3 & x_4 & x_5 & x_6 & x_7 & \text{定数} \end{array}$$
$$\begin{pmatrix} \mathbf{1} & d_{12} & 0 & d_{14} & 0 & 0 & d_{17} & p_1 \\ 0 & 0 & \mathbf{1} & d_{24} & 0 & 0 & d_{27} & p_2 \\ 0 & 0 & 0 & 0 & \mathbf{1} & 0 & d_{37} & p_3 \\ 0 & 0 & 0 & 0 & 0 & \mathbf{1} & d_{47} & p_4 \\ 0 & 0 & 0 & 0 & 0 & 0 & 0 & 0 \end{pmatrix}$$

このとき主成分を係数とする変数は x_1, x_3, x_5, x_6 で，他の変数 x_2, x_4, x_7 に任意の値 c_1, c_2, c_3 を与えて解は次のようになる．

$$\begin{cases} x_1 = p_1 - d_{12}c_1 - d_{14}c_2 - d_{17}c_3 \\ x_2 = c_1 \\ x_3 = p_2 - d_{24}c_2 - d_{27}c_3 \\ x_4 = c_2 \\ x_5 = p_3 - d_{37}c_3 \\ x_6 = p_4 - d_{47}c_3 \\ x_7 = c_3 \end{cases}$$

例題 2.2.1　次の連立1次方程式を解け.

$$\begin{pmatrix} 1 & 3 & 0 & -1 \\ 2 & 6 & -1 & -4 \\ -1 & -3 & 1 & 3 \end{pmatrix} \begin{pmatrix} x_1 \\ x_2 \\ x_3 \\ x_4 \end{pmatrix} = \begin{pmatrix} 2 \\ 3 \\ -2 \end{pmatrix}$$

解　拡大係数行列を簡約化する：

x_1	x_2	x_3	x_4	定数	
1	3	0	−1	2	
2	6	−1	−4	3	−2
−1	−3	1	3	−2	
1	3	0	−1	2	
0	0	−1	−2	−1	
0	0	1	2	0	
1	3	0	−1	2	
0	0	1	2	0	
0	0	−1	−2	−1	
1	3	0	−1	2	
0	0	1	2	0	
0	0	0	0	−1	← −1
1	3	0	−1	2	
0	0	1	2	0	−2
0	0	0	0	1	
1	3	0	−1	0	
0	0	**1**	2	0	
0	0	0	0	**1**	

したがって係数行列の階数は 2，拡大係数行列の階数は 3 となり，与えられた連立1次方程式は解をもたない（解をもたないことや階数については三回目の変形で得られた四段目の行列（の第3行）の形からもわかることに注意）.　□

例題 2.2.2　次の連立1次方程式を解け.

$$\begin{pmatrix} 1 & 5 & 0 \\ 0 & -2 & -1 \\ -1 & -4 & 1 \end{pmatrix}\begin{pmatrix} x_1 \\ x_2 \\ x_3 \end{pmatrix} = \begin{pmatrix} -2 \\ 1 \\ 3 \end{pmatrix}$$

解 拡大係数行列を簡約化すると

$$\begin{pmatrix} 1 & 5 & 0 & -2 \\ 0 & -2 & -1 & 1 \\ -1 & -4 & 1 & 3 \end{pmatrix} \longrightarrow \begin{pmatrix} \mathbf{1} & 0 & 0 & 8 \\ 0 & \mathbf{1} & 0 & -2 \\ 0 & 0 & \mathbf{1} & 3 \end{pmatrix}.$$

よって簡約化された行列の定める連立 1 次方程式は

$$\begin{cases} x_1 & & & = & 8 \\ & x_2 & & = & -2 \\ & & x_3 & = & 3 \end{cases}$$

となり，与えられた連立 1 次方程式はただ一つの解 $x_1 = 8,\ x_2 = -2,\ x_3 = 3$ をもつ．この場合すべての変数の係数が主成分であることに注意しよう． □

例題 2.2.3 次の連立 1 次方程式を解け．

$$\begin{pmatrix} 1 & 0 & -2 & 2 & -4 \\ -2 & 1 & 0 & -4 & 5 \\ 0 & 0 & 0 & 1 & -5 \\ -3 & -1 & 10 & -5 & 10 \end{pmatrix}\begin{pmatrix} x_1 \\ x_2 \\ x_3 \\ x_4 \\ x_5 \end{pmatrix} = \begin{pmatrix} 3 \\ -1 \\ 4 \\ -10 \end{pmatrix}$$

解 拡大係数行列を簡約化すると

$$\begin{pmatrix} 1 & 0 & -2 & 2 & -4 & 3 \\ -2 & 1 & 0 & -4 & 5 & -1 \\ 0 & 0 & 0 & 1 & -5 & 4 \\ -3 & -1 & 10 & -5 & 10 & -10 \end{pmatrix} \longrightarrow \begin{pmatrix} \mathbf{1} & 0 & -2 & 0 & 6 & -5 \\ 0 & \mathbf{1} & -4 & 0 & -3 & 5 \\ 0 & 0 & 0 & \mathbf{1} & -5 & 4 \\ 0 & 0 & 0 & 0 & 0 & 0 \end{pmatrix}.$$

よって簡約化された行列の表す連立 1 次方程式は次のようになる．

$$\begin{cases} x_1 & - 2x_3 & & + 6x_5 & = & -5 \\ & x_2 - 4x_3 & & - 3x_5 & = & 5 \\ & & x_4 & - 5x_5 & = & 4 \end{cases}$$

ここで主成分以外の係数をもつ変数 $x_3,\ x_5$ に任意の値 $x_3 = c_1,\ x_5 = c_2$ を与えると主成分を係数にもつ変数 $x_1,\ x_2,\ x_4$ の値が定まり，次のように解を得る．

$$\begin{cases} x_1 = -5 + 2c_1 - 6c_2 \\ x_2 = 5 + 4c_1 + 3c_2 \\ x_3 = c_1 \\ x_4 = 4 + 5c_2 \\ x_5 = c_2 \end{cases} \qquad (c_1,\ c_2 \in \boldsymbol{R})$$

解は次のようにベクトル（**解ベクトル**（solution vector））として表示するとわかりやすくなる．

$$\boldsymbol{x} = \begin{pmatrix} -5 \\ 5 \\ 0 \\ 4 \\ 0 \end{pmatrix} + c_1 \begin{pmatrix} 2 \\ 4 \\ 1 \\ 0 \\ 0 \end{pmatrix} + c_2 \begin{pmatrix} -6 \\ 3 \\ 0 \\ 5 \\ 1 \end{pmatrix} \qquad (c_1, c_2 \in \boldsymbol{R})$$

□

解が存在する場合，解がただ一つしかないのは，例題 2.2.2 のようにすべての変数が簡約形の主成分を係数にもつ場合であり，したがって，このとき任意定数は現れない．よって定理 2.2.1 により次を得る．

定理 2.2.2　n 変数の連立 1 次方程式

$$A\boldsymbol{x} = \boldsymbol{b}$$

が ただ一つの解をもつための必要十分条件は次の等式が成り立つことである．

$$\mathrm{rank}\, A = \mathrm{rank}\,(A\ \boldsymbol{b}) = n$$

注 1　連立 1 次方程式 $A\boldsymbol{x} = \boldsymbol{b}$ の解の状態は次のいずれかである（なぜか？）．
(1) 無数に多くの解をもつ，(2) ただ一つの解をもつ，(3) 解をもたない．

同次方程式　連立 1 次方程式

$$A\boldsymbol{x} = \boldsymbol{0}$$

を**連立斉 1 次方程式**または**同次方程式**（system of homogeneous equations）という．同次方程式はつねに $\boldsymbol{x} = \boldsymbol{0}$ という解をもつ（解 $\boldsymbol{0}$ を**自明**（trivial）な解，$\boldsymbol{0}$ と異なる解を**非自明**（nontrivial）な解とよぶこともある）．

$A\boldsymbol{x} = \boldsymbol{0}$ の拡大係数行列 $(A\ \boldsymbol{0})$ に基本行変形を何回施しても最後の列は $\boldsymbol{0}$ のままなので，同次方程式 $A\boldsymbol{x} = \boldsymbol{0}$ を解くときは係数行列 A を簡約化すれば十分である．

定理 2.2.3 A を $m \times n$ 行列とする.

(1)　同次方程式 $A\boldsymbol{x} = \mathbf{0}$ の解が $\mathbf{0}$ に限るための必要十分条件は

$$\operatorname{rank} A = n.$$

(2)　$m < n$ ならば $A\boldsymbol{x} = \mathbf{0}$ は $\mathbf{0}$ と異なる解をもつ.

証明　(1)　$\operatorname{rank} A = \operatorname{rank}(A\ \mathbf{0})$ であるから定理 2.2.2 により明らかである.

(2)　定理 2.1.2 により行列の階数は行の個数以下である. したがって $m < n$ であれば $\operatorname{rank} A < n$ となり, (1) により $A\boldsymbol{x} = \mathbf{0}$ は $\mathbf{0}$ と異なる解をもつ. □

演習問題 2.2

1.　次の連立 1 次方程式を解け. ただし $\boldsymbol{x}$ は変数ベクトルである.

(1) $\begin{cases} 2x_1 + x_2 + x_3 = 1 \\ x_1 + 2x_2 + x_3 = 0 \\ x_1 + x_2 + 2x_3 = 0 \end{cases}$　(2) $\begin{pmatrix} 1 & 1 & 2 & 3 \\ 2 & 2 & 8 & 4 \\ 3 & 3 & 10 & 10 \end{pmatrix} \boldsymbol{x} = \begin{pmatrix} 0 \\ 0 \\ 0 \end{pmatrix}$

(3) $\begin{pmatrix} 1 & 2 & -1 & 1 \\ 3 & 1 & 3 & 2 \\ 3 & 4 & 3 & -1 \\ 2 & 1 & 1 & 2 \end{pmatrix} \boldsymbol{x} = \begin{pmatrix} 2 \\ -5 \\ -2 \\ -2 \end{pmatrix}$　(4) $\begin{pmatrix} 0 & 2 & 4 & 2 \\ 1 & 2 & 3 & 1 \\ -2 & -1 & 0 & 1 \\ 3 & 0 & 6 & -1 \end{pmatrix} \boldsymbol{x} = \begin{pmatrix} -2 \\ 0 \\ 6 \\ -3 \end{pmatrix}$

(5) $\begin{pmatrix} 1 & 2 & -2 & 1 & 3 \\ 2 & 1 & 2 & 0 & 1 \\ -2 & -3 & 2 & -1 & -4 \end{pmatrix} \boldsymbol{x} = \begin{pmatrix} 2 \\ 3 \\ -3 \end{pmatrix}$

2.　次の連立 1 次方程式が解をもつための a の条件を求めよ.

(1) $\begin{pmatrix} 1 & -1 & 2 \\ 2 & -3 & 3 \\ 4 & a & 1 \end{pmatrix} \boldsymbol{x} = \begin{pmatrix} 1 \\ -1 \\ 0 \end{pmatrix}$　(2) $\begin{cases} x_1 + x_2 + ax_3 = 3 \\ ax_2 + 2x_3 = -1 \\ x_1 - (a-1)x_2 - x_3 = 1 \end{cases}$

2.3 正則行列

A を n 次行列とする．ある n 次行列 B が

$$AB = E_n = BA \tag{2.8}$$

を満たすとき，B を A の**逆行列** (inverse) といい，$B = A^{-1}$ で表す．逆行列をもつ正方行列を**正則** (nonsingular) または**可逆** (invertible) であるという．定義から明らかに，逆行列も正則であって次が成り立つ．

$$(A^{-1})^{-1} = A$$

A が正則であるとき，A の逆行列はただ一つである．なぜなら，もし B と C がともに A の逆行列であれば，$B = BE = B(AC) = (BA)C = EC = C$ となり，$B = C$ を得る．さらに自然数 n に対して $A^{-n} = (A^{-1})^n$ と定義して次の指数法則が成り立つ．

$$A^m A^n = A^{m+n}, \quad (A^m)^n = A^{mn} \quad (m, n \text{ は整数})$$

後で示すように，行列 B が A の逆行列であるためには (2.8) での二つの等式のうちどちらか一方が成り立てばよい (3.4 節)．すなわち

定理 2.3.1 n 次行列 A, B が $AB = E$ または $BA = E$ を満たせば，B は A の逆行列である．

次の定理によれば行列の正則性は基本行変形によっても判定できる．

定理 2.3.2 n 次行列 A に対する次の性質は同値である．
(1) A は正則である．
(2) $\operatorname{rank} A = n$.
(3) A の簡約形は E_n である．

証明 (1) $\Rightarrow$ (2) A が正則であれば同次方程式 $A\boldsymbol{x} = \boldsymbol{0}$ の解は，この式の両辺に左から A^{-1} を掛けて $\boldsymbol{x} = \boldsymbol{0}$ となる．したがって定理 2.2.3 により $\operatorname{rank} A = n$.

(2) $\Rightarrow$ (3) 階数の定義によって明らか．

(3) ⇒ (1)　$\boldsymbol{e}_1, \cdots, \boldsymbol{e}_n$ を n 次の基本ベクトルとする．A を E_n に簡約化する基本行変形を各拡大係数行列 $(A\,\boldsymbol{e}_i)$ にほどこせば，$(A\,\boldsymbol{e}_i)$ は $(E_n\,\boldsymbol{b}_i)$ という形の行列に簡約化される．よって $(E_n\,\boldsymbol{b}_i)$ を拡大係数行列とする連立 1 次方程式を書けば明らかなように，$A\boldsymbol{x} = \boldsymbol{e}_i$ はただ一つの解 $\boldsymbol{x} = \boldsymbol{b}_i$ $(1 \leqq i \leqq n)$ をもつことがわかる：$A\boldsymbol{b}_i = \boldsymbol{e}_i$．このとき $B = \begin{pmatrix}\boldsymbol{b}_1 & \cdots & \boldsymbol{b}_n\end{pmatrix}$ とおくと B は n 次行列で，

$$AB = A\begin{pmatrix}\boldsymbol{b}_1 & \cdots & \boldsymbol{b}_n\end{pmatrix} = \begin{pmatrix}A\boldsymbol{b}_1 & \cdots & A\boldsymbol{b}_n\end{pmatrix} = \begin{pmatrix}\boldsymbol{e}_1 & \cdots & \boldsymbol{e}_n\end{pmatrix} = E_n$$

が成り立つから，定理 2.3.1 により B は A の逆行列である．　□

逆行列の計算　基本行変形を利用して正則行列の逆行列を求める方法を考えてみよう．n 次行列 A が正則であるとする．A を E_n に簡約化する基本行変形を $n \times 2n$ 行列 $(A \mid E_n)$ に施せば $(E_n \mid B)$ という形の行列になる．このとき各 $(A\,\boldsymbol{e}_i)$ は $(E_n\,\boldsymbol{b}_i)$ に簡約化されているから，定理 2.3.2 の証明 (3) ⇒ (1) で示したように $AB = E_n$ が成り立ち，B は A の逆行列である．一方 A が正則でなければ，A は E_n に簡約化されない（定理 2.3.2）．

したがって，n 次行列 A が正則であることは $(A \mid E_n)$ の簡約形が $(E_n \mid B)$ という形になることであり，このとき $B = A^{-1}$ が成り立つ．

$$A：\text{正則} \iff (A \mid E_n) \xrightarrow{\text{簡約化}} (E_n \mid A^{-1})$$

このように基本行変形のみを施して行列の正則性を判定し，同時に（正則である場合）その逆行列を求めることができる．

例題 2.3.1 次の行列が正則であることを確かめて，その逆行列を求めよ．

$$A = \begin{pmatrix} 2 & 1 & 1 \\ 1 & 2 & 1 \\ 1 & 1 & 2 \end{pmatrix}$$

解　以下の変形からわかるように行列 $(A \mid E)$ は $(E \mid B)$ という形に簡約化されるので，A は正則である．その逆行列は

$$A^{-1} = \begin{pmatrix} 3/4 & -1/4 & -1/4 \\ -1/4 & 3/4 & -1/4 \\ -1/4 & -1/4 & 3/4 \end{pmatrix} = \frac{1}{4}\begin{pmatrix} 3 & -1 & -1 \\ -1 & 3 & -1 \\ -1 & -1 & 3 \end{pmatrix}.$$

2	1	1	1	0	0	
1	2	1	0	1	0	
1	1	2	0	0	1	
1	1	2	0	0	1	-1
1	2	1	0	1	0	-2
2	1	1	1	0	0	
1	1	2	0	0	1	-1
0	1	-1	0	1	-1	
0	-1	-3	1	0	-2	
1	0	3	0	-1	2	
0	1	-1	0	1	1	
0	0	-4	1	1	-3	$\leftarrow -\frac{1}{4}$
1	0	3	0	-1	2	
0	1	-1	0	1	-1	-3
0	0	1	$-1/4$	$-1/4$	$3/4$	
1	0	0	$3/4$	$-1/4$	$-1/4$	
0	1	0	$-1/4$	$3/4$	$-1/4$	
0	0	1	$-1/4$	$-1/4$	$3/4$	

□

基本行列と正則行列　次の三種類の n 次行列 $F_{ij}, E_i(c), E_{ij}(c)$ を n 次の**基本行列**（elementary matrix）という．

(1) n 次単位行列 E_n の第 i 行と第 j 行を入れ換えた行列（ただし $i \neq j$）

$$F_{ij} = E_n + (E_{ij} + E_{ji}) - (E_{ii} + E_{jj})$$

(2) E_n の第 i 行をスカラー $c\,(\neq 0)$ 倍した行列

$$E_i(c) = E_n + (c-1)E_{ii}$$

(3) E_n の第 j 行のスカラー c 倍を第 i 行に加えた行列（ただし $i \neq j$）

$$E_{ij}(c) = E_n + cE_{ij}.$$

ここで E_{ij} は行列単位（1.2 節）を表す．

$i<j$ の場合は基本行列は次のような形をした行列である（何も書いてない位置の成分は 0 ）．$j>i$ の場合も同様な形の行列になる．

$$F_{ij} = \begin{pmatrix} 1 & & & & & & & & \\ & \ddots & & & & & & & \\ & & 1 & & & & & & \\ & & & 0 & \cdots & 1 & & & \\ & & & \vdots & \ddots & \vdots & & & \\ & & & 1 & \cdots & 0 & & & \\ & & & & & & 1 & & \\ & & & & & & & \ddots & \\ & & & & & & & & 1 \end{pmatrix} \begin{matrix} \\ \\ \\ \leftarrow \text{第 } i \text{ 行} \\ \\ \leftarrow \text{第 } j \text{ 行} \\ \\ \\ \\ \end{matrix}$$

$$E_i(c) = \begin{pmatrix} 1 & & & & & & \\ & \ddots & & & & & \\ & & 1 & & & & \\ & & & c & & & \\ & & & & 1 & & \\ & & & & & \ddots & \\ & & & & & & 1 \end{pmatrix} \begin{matrix} \\ \\ \\ \leftarrow \text{第 } i \text{ 行} \\ \\ \\ \\ \end{matrix}$$

$$E_{ij}(c) = \begin{pmatrix} 1 & & & & & & \\ & \ddots & & & & & \\ & & 1 & \cdots & c & & \\ & & & \ddots & \vdots & & \\ & & & & 1 & & \\ & & & & & \ddots & \\ & & & & & & 1 \end{pmatrix} \begin{matrix} \\ \\ \leftarrow \text{第 } i \text{ 行} \\ \\ \leftarrow \text{第 } j \text{ 行} \\ \\ \\ \end{matrix}$$

2.1節では行列に対する基本変形を考えたが，この変形を行うことは行列に基本行列を掛けることに相当することが容易に確かめられる．すなわち

定理 2.3.3 A を $m \times n$ 行列とする．

(1) $F_{ij}A$ は A の第 i 行と第 j 行を入れ換えて得られる行列である．

(2) $E_i(c)A$ は A の第 i 行を c 倍して得られる行列である．

(3) $E_{ij}(c)A$ は A の第 i 行に第 j 行の c 倍を加えて得られる行列である．

同様に AF_{ij}, $AE_i(c)$ は (1),(2) において行を列に変えて得られる行列で，$AE_{ij}(c)$ は A の第 j 列に第 i 列の c 倍を加えて得られる行列である．

例 2
$$F_{12} = \begin{pmatrix} 0 & 1 \\ 1 & 0 \end{pmatrix}, \quad E_2(c) = \begin{pmatrix} 1 & 0 \\ 0 & c \end{pmatrix}, \quad E_{21}(c) = \begin{pmatrix} 1 & 0 \\ c & 1 \end{pmatrix}$$

さらに A を2次行列とし，A の第 i 行を $\boldsymbol{a}'_i$，第 i 列を $\boldsymbol{a}_i$ $(i = 1, 2)$ とおくと

$$F_{12}\begin{pmatrix} \boldsymbol{a}'_1 \\ \boldsymbol{a}'_2 \end{pmatrix} = \begin{pmatrix} \boldsymbol{a}'_2 \\ \boldsymbol{a}'_1 \end{pmatrix}, E_2(c)\begin{pmatrix} \boldsymbol{a}'_1 \\ \boldsymbol{a}'_2 \end{pmatrix} = \begin{pmatrix} \boldsymbol{a}'_1 \\ c\boldsymbol{a}'_2 \end{pmatrix}, E_{21}(c)\begin{pmatrix} \boldsymbol{a}'_1 \\ \boldsymbol{a}'_2 \end{pmatrix} = \begin{pmatrix} \boldsymbol{a}'_1 \\ \boldsymbol{a}'_2 + c\boldsymbol{a}'_1 \end{pmatrix}$$

$$(\boldsymbol{a}_1 \ \boldsymbol{a}_2)F_{12} = (\boldsymbol{a}_2 \ \boldsymbol{a}_1), \quad (\boldsymbol{a}_1 \ \boldsymbol{a}_2)E_2(c) = (\boldsymbol{a}_1 \ c\boldsymbol{a}_2)$$

$$(\boldsymbol{a}_1 \ \boldsymbol{a}_2)E_{21}(c) = (\boldsymbol{a}_1 + c\boldsymbol{a}_2 \ \boldsymbol{a}_2).$$

定理 2.3.4 (1) 正則行列の積は正則である．

(2) 基本行列は正則であり，その逆行列も基本行列である．

$$F_{ij}^{-1} = F_{ij}, \quad E_i(c)^{-1} = E_i(1/c), \quad E_{ij}(c)^{-1} = E_{ij}(-c)$$

(3) 正則行列はいくつかの基本行列の積である．

証明 (1) A, B を正則行列とすると次の等式が成り立つ．

$$(B^{-1}A^{-1})(AB) = B^{-1}(A^{-1}A)B = B^{-1}EB = B^{-1}B = E$$

よって
$$B^{-1}A^{-1} = (AB)^{-1}.$$

(2) 次の等式により明らかである．

$$F_{ij}^2 = E, \quad E_i(c)\,E_i(1/c) = E, \quad E_{ij}(c)\,E_{ij}(-c) = E$$

(3) A を n 次正則行列とする．A の簡約形は E_n であるから，定理 2.3.3 によりある基本行列 $T_1, T_2, \ldots, T_k$ を用いて $T_1T_2\cdots T_kA = E_n$ が成り立つ．(2) により各 T_i は正則で T_i^{-1} も基本行列となる．よって

$$A = T_k^{-1}\cdots T_2^{-1}T_1^{-1}$$

となり A は基本行列の積となる． □

上の二つの定理から，$m \times n$ 行列 A に基本行変形を何回か施すことは正則行列を A の左に掛けることと同じであり，また基本列変形を何回か施すことは正則行列を A の右から掛けることと同じである．この事実は以降で自由に使うことになるのでよく理解しておこう．

例題 2.3.2 行列 $A = \begin{pmatrix} 2 & 1 \\ 1 & -1 \end{pmatrix}$ が正則であることを確かめて，それを基本行列の積で表せ．

解 以下のような基本行変形 (i) ～ (iv) によって A を簡約化する．

$$\begin{pmatrix} 2 & 1 \\ 1 & -1 \end{pmatrix} \xrightarrow{\text{(i)}} \begin{pmatrix} 1 & -1 \\ 2 & 1 \end{pmatrix} \xrightarrow{\text{(ii)}} \begin{pmatrix} 1 & -1 \\ 0 & 3 \end{pmatrix} \xrightarrow{\text{(iii)}} \begin{pmatrix} 1 & -1 \\ 0 & 1 \end{pmatrix} \xrightarrow{\text{(iv)}} \begin{pmatrix} 1 & 0 \\ 0 & 1 \end{pmatrix}$$

(i) 第 1 行と第 2 行を入れ換える：$F_{12} = \begin{pmatrix} 0 & 1 \\ 1 & 0 \end{pmatrix}$.

(ii) 第 1 行の -2 倍を第 2 行に加える：$E_{21}(-2) = \begin{pmatrix} 1 & 0 \\ -2 & 1 \end{pmatrix}$.

(iii) 第 2 行を 1/3 倍する：$E_2(1/3) = \begin{pmatrix} 1 & 0 \\ 0 & 1/3 \end{pmatrix}$.

(iv) 第 2 行を第 1 行に加える：$E_{12}(1) = \begin{pmatrix} 1 & 1 \\ 0 & 1 \end{pmatrix}$.

したがって，$P = E_{12}(1)\,E_2(1/3)\,E_{21}(-2)\,F_{12}$ とおけば $PA = E$.
よって次のように基本行列の積としての表示の一例を得る．

$$\begin{aligned} A = P^{-1} &= F_{12}^{-1}E_{21}(-2)^{-1}E_2(1/3)^{-1}E_{12}(1)^{-1} \\ &= \begin{pmatrix} 0 & 1 \\ 1 & 0 \end{pmatrix}\begin{pmatrix} 1 & 0 \\ 2 & 1 \end{pmatrix}\begin{pmatrix} 1 & 0 \\ 0 & 3 \end{pmatrix}\begin{pmatrix} 1 & -1 \\ 0 & 1 \end{pmatrix} \end{aligned}$$

□

演習問題 2.3

1. 次の行列が正則であればその逆行列を求めよ．

(1) $\begin{pmatrix} 1 & 0 & 0 \\ 1 & 1 & 1 \\ 2 & 1 & 2 \end{pmatrix}$ (2) $\begin{pmatrix} 1 & 2 & 3 \\ 3 & -1 & 2 \\ 1 & 4 & 5 \end{pmatrix}$

2. n 次行列 A, B の積 AB が正則であれば A, B も正則であることを示せ．

3. 正則行列 A に対して次が成り立つことを示せ．

(1) ${}^tA$ も正則で，$({}^tA)^{-1} = {}^t(A^{-1})$ が成り立つ．

(2) A が対称行列ならば，A^{-1} も対称行列である．

(3) A が交代行列ならば，A^{-1} も交代行列である．

4. n 次行列 A はある自然数 m に対して $A^m = O$ を満たすとする（このような行列 A を**ベキ零**（nilpotent）行列という）．このとき

(1) $E - A$，$E + A$ はともに正則行列で次の等式が成り立つことを示せ．

$$(E-A)^{-1} = E + A + A^2 + \cdots + A^i + \cdots + A^{m-1}$$
$$(E+A)^{-1} = E - A + A^2 + \cdots + (-1)^i A^i + \cdots + (-1)^{m-1} A^{m-1}.$$

(2) 階数2のベキ零行列の例を一つ示せ．

5. (1) 任意の $m \times n$ 行列 A はある正則行列 P, Q によって次のような形にできることを示せ．

$$PAQ = \left(\begin{array}{c|c} E_r & O \\ \hline O & O \end{array}\right)$$

この形の行列を A の**ランク標準形**とよび，P，Q をその標準化行列とよぶ．ここで $r = \operatorname{rank} A$ であり，したがって A のランク標準形は標準化行列 P, Q の選び方によらずにただ一つ定まることを注意しておく（定理5.5.3）．

(2) 次の行列のランク標準形とその標準化行列 P, Q を一組求めよ．

$$\begin{pmatrix} 1 & 1 & 0 \\ 2 & 3 & 1 \\ 0 & 1 & 1 \end{pmatrix}$$

3章 行列式

行列式の認識は行列より半世紀ほど早く17世紀後半に遡るが，18世紀中頃にCramerが連立1次方程式の解法に行列式を用いたことにより注意が引き起こされ，19世紀前半に行列式の基礎理論が整理された．

本章では行列式を定義し行列式の特徴的性質とその計算法について学ぶ．

3.1 置　換

n 文字の置換　n 個の文字の集合を $N = \{1, 2, \cdots, n\}$ とする．N から N への1対1の写像 $\sigma : N \to N$ を N の**置換**（permutation）または **n 文字の置換**という．n 文字の置換全体の集合を S_n（n 次の**対称群**とよばれる）で表す．$\sigma(1) = p_1$, $\sigma(2) = p_2$, $\ldots$, $\sigma(n) = p_n$ であるとき置換 σ を次のように表す．

$$\sigma = \begin{pmatrix} 1 & 2 & \cdots & n \\ p_1 & p_2 & \cdots & p_n \end{pmatrix} \tag{3.1}$$

下段の数列 $p_1, p_2, \ldots, p_n$ は数列 $1, 2, \ldots, n$ の順列である．したがって置換と順列とは1対1に対応し，特に S_n の元の数は $n!$ であることがわかる．上の表記は写像による文字の対応を表すだけであるから，上下の文字の組み合わせが変わらなければ書く順序は換えてもよい．また文字の個数が明らかな場合は，$\sigma(i) \neq i$ となる対応のみ記せば十分である．例えば4文字の置換について

$$\sigma = \begin{pmatrix} 1 & 2 & 3 & 4 \\ 3 & 2 & 1 & 4 \end{pmatrix} = \begin{pmatrix} 2 & 3 & 4 & 1 \\ 2 & 1 & 4 & 3 \end{pmatrix} = \begin{pmatrix} 1 & 3 \\ 3 & 1 \end{pmatrix}.$$

N における恒等写像を**恒等置換**といい，ε で表す．

$n \geqq 2$ であるとき，n 文字の置換で二つの文字 i, j を入れ換え他の文字はそれ自身に移す置換を**互換**（transposition）といい，$(i\ j)$ と表す．

$$\varepsilon = \begin{pmatrix} 1 & 2 & \cdots & n \\ 1 & 2 & \cdots & n \end{pmatrix}, \qquad (i\ j) = \begin{pmatrix} 1 & \cdots & \boldsymbol{i} & \cdots & \boldsymbol{j} & \cdots & n \\ 1 & \cdots & \boldsymbol{j} & \cdots & \boldsymbol{i} & \cdots & n \end{pmatrix}$$

一般に n 文字のうち相異なる r 個の文字 p_1, p_2, $\ldots$, p_r について，p_1 を p_2 に，p_2 を p_3 に，$\ldots$, p_r を p_1 に移し，他の文字はそれ自身に移す置換を **r 次の巡回置換**（cycle）といい，$(p_1\ p_2\ \ldots\ p_r)$ と表す．2次の巡回置換が互換である．

例 1 $(2\ 4) = \begin{pmatrix} 1 & \mathbf{2} & 3 & \mathbf{4} & 5 \\ 1 & \mathbf{4} & 3 & \mathbf{2} & 5 \end{pmatrix}$, $(2\ 3\ 5) = \begin{pmatrix} 1 & \mathbf{2} & \mathbf{3} & 4 & \mathbf{5} \\ 1 & \mathbf{3} & \mathbf{5} & 4 & \mathbf{2} \end{pmatrix}$

置換 $\sigma \in S_n$ は1対1対応であるから σ の逆写像 σ^{-1} が存在し，σ^{-1} はまた N の置換になる；$\sigma^{-1} \in S_n$. これを σ の**逆置換**という．

$$\sigma = \begin{pmatrix} 1 & 2 & \cdots & n \\ p_1 & p_2 & \cdots & p_n \end{pmatrix}, \quad \sigma^{-1} = \begin{pmatrix} p_1 & p_2 & \cdots & p_n \\ 1 & 2 & \cdots & n \end{pmatrix}$$

明らかに次の関係が成り立つ．

$$(i\ j) = (j\ i), \quad (i\ j)^{-1} = (i\ j)$$

置換の積 $\sigma, \tau \in S_n$ に対しそれらの合成写像 $\sigma\tau$ もまた n 文字の置換になる．

$$\sigma\tau : N \to N, \quad (\sigma\tau)(i) = \sigma(\tau(i)) \quad (1 \leqq i \leqq n); \quad \sigma\tau \in S_n$$

これを σ と τ の**積**という（次の例からもわかるように一般に $\sigma\tau = \tau\sigma$ は成り立たないことに注意）．任意の置換 σ, τ に対して明らかに次が成り立つ．

$$\sigma^{-1}\sigma = \varepsilon = \sigma\sigma^{-1}, \quad (\sigma\tau)^{-1} = \tau^{-1}\sigma^{-1}$$

例 2 $\sigma = \begin{pmatrix} 1 & 2 & 3 \\ 3 & 2 & 1 \end{pmatrix}$, $\tau = \begin{pmatrix} 1 & 2 & 3 \\ 2 & 3 & 1 \end{pmatrix}$ に対して

$$(\sigma\tau)(1) = \sigma(2) = 2, (\sigma\tau)(2) = \sigma(3) = 1, (\sigma\tau)(3) = \sigma(1) = 3.$$

よって $\sigma\tau = \begin{pmatrix} 1 & 2 & 3 \\ 2 & 1 & 3 \end{pmatrix} = (1\ 2)$. 同様にして $\tau\sigma = \begin{pmatrix} 1 & 2 & 3 \\ 1 & 3 & 2 \end{pmatrix} = (2\ 3)$.

例 3 $\sigma \in S_n$ と互換 $(p_i\ p_j)$ との積 $(p_i\ p_j)\sigma$ は，表示（3.1）において順列 $p_1, p_2, \ldots, p_n$ の p_i と p_j とを入れ換えて得られる置換である．

$$(p_i\ p_j)\sigma = \begin{pmatrix} 1 & \cdots & \boldsymbol{i} & \cdots & \boldsymbol{j} & \cdots & n \\ p_1 & \cdots & \boldsymbol{p_j} & \cdots & \boldsymbol{p_i} & \cdots & p_n \end{pmatrix}$$

置換の符号　n 文字の置換 σ において，

$$i < j, \qquad \sigma(i) > \sigma(j)$$

である文字の組 $(\sigma(i), \sigma(j))$ の個数を σ の**反転数**という．本書ではこのときの組 $(\sigma(i), \sigma(j))$ を σ の**反転**（inversion）とよぶ．反転数が m であるとき，$(-1)^m$ を σ の**符号**（signature）とよび，$\mathrm{sgn}(\sigma)$ で表す．$\mathrm{sgn}(\sigma) = 1$ であるとき σ を**偶置換**とよび，$\mathrm{sgn}(\sigma) = -1$ であるとき σ を**奇置換**とよぶ．

恒等置換は反転数が 0 であるから $\mathrm{sgn}(\varepsilon) = 1$ である．

例 4　$\sigma = \begin{pmatrix} 1 & 2 & 3 & 4 \\ 3 & 1 & 4 & 2 \end{pmatrix}$ の反転は $(3, 1)$，$(4, 2)$，$(3, 2)$ の 3 個であるから，

$$\mathrm{sgn}(\sigma) = (-1)^3 = -1.$$

定理 3.1.1 任意の $\sigma \in S_n$ と任意の互換 τ に対して $\mathrm{sgn}(\tau\sigma) = -\mathrm{sgn}(\sigma)$ が成り立つ．特に $\mathrm{sgn}(\tau) = -1$.

証明　$\sigma(i) = p_i$ とおく．順列 $p_1, p_2, \ldots, p_n$ において隣り合った文字 p_{r-1} と p_r を入れ換えて得られる置換の反転数は，$p_{r-1} < p_r$ のとき一つ増加し，$p_{r-1} > p_r$ のとき一つ減る．したがって隣り合った文字の互換を奇数回行って σ から $\tau\sigma$ が得られることを示せばよい．$i < j$ とし，$\tau = (p_i\ p_j)$ とおく．

σ において p_j とその直前の p_{j-1} とを入れ換え，次にこの入れ換えで得られた置換において p_j とその直前の p_{j-2} とを入れ換えるという互換を $j - i$ 回繰り返す．すなわち互換の積を $\tau_1 = (p_i\ p_j)(p_{i+1}\ p_j) \cdots (p_{j-1}\ p_j)$ とおいて置換の積 $\tau_1\sigma$ を考えると，σ において p_j を p_i の直前に移動した置換を得る．

$$\tau_1\sigma = \begin{pmatrix} 1 & \cdots & \boldsymbol{i} & i+1 & i+2 & \cdots & \boldsymbol{j} & j+1 & \cdots & n \\ p_1 & \cdots & \boldsymbol{p_j} & \boldsymbol{p_i} & p_{i+1} & \cdots & p_{j-1} & p_{j+1} & \cdots & p_n \end{pmatrix}$$

次に $\tau_1\sigma$ において p_i とその直後の p_{i+1} とを入れ換え，この入れ換えで得られた置換において p_i と直後の p_{i+2} とを入れ換えるという互換を $(j-1)-i = j-i-1$ 回繰り返す．すなわち $\tau_2 = (p_i\ p_{j-1}) \cdots (p_i\ p_{i+2})(p_i\ p_{i+1})$ とおいて置換の積 $\tau_2\tau_1\sigma$ を考えると，$\tau_1\sigma$ において p_i を p_{j-1} の直後に移動した置換を得る．

$$\tau_2\tau_1\sigma = \begin{pmatrix} 1 & \cdots & \boldsymbol{i} & i+1 & \cdots & j-1 & \boldsymbol{j} & \cdots & n \\ p_1 & \cdots & \boldsymbol{p_j} & p_{i+1} & \cdots & p_{j-1} & \boldsymbol{p_i} & \cdots & p_n \end{pmatrix}$$

この置換は σ において p_i と p_j を入れ換えて得られる置換 $\tau\sigma$ に他ならない（例3）．よって隣り合った文字の互換を $(j-i)+(j-i-1)=2(j-i)-1$ 回（奇数回）行って σ から $\tau\sigma$ が得られた．後半は $\sigma=\varepsilon$ と置けばよい． □

定理 3.1.2 $n \geqq 2$ とする．n 個の文字の置換 σ について次が成り立つ．

(1) σ は互換の積として表すことができる．

(2) σ が m 個の互換の積であれば $\mathrm{sgn}(\sigma)=(-1)^m$ が成り立つ．

(3) σ が偶（奇）置換であることと，σ が偶数（奇数）個の互換の積として表されることは同値である．

注 1 置換を互換の積として表すとき，その表し方は一通りではない．例えば，
$(1\ 2)=(1\ 2)(1\ 2)(1\ 2)$，$(1\ 5)(1\ 2)(3\ 5)(4\ 5)=(1\ 3)(1\ 4)(1\ 5)(1\ 2)$．

証明 (1) $\sigma(i)=p_i$ とおき前定理の証明のように，順列 $p_1, \ldots, p_n$ の入れ換えを考える．文字 1 とその直前の文字との入れ換えを繰り返して 1 をこの順列の先頭に移動する．このときの入れ換えによる互換の積を τ_1（$\sigma(1)=1$ のときは $\tau_1=\varepsilon$）とおけば $(\tau_1\sigma)(1)=1$ である．$\sigma_1=\tau_1\sigma$ とおく．次に置換 σ_1 に対して，文字 1 の場合と同様に入れ換えを繰り返して文字 2 を 1 の直後に移動する．このときの互換の積を τ_2（$\sigma_1(2)=2$ のときは $\tau_2=\varepsilon$）とおくと $\tau_2\sigma_1$ は $(\tau_2\sigma_1)(1)=1$，$(\tau_2\sigma_1)(2)=2$ を満たす．$\sigma_2=\tau_2\sigma_1$ とおき，$3, 4, \ldots$ と順次同様の操作を繰り返して，$\sigma_{n-1}=\tau_{n-1}\sigma_{n-2}$ が $\sigma_{n-1}(i)=i$（$1 \leqq i < n$）を満たすようにとれる．このとき $\sigma_{n-1}(n)=n$ であるから $\sigma_{n-1}=\varepsilon$ となり，$\varepsilon=\tau_{n-1}\sigma_{n-2}=\cdots=\tau_{n-1}\cdots\tau_2\tau_1\sigma$ により次のように求める表示を得る．

$$\sigma=\tau_1^{-1}\tau_2^{-1}\cdots\tau_{n-1}^{-1}=\tau_1\tau_2\cdots\tau_{n-1}$$

(2) $\sigma=\alpha_m\cdots\alpha_1$（$\alpha_i$ は互換）であれば，定理 3.1.1 により，

$$\begin{aligned}\mathrm{sgn}(\sigma)&=(-1)\,\mathrm{sgn}(\alpha_{m-1}\cdots\alpha_1)\\&=(-1)^2\,\mathrm{sgn}(\alpha_{m-2}\cdots\alpha_1)=\cdots=(-1)^m.\end{aligned}$$

(3) σ が互換 α_i, β_j の積として $\sigma=\alpha_m\cdots\alpha_1=\beta_l\cdots\beta_1$ と表せたとすると，(2) により $\mathrm{sgn}(\sigma)=(-1)^m$，$\mathrm{sgn}(\sigma)=(-1)^l$．したがって $(-1)^m=(-1)^l$ を得る．これは m と l の偶奇が一致していることを示す． □

例題 3.1.1 $\sigma = \begin{pmatrix} 1 & 2 & 3 & 4 & 5 \\ 2 & 5 & 1 & 3 & 4 \end{pmatrix}$ の符号を求めよ．また互換の積として表せ．

解　反転は (5, 1) , (2, 1) , (5, 3) , (5, 4) の 4 個で，$\mathrm{sgn}(\sigma) = (-1)^4 = 1$.
σ における順列 2, 5, 1, 3, 4 において 1 と 5, 2 との入れ換えを行うと

$$\sigma_1 = (2\ \ 1)(5\ \ 1)\sigma = \begin{pmatrix} 1 & 2 & 3 & 4 & 5 \\ 1 & 2 & 5 & 3 & 4 \end{pmatrix}$$

さらに 3 と 5 との入れ換えを行い，続けて 4 と 5 を入れ換えると

$$\sigma_3 = (5\ \ 3)\sigma_1 = \begin{pmatrix} 1 & 2 & 3 & 4 & 5 \\ 1 & 2 & 3 & 5 & 4 \end{pmatrix}, \quad \sigma_4 = (5\ \ 4)\sigma_3 = \begin{pmatrix} 1 & 2 & 3 & 4 & 5 \\ 1 & 2 & 3 & 4 & 5 \end{pmatrix} = \varepsilon.$$

したがって，$(5\ \ 4)(5\ \ 3)(2\ \ 1)(5\ \ 1)\sigma = \varepsilon$ が成り立ち，σ は次のように互換の積として表示される．

$$\sigma = (5\ \ 1)^{-1}(2\ \ 1)^{-1}(5\ \ 3)^{-1}(5\ \ 4)^{-1}\varepsilon = (5\ \ 1)(2\ \ 1)(5\ \ 3)(5\ \ 4). \qquad \square$$

定理 3.1.3　$\sigma, \tau \in S_n$ に対して次の等式が成り立つ．

(1)　$\mathrm{sgn}(\tau\sigma) = \mathrm{sgn}(\tau)\,\mathrm{sgn}(\sigma)$,　　(2)　$\mathrm{sgn}(\sigma^{-1}) = \mathrm{sgn}(\sigma)$

証明　σ と τ を互換の積で表せば定理 3.1.2 (2) により明らかである．　$\square$

演習問題 3.1

1.　置換 $\sigma = \begin{pmatrix} 1 & 2 & 3 & 4 \\ 3 & 1 & 4 & 2 \end{pmatrix}$, $\tau = \begin{pmatrix} 1 & 2 & 3 & 4 \\ 4 & 1 & 3 & 2 \end{pmatrix}$ に対して，$\sigma\sigma$, $\sigma^{-1}\tau\sigma$ を求めよ．また $\sigma = (1\ \ 2)(1\ \ 4)(1\ \ 3) = (1\ \ 3)(2\ \ 4)(2\ \ 3)$ を確かめよ．

2.　次の置換が偶置換であるか奇置換であるかを反転数を求めて判定せよ．また互換の積としての表記を一つ示せ．

$$\begin{pmatrix} 1 & 2 & 3 & 4 & 5 \\ 3 & 5 & 1 & 2 & 4 \end{pmatrix}$$

3.2 行列式の定義と性質（1）

行列式の定義 n 次行列 $A = (a_{ij})$ に対し

$$\sum_{\sigma \in S_n} \mathrm{sgn}(\sigma)\, a_{1\sigma(1)} a_{2\sigma(2)} \cdots a_{n\sigma(n)}$$

を A の**行列式**（determinant）とよび，$|A|$ あるいは $\det A$ で表す．また n 次行列の行列式を単に n 次の行列式ともいう．

例 1 $n = 1$ のとき，$A = (a_{11})$ の行列式は $\det A = a_{11}$.

$n = 2$ のとき，$S_2 = \{\varepsilon, \sigma = (1\ 2)\}$. また $\mathrm{sgn}(\varepsilon) = 1$，$\mathrm{sgn}(\sigma) = -1$. $\varepsilon(1) = 1$，$\varepsilon(2) = 2$，$\sigma(1) = 2$，$\sigma(2) = 1$ により

$$\det A = a_{11}a_{22} - a_{21}a_{12}. \tag{3.2}$$

例 2 $n = 3$ のとき，$S_3 = \{\varepsilon, \sigma_1, \sigma_2, \sigma_3, \tau_1, \tau_2\}$. ここで

$\sigma_1 = (2\ 3)$, $\sigma_2 = (1\ 3)$, $\sigma_3 = (1\ 2)$, $\tau_1 = (1\ 2\ 3)$，$\tau_2 = (1\ 3\ 2)$ である．

$\mathrm{sgn}(\varepsilon) = \mathrm{sgn}(\tau_1) = \mathrm{sgn}(\tau_2) = 1$，$\mathrm{sgn}(\sigma_1) = \mathrm{sgn}(\sigma_2) = \mathrm{sgn}(\sigma_3) = -1$ により

$$\begin{aligned}\det A = &\ a_{11}a_{22}a_{33} + a_{12}a_{23}a_{31} + a_{13}a_{21}a_{32} \\ &-a_{11}a_{23}a_{32} - a_{13}a_{22}a_{31} - a_{12}a_{21}a_{33}.\end{aligned} \tag{3.3}$$

サラスの方法 2次と3次の行列式は次の図のように，左上から右下にかけての成分の積（実線部分）を + 項とし，右上から左下にかけての成分の積（破線部分）を − 項として和をとると記憶するとよい（**サラス**（Sarrus）**の方法**または**タスキ掛け**とよばれる）．

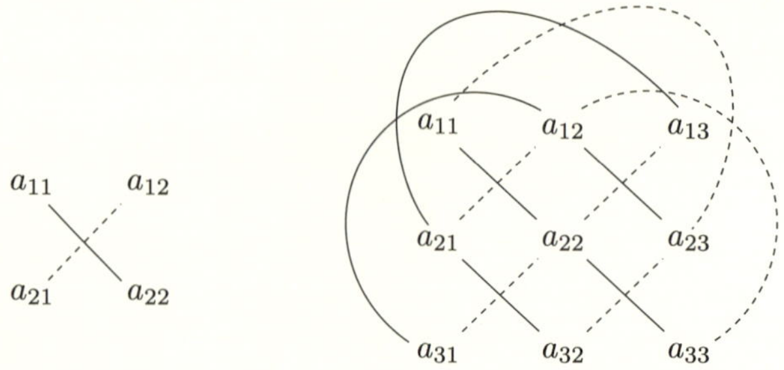

例題 3.2.1 行列式 $\begin{vmatrix} 7 & 2 & 3 & 4 \\ 5 & 0 & 7 & 8 \\ 9 & 1 & 4 & 0 \\ 3 & 2 & 1 & 5 \end{vmatrix}$ において置換 $\sigma = \begin{pmatrix} 1 & 2 & 3 & 4 \\ 4 & 3 & 1 & 2 \end{pmatrix}$ による項 $\mathrm{sgn}(\sigma)\, a_{1\sigma(1)}a_{2\sigma(2)}a_{3\sigma(3)}a_{4\sigma(4)}$ の値を求めよ．

解　σ の反転数が 5 であるから $\mathrm{sgn}(\sigma) = (-1)^5 = -1$．また $\sigma(1) = 4$，$\sigma(2) = 3$，$\sigma(3) = 1$，$\sigma(4) = 2$．よって求める値は

$$\mathrm{sgn}(\sigma)a_{14}a_{23}a_{31}a_{42} = (-1) \times 4 \times 7 \times 9 \times 2 = -504. \qquad \square$$

次の定理は行列式を求めるときに，より小さな次数の行列を利用して計算するための基本的な定理の一つである．

定理 3.2.1 $\begin{vmatrix} a_{11} & a_{12} & \cdots & a_{1n} \\ 0 & a_{22} & \cdots & a_{2n} \\ \vdots & \vdots & & \vdots \\ 0 & a_{n2} & \cdots & a_{nn} \end{vmatrix} = a_{11} \begin{vmatrix} a_{22} & \cdots & a_{2n} \\ \vdots & & \vdots \\ a_{n2} & \cdots & a_{nn} \end{vmatrix}$

証明　左辺の行列を $A = (a_{ij})$ とおけば

$$a_{21} = a_{31} = \cdots = a_{n1} = 0$$

である．置換 σ が $\sigma(1) \neq 1$ を満たせば，ある $i \neq 1$ に対して $\sigma(i) = 1$ となり $a_{i\sigma(i)} = 0$ であるから，行列式の定義における σ による項 $\mathrm{sgn}(\sigma)\, a_{1\sigma(1)} \cdots a_{n\sigma(n)}$ は 0 となる．他の任意の置換 σ は $\sigma(1) = 1$ を満たし $i > 1$ のとき $\sigma(i) > 1$ となる，すなわち $\{2, 3, \cdots, n\}$ の任意の置換を表す．したがって

$$\begin{aligned} |A| &= \sum_{\sigma} \mathrm{sgn}(\sigma)\, a_{1\sigma(1)}a_{2\sigma(2)} \cdots a_{n\sigma(n)} \\ &= \sum_{\sigma(1)=1} \mathrm{sgn}(\sigma)\, a_{1\sigma(1)}a_{2\sigma(2)} \cdots a_{n\sigma(n)} \\ &= a_{11} \sum_{\sigma(1)=1} \mathrm{sgn}(\sigma)\, a_{2\sigma(2)} \cdots a_{n\sigma(n)} = \text{右辺}. \end{aligned} \qquad \square$$

例 3 上三角行列の行列式は対角成分の積に等しい.

$$\begin{vmatrix} a_{11} & a_{12} & \cdots & \cdots & a_{1n} \\ 0 & a_{22} & \cdots & \cdots & a_{2n} \\ 0 & 0 & \ddots & & \vdots \\ \vdots & \vdots & \ddots & \ddots & \vdots \\ 0 & 0 & \cdots & 0 & a_{nn} \end{vmatrix} = a_{11}a_{22}\cdots a_{nn}$$

定理 3.2.2 n 次行列 A の第 i 行ベクトルを $\boldsymbol{a}_i$ で表す.

(D1) (**多重線形性**) 一つの行 $\boldsymbol{a}_i$ が二つの行ベクトル $\boldsymbol{p}_i$, $\boldsymbol{q}_i$ の和であれば, A の行列式は $\boldsymbol{a}_i$ を $\boldsymbol{p}_i$ と $\boldsymbol{q}_i$ で置き換えて得られる二つの行列式の和に等しい. 一つの行を c 倍すれば行列式も c 倍となる.

$$\det\begin{pmatrix} \boldsymbol{a}_1 \\ \vdots \\ c_1\boldsymbol{p}_i + c_2\boldsymbol{q}_i \\ \vdots \\ \boldsymbol{a}_n \end{pmatrix} = c_1 \det\begin{pmatrix} \boldsymbol{a}_1 \\ \vdots \\ \boldsymbol{p}_i \\ \vdots \\ \boldsymbol{a}_n \end{pmatrix} + c_2 \det\begin{pmatrix} \boldsymbol{a}_1 \\ \vdots \\ \boldsymbol{q}_i \\ \vdots \\ \boldsymbol{a}_n \end{pmatrix}$$

(D2) (**交代性**) 二つの行を入れ換えると行列式は -1 倍になる.

$$\det\begin{pmatrix} \boldsymbol{a}_1 \\ \vdots \\ \boldsymbol{a}_j \\ \vdots \\ \boldsymbol{a}_i \\ \vdots \\ \boldsymbol{a}_n \end{pmatrix} = -\det\begin{pmatrix} \boldsymbol{a}_1 \\ \vdots \\ \boldsymbol{a}_i \\ \vdots \\ \boldsymbol{a}_j \\ \vdots \\ \boldsymbol{a}_n \end{pmatrix} \quad (i \neq j)$$

(D3) (**単位行列の行列式**) n 次単位行列について $\det E_n = 1$.

証明 (D1) 左辺の各項を分配法則で二つの和に分けると

$$
\begin{aligned}
左辺 &= \sum_{\sigma} \mathrm{sgn}(\sigma)\, a_{1\sigma(1)} \cdots (c_1 p_{i\sigma(i)} + c_2 q_{i\sigma(i)}) \cdots a_{n\sigma(n)} \\
&= c_1 \sum_{\sigma} \mathrm{sgn}(\sigma)\, a_{1\sigma(1)} \cdots p_{i\sigma(i)} \cdots a_{n\sigma(n)} \\
&\qquad + c_2 \sum_{\sigma} \mathrm{sgn}(\sigma)\, a_{1\sigma(1)} \cdots q_{i\sigma(i)} \cdots a_{n\sigma(n)} = 右辺.
\end{aligned}
$$

(D2) 互換 $(i\ j) \in S_n$ を固定する．σ が S_n の置換すべてを動くと，$\tau = \sigma(i\ j)$ も S_n の置換すべてを動く．このとき $\mathrm{sgn}(\tau) = -\mathrm{sgn}(\sigma)$（定理 3.1.1），$\tau(i) = \sigma(j)$，$\tau(j) = \sigma(i)$．さらに $k \neq i, j$ に対して $\tau(k) = (\sigma(i\ j))(k) = \sigma(k)$ である．したがって，左辺の i 行目が $\boldsymbol{a}_j$ で j 行目が $\boldsymbol{a}_i$ であることから，

$$
\begin{aligned}
左辺 &= \sum_{\sigma} \mathrm{sgn}(\sigma)\, a_{1\sigma(1)} \cdots a_{j\sigma(i)} \cdots a_{i\sigma(j)} \cdots a_{n\sigma(n)} \\
&= -\sum_{\tau} \mathrm{sgn}(\tau)\, a_{1\tau(1)} \cdots a_{j\tau(j)} \cdots a_{i\tau(i)} \cdots a_{n\tau(n)} \\
&= -\sum_{\tau} \mathrm{sgn}(\tau)\, a_{1\tau(1)} \cdots a_{i\tau(i)} \cdots a_{j\tau(j)} \cdots a_{n\tau(n)} = 右辺.
\end{aligned}
$$

(D3) は例 3 を用いれば明らか． □

行列式は，正方行列に行列式で定まる値を対応させる写像

$$
A \longmapsto \det A
$$

であるとも考えられる．この写像は，正方行列全体から実数への写像のうち定理 3.2.2 における三つの性質を満たすものとして特徴づけられることが知られている（参考文献 [1] [2] [5] [6] 参照）．行列式を実際に計算するのにこれら三つの性質のみを利用して行ってよいことの根拠がここにある．

系 3.2.1 (1) 二つの行が等しい行列の行列式は 0 である．
(2) ある行に他の行の定数倍を加えても行列式の値は変わらない．

証明 (1) A の第 i 行と第 j 行が等しい（$\boldsymbol{a}_i = \boldsymbol{a}_j$）とすれば，この二行を入れ換えても行列は変わらないが行列式については交代性により $-|A|$ となる．したがって $|A| = -|A|$ が成り立ち $|A| = 0$ を得る．

(2) $i<j$ の場合を考えると次の等式を得る．

$$\det\begin{pmatrix} \boldsymbol{a}_1 \\ \vdots \\ \boldsymbol{a}_i + c\boldsymbol{a}_j \\ \vdots \\ \boldsymbol{a}_j \\ \vdots \\ \boldsymbol{a}_n \end{pmatrix} = \det\begin{pmatrix} \boldsymbol{a}_1 \\ \vdots \\ \boldsymbol{a}_i \\ \vdots \\ \boldsymbol{a}_j \\ \vdots \\ \boldsymbol{a}_n \end{pmatrix} + c\det\begin{pmatrix} \boldsymbol{a}_1 \\ \vdots \\ \boldsymbol{a}_j \\ \vdots \\ \boldsymbol{a}_j \\ \vdots \\ \boldsymbol{a}_n \end{pmatrix} = \det\begin{pmatrix} \boldsymbol{a}_1 \\ \vdots \\ \boldsymbol{a}_i \\ \vdots \\ \boldsymbol{a}_j \\ \vdots \\ \boldsymbol{a}_n \end{pmatrix}$$

最初の等式は多重線形性 (D1) により，最後の等式は (1) により得られる．□

行列式の値を求めるのに行列式の定義を利用することは容易ではない（4次のときは $4! = 24$，5次のとき $5! = 120$，... の個数の置換を先ず求めなければならない！）．2次，3次の行列式の場合は置換の数が少ないのでサラスの方法を利用できたが，4次以上の場合はそのような記憶しやすい簡便な方法はない．一般には定理 3.2.2 と系 3.2.1 を利用して特別な形に変形し，定理 3.2.1 や後述の行列式の展開（3.4 節）などを利用して行列の次数を下げて計算するのが普通である．

例題 3.2.2　次の行列 A の行列式を求めよ．

$$A = \begin{pmatrix} 1 & 2 & -1 & 4 \\ 0 & 1 & -3 & 5 \\ -3 & -5 & 7 & -7 \\ 2 & 5 & 4 & 10 \end{pmatrix}$$

解　A の第3行に第1行の3倍を加え，第4行に第1行の -2 倍を加える．得られた行列の行列式に定理 3.2.1 を適用し3次の行列式に直す．

$$|A| = \begin{vmatrix} 1 & 2 & -1 & 4 \\ 0 & 1 & -3 & 5 \\ 0 & 1 & 4 & 5 \\ 0 & 1 & 6 & 2 \end{vmatrix} = \begin{vmatrix} 1 & -3 & 5 \\ 1 & 4 & 5 \\ 1 & 6 & 2 \end{vmatrix}$$

さらに第2行と第3行に第1行の -1 倍を加えて定理 3.2.1 を適用すれば

$$|A| = \begin{vmatrix} 1 & -3 & 5 \\ 0 & 7 & 0 \\ 0 & 9 & -3 \end{vmatrix} = \begin{vmatrix} 7 & 0 \\ 9 & -3 \end{vmatrix} = 7\cdot(-3) - 9\cdot 0 = -21.$$

□

演習問題 3.2

1.　4次の行列式 $\begin{vmatrix} 1 & 2 & 3 & 4 \\ 5 & 6 & 7 & 8 \\ 9 & 10 & 11 & 12 \\ 13 & 14 & 15 & 16 \end{vmatrix}$ において置換 $\sigma \in S_4$ が次によって与えられるとき，σ による行列式の項の値を求めよ．

(1)　$(1\ 3\ 4\ 2)$　　(2)　$(1\ 3)(2\ 4)$　　(3)　$\begin{pmatrix} 1 & 2 & 3 & 4 \\ 4 & 3 & 1 & 2 \end{pmatrix}$

2.　次の行列式をサラスの方法を用いて求めよ．

(1)　$\begin{vmatrix} 1 & 2 \\ 3 & 4 \end{vmatrix}$　　(2)　$\begin{vmatrix} 3 & 6 \\ 2 & 4 \end{vmatrix}$　　(3)　$\begin{vmatrix} -2 & 1 & -2 \\ 3 & -1 & 5 \\ 4 & 1 & 2 \end{vmatrix}$　　(4)　$\begin{vmatrix} 1 & 1 & 1 \\ 2 & -1 & 3 \\ 4 & 1 & 9 \end{vmatrix}$

3.　次の行列式を求めよ．

(1)　$\begin{vmatrix} 3 & 1 & 5 & -6 \\ 0 & -1 & 2 & 0 \\ 3 & 3 & 6 & 7 \\ 0 & 4 & 0 & 3 \end{vmatrix}$　　(2)　$\begin{vmatrix} 8 & 6 & 4 & 2 \\ 5 & 6 & 7 & 8 \\ 1 & 2 & 3 & 4 \\ 7 & 5 & 3 & 1 \end{vmatrix}$　　(3)　$\begin{vmatrix} 1 & 1 & 1 & 1 \\ 1 & -1 & 1 & -1 \\ 1 & 1 & -1 & -1 \\ 1 & -1 & -1 & 1 \end{vmatrix}$

(4)　$\begin{vmatrix} 13 & 21 & 33 & 12 \\ 17 & 37 & 18 & 20 \\ 8 & 24 & 15 & 9 \\ 10 & 26 & 23 & 11 \end{vmatrix}$　　(5)　$\begin{vmatrix} 10 & 6 & 14 & 7 \\ 3 & 1 & 6 & 2 \\ 6 & 12 & 15 & 9 \\ 4 & 8 & 10 & 6 \end{vmatrix}$　　(6)　$\begin{vmatrix} 1 & -2 & 0 & 0 \\ -2 & 1 & -2 & 0 \\ 0 & -2 & 1 & -2 \\ 0 & 0 & -2 & 1 \end{vmatrix}$

(7)　$\begin{vmatrix} 0 & 0 & 0 & 0 & 1 \\ 0 & 0 & 0 & 1 & 0 \\ 0 & 0 & 1 & 0 & 0 \\ 0 & 1 & 0 & 0 & 0 \\ 1 & 0 & 0 & 0 & 0 \end{vmatrix}$　　(8)　$\begin{vmatrix} 1 & 1 & 0 & 0 & 0 \\ 1 & 1 & 1 & 0 & 0 \\ 0 & 1 & 1 & 1 & 0 \\ 0 & 0 & 1 & 1 & 1 \\ 0 & 0 & 0 & 1 & 1 \end{vmatrix}$

3.3 行列式の定義と性質 (2)

定理 3.3.1 （転置不変性）n 次行列 A について次の等式が成り立つ．

$$\det {}^tA = \det A$$

証明 $A = (a_{ij})$，${}^tA = (b_{ij})$ とおくと $b_{ij} = a_{ji}$ である．よって

$$\begin{aligned}\det {}^tA &= \sum_{\sigma} \mathrm{sgn}(\sigma)\, b_{1\sigma(1)} \cdots b_{i\sigma(i)} \cdots b_{n\sigma(n)} \\ &= \sum_{\sigma} \mathrm{sgn}(\sigma)\, a_{\sigma(1)1} \cdots a_{\sigma(i)i} \cdots a_{\sigma(n)n}.\end{aligned}$$

ここで $\sigma(1), \sigma(2), \ldots, \sigma(n)$ は相異なり，集合として $\{\sigma(1), \sigma(2), \ldots, \sigma(n)\}$ は $\{1, 2, \ldots, n\}$ と一致する．したがって，積の順序を入れ換えて次のように表すことができる．

$$a_{\sigma(1)1}a_{\sigma(2)2} \cdots a_{\sigma(n)n} = a_{1\sigma^{-1}(1)}a_{2\sigma^{-1}(2)} \cdots a_{n\sigma^{-1}(n)}$$

置換 σ が S_n の要素をすべて動くとき σ^{-1} も S_n の要素をすべて動くから，σ^{-1} を τ に置き換えると，$\mathrm{sgn}(\tau) = \mathrm{sgn}(\sigma^{-1}) = \mathrm{sgn}(\sigma)$ に注意して，

$$\begin{aligned}\det {}^tA &= \sum_{\sigma^{-1}} \mathrm{sgn}(\sigma^{-1})\, a_{1\sigma^{-1}(1)} \cdots a_{i\sigma^{-1}(i)} \cdots a_{n\sigma^{-1}(n)} \\ &= \sum_{\tau} \mathrm{sgn}(\tau)\, a_{1\tau(1)} \cdots a_{i\tau(i)} \cdots a_{n\tau(n)} \\ &= \det A.\end{aligned}$$

□

定理 3.2.1 と定理 3.3.1 により次が成り立つ．

定理 3.3.2

$$\begin{vmatrix} a_{11} & 0 & \cdots & 0 \\ a_{21} & a_{22} & \cdots & a_{2n} \\ \vdots & \vdots & & \vdots \\ a_{n1} & a_{n2} & \cdots & a_{nn} \end{vmatrix} = a_{11} \begin{vmatrix} a_{22} & \cdots & a_{2n} \\ \vdots & & \vdots \\ a_{n2} & \cdots & a_{nn} \end{vmatrix}$$

例 1 下三角行列の行列式は対角線成分の積に一致する．

$$\begin{vmatrix} a_{11} & 0 & \cdots & \cdots & 0 \\ a_{21} & a_{22} & \ddots & & \vdots \\ \vdots & & \ddots & \ddots & \vdots \\ \vdots & & & \ddots & 0 \\ a_{n1} & a_{n2} & \cdots & \cdots & a_{nn} \end{vmatrix} = a_{11}a_{22}\cdots a_{nn}$$

定理 3.3.1 により定理 3.2.2 と系 3.2.1 は行を列に言い換えて成り立つ．

定理 3.3.3 n 次行列 A の第 i 列を $\boldsymbol{a}_i$ で表す．

(D1) （**多重線形性**）一つの列 $\boldsymbol{a}_i$ が二つの列ベクトル $\boldsymbol{p}_i$，$\boldsymbol{q}_i$ の和であれば，A の行列式は $\boldsymbol{a}_i$ を $\boldsymbol{p}_i$ と $\boldsymbol{q}_i$ で置き換えて得られる二つの行列式の和に等しい．一つの列を c 倍すれば行列式も c 倍となる．

$$\begin{aligned}&\det\left(\boldsymbol{a}_1 \ \cdots \ c_1\boldsymbol{p}_i + c_2\boldsymbol{q}_i \ \cdots \ \boldsymbol{a}_n\right)\\ &\quad = c_1\det\left(\boldsymbol{a}_1 \ \cdots \ \boldsymbol{p}_i \ \cdots \ \boldsymbol{a}_n\right) + c_2\det\left(\boldsymbol{a}_1 \ \cdots \ \boldsymbol{q}_i \ \cdots \ \boldsymbol{a}_n\right)\end{aligned}$$

(D2) （**交代性**）二つの列を入れ換えると行列式は -1 倍になる．

$$\begin{aligned}&\det\left(\boldsymbol{a}_1 \ \ldots \ \boldsymbol{a}_j \ \cdots \ \boldsymbol{a}_i \ \cdots \ \boldsymbol{a}_n\right)\\ &\qquad = -\det\left(\boldsymbol{a}_1 \ \ldots \ \boldsymbol{a}_i \ \cdots \ \boldsymbol{a}_j \ \cdots \ \boldsymbol{a}_n\right) \qquad (i \neq j)\end{aligned}$$

(D3) （**単位行列の行列式**）n 次単位行列について $\det E_n = 1$．

(1) 二つの列が等しい行列の行列式は 0 である．

(2) ある列に他の列の定数倍を加えても行列式の値は変わらない．

例 2 $D = \begin{vmatrix} a & b & c \\ c & a & b \\ b & c & a \end{vmatrix}$ を二通りの方法で計算してみよう．

サラスの方法で展開して　$D = a^3 + b^3 + c^3 - 3abc$.

一方，第1列に第2列と第3列を加えて $a+b+c$ を第1列からくくり出すと

$$D = \begin{vmatrix} a+b+c & b & c \\ a+b+c & a & b \\ a+b+c & c & a \end{vmatrix} = (a+b+c)\begin{vmatrix} 1 & b & c \\ 1 & a & b \\ 1 & c & a \end{vmatrix}$$
$$= (a+b+c)(a^2+b^2+c^2-ab-bc-ca).$$

したがって，よく知られた次の等式(因数分解)が得られる．

$$a^3 + b^3 + c^3 - 3abc = (a+b+c)(a^2+b^2+c^2-ab-bc-ca)$$

定理 3.3.4 n 次行列 A, B に対して次の等式が成り立つ．

$$\det(AB) = \det A \cdot \det B$$

証明　$n=1$ であれば明らかであるから，$n \geqq 2$ とする．

A, B の列ベクトル表示を $A = \begin{pmatrix}\boldsymbol{a}_1 & \boldsymbol{a}_2 & \cdots & \boldsymbol{a}_n\end{pmatrix}$，$B = \begin{pmatrix}\boldsymbol{b}_1 & \boldsymbol{b}_2 & \cdots & \boldsymbol{b}_n\end{pmatrix}$ とする．AB の列ベクトル表示は $AB = \begin{pmatrix}A\boldsymbol{b}_1 & A\boldsymbol{b}_2 & \cdots & A\boldsymbol{b}_n\end{pmatrix}$ である．ここで $\boldsymbol{b}_j = {}^t\begin{pmatrix}b_{1j} & \cdots & b_{nj}\end{pmatrix}$ とおけば

$$A\boldsymbol{b}_j = \begin{pmatrix}\boldsymbol{a}_1 & \boldsymbol{a}_2 & \cdots & \boldsymbol{a}_n\end{pmatrix}\boldsymbol{b}_j = \sum_{i=1}^{n} b_{ij}\boldsymbol{a}_i$$

であるから次の等式を得る．

$$|AB| = |A\boldsymbol{b}_1 \ A\boldsymbol{b}_2 \ \cdots \ A\boldsymbol{b}_n|$$
$$= \left|\sum_{i_1=1}^{n} b_{i_1 1}\boldsymbol{a}_{i_1} \ \sum_{i_2=1}^{n} b_{i_2 2}\boldsymbol{a}_{i_2} \ \cdots \ \sum_{i_n=1}^{n} b_{i_n n}\boldsymbol{a}_{i_n}\right|$$

したがって，行列式の列に関する多重線形性（定理 3.3.3）により

$$|AB| = \sum_{1 \leqq i_1, i_2, \ldots, i_n \leqq n} b_{i_1 1} b_{i_2 2} \cdots b_{i_n n} \, |\boldsymbol{a}_{i_1} \ \boldsymbol{a}_{i_2} \ \cdots \ \boldsymbol{a}_{i_n}|. \tag{3.4}$$

ここで $i_1, i_2, \ldots, i_n$ の中に同じものが二つあれば $|\boldsymbol{a}_{i_1}\ \boldsymbol{a}_{i_2}\ \cdots\ \boldsymbol{a}_{i_n}| = 0$ となるので，上の和は $i_1, i_2, \ldots, i_n$ が相異なる任意の値をとるものとしてよい．このとき

$$\sigma = \begin{pmatrix} 1 & 2 & \cdots & n \\ i_1 & i_2 & \cdots & i_n \end{pmatrix}$$

は n 個の文字 $1, 2, \ldots, n$ の任意の置換を表す．$n \geqq 2$ であるから σ を互換の積 $\sigma = \tau_m \cdots \tau_1$ に表すことができる（定理 3.1.2）．互換 $\tau_1, \tau_2, \ldots, \tau_m$ に応じて順に $|\boldsymbol{a}_1\ \boldsymbol{a}_2\ \cdots\ \boldsymbol{a}_n|$ の列を入れ換えると，行列式の列に関する交代性（定理 3.3.3）と $\mathrm{sgn}(\sigma) = (-1)^m$ により

$$|\boldsymbol{a}_{i_1}\ \boldsymbol{a}_{i_2}\ \cdots\ \boldsymbol{a}_{i_n}| = \mathrm{sgn}(\sigma)|\boldsymbol{a}_1\ \boldsymbol{a}_2\ \cdots\ \boldsymbol{a}_n| = \mathrm{sgn}(\sigma)\,|A| \tag{3.5}$$

を得る．したがって上式 (3.4) により次の等式が得られる．

$$\begin{aligned} |AB| &= |A| \textstyle\sum_{\sigma \in S_n} \mathrm{sgn}(\sigma)\, b_{\sigma(1)1} b_{\sigma(2)2} \cdots b_{\sigma(n)n} \\ &= |A|\,|{}^tB| = |A|\,|B| \end{aligned}$$

□

A が正則行列であれば，$A^{-1}A = E$ に上の定理と定理 3.2.2 (D3) を適用して，$|A| \neq 0$ であることがわかる．

例 3 等式 $\begin{pmatrix} a & b \\ b & a \end{pmatrix}\begin{pmatrix} c & d \\ d & c \end{pmatrix} = \begin{pmatrix} ac+bd & ad+bc \\ ad+bc & ac+bd \end{pmatrix}$ の両辺の行列式を計算して等式 $(a^2-b^2)(c^2-d^2) = (ac+bd)^2 - (ad+bc)^2$ を得る．

次の性質も行列式の計算に役立つ．証明は行列式の定義だけで可能であるが，付録に行列の三角化を利用した証明を与えた（例題 A.2.1）．

例題 3.3.1 二つの正方行列 A, D に対して次が成り立つ．

$$\det\begin{pmatrix} A & B \\ O & D \end{pmatrix} = \det\begin{pmatrix} A & O \\ C & D \end{pmatrix} = \det A \cdot \det D$$

この例題の等式を利用すれば，例えば次のように計算できる．

$$\left|\begin{array}{cc|cc} 1 & -3 & 0 & 0 \\ 5 & 4 & 0 & 0 \\ \hline 6 & 2 & -5 & 9 \\ -1 & -2 & 3 & 0 \end{array}\right| = \begin{vmatrix} 1 & -3 \\ 5 & 4 \end{vmatrix}\begin{vmatrix} -5 & 9 \\ 3 & 0 \end{vmatrix} = 19 \times (-27) = -513$$

ヴァンデルモンドの行列式 次の形の行列式はヴァンデルモンド（Vandermonde）の行列式とよばれる．ここで右辺は $i < j$ である差 $x_j - x_i$ すべての積を表す．

定理 3.3.5 次の等式が成り立つ．

$$\begin{vmatrix} 1 & 1 & \cdots & 1 \\ x_1 & x_2 & \cdots & x_n \\ {x_1}^2 & {x_2}^2 & \cdots & {x_n}^2 \\ \vdots & \vdots & & \vdots \\ {x_1}^{n-1} & {x_2}^{n-1} & \cdots & {x_n}^{n-1} \end{vmatrix} = \prod_{1 \leqq i < j \leqq n} (x_j - x_i)$$

証明 n に関する帰納法で示す．$n = 2$ のときは明らかである．

$n > 2$ として，

(1) 順に第 n 行に第 $n-1$ 行の $-x_1$ 倍，第 $n-1$ 行に第 $n-2$ 行の $-x_1$ 倍，…，第 2 行に第 1 行の $-x_1$ 倍を加えて以下の等式 (i) を得る．

(2) 次に定理 3.2.1 を適用した後，第 2 列，第 3 列，…，第 n 列からそれぞれ $x_2 - x_1, x_3 - x_1, \ldots, x_n - x_1$ をくくり出して等式 (ii) を得る．

(3) 最後に帰納法の仮定を適用して等式 (iii) を得る．

$$\text{左辺} \overset{\text{(i)}}{=} \begin{vmatrix} 1 & 1 & \cdots & 1 \\ 0 & x_2 - x_1 & \cdots & x_n - x_1 \\ 0 & x_2(x_2 - x_1) & \cdots & x_n(x_n - x_1) \\ \vdots & \vdots & & \vdots \\ 0 & {x_2}^{n-2}(x_2 - x_1) & \cdots & {x_n}^{n-2}(x_n - x_1) \end{vmatrix}$$

$$\overset{\text{(ii)}}{=} (x_2 - x_1)(x_3 - x_1) \cdots (x_n - x_1) \begin{vmatrix} 1 & 1 & \cdots & 1 \\ x_2 & x_3 & \cdots & x_n \\ \vdots & \vdots & & \vdots \\ {x_2}^{n-2} & {x_3}^{n-2} & \cdots & {x_n}^{n-2} \end{vmatrix}$$

$$\overset{\text{(iii)}}{=} (x_2 - x_1)(x_3 - x_1) \cdots (x_n - x_1) \prod_{2 \leqq i < j \leqq n} (x_j - x_i) = \prod_{1 \leqq i < j \leqq n} (x_j - x_i) \quad \square$$

注 1 上の定理から明らかに，ヴァンデルモンドの行列式が 0 でない必要十分条件は $x_1, x_2, \ldots, x_n$ が相異なることである．

演習問題 3.3

1. 次の行列式の値を求めよ．

(1) $\begin{vmatrix} 3 & -2 & 10 \\ 6 & 5 & -4 \\ -7 & 11 & 2 \end{vmatrix}$ (2) $\begin{vmatrix} 1 & -3 & 6 & 0 \\ -2 & 7 & 10 & -1 \\ 0 & 3 & -6 & 2 \\ -4 & 10 & -20 & 2 \end{vmatrix}$ (3) $\begin{vmatrix} 15 & 10 & 3 & 6 \\ 4 & 5 & 16 & 9 \\ 14 & 11 & 2 & 7 \\ 1 & 8 & 13 & 12 \end{vmatrix}$

(4) $\begin{vmatrix} 1 & 2 & 2 & 2 & 2 \\ 2 & 1 & 2 & 2 & 2 \\ 2 & 2 & 1 & 2 & 2 \\ 2 & 2 & 2 & 1 & 2 \\ 2 & 2 & 2 & 2 & 1 \end{vmatrix}$ (5) $\begin{vmatrix} 3 & 1 & 1 & 0 & 2 \\ 1 & 4 & 1 & 2 & 2 \\ 1 & 1 & 4 & 2 & 2 \\ 0 & 2 & 2 & 3 & 1 \\ 2 & 2 & 2 & 1 & 4 \end{vmatrix}$ (6) $\begin{vmatrix} 2 & 1 & 0 & 0 & 0 \\ 1 & 2 & 1 & 0 & 1 \\ 0 & 1 & 2 & 1 & 1 \\ 0 & 0 & 1 & 2 & 0 \\ 0 & 1 & 1 & 0 & 2 \end{vmatrix}$

2. 次の各行列を A とおくとき，$\det A = 0$ を満たす x の値を求めよ．

(1) $\begin{pmatrix} 1 & -1 & 2 \\ x & 2 & -3 \\ 4 & 6 & x \end{pmatrix}$ (2) $\begin{pmatrix} 0 & 1 & 1 & 1 \\ 1 & 0 & 1 & 1 \\ 1 & 1 & 0 & 1 \\ 1 & 1 & 1 & x \end{pmatrix}$ (3) $\begin{pmatrix} x & 1 & 1 & 1 \\ 1 & x & 1 & 1 \\ 1 & 1 & x & 1 \\ 1 & 1 & 1 & x \end{pmatrix}$

3. 次の行列式を因数分解せよ．

(1) $\begin{vmatrix} a & a^2 & a^3 \\ b & b^2 & b^3 \\ c & c^2 & c^3 \end{vmatrix}$ (2) $\begin{vmatrix} 1 & a & a^3 \\ 1 & b & b^3 \\ 1 & c & c^3 \end{vmatrix}$ (3) $\begin{vmatrix} a & b & b & b \\ b & a & b & b \\ b & b & a & b \\ b & b & b & a \end{vmatrix}$

(4) $\begin{vmatrix} 1 & a & a^2 & a^3 \\ 1 & b & b^2 & b^3 \\ 1 & c & c^2 & c^3 \\ 1 & d & d^2 & d^3 \end{vmatrix}$ (5) $\begin{vmatrix} b^2+c^2 & ab & ca \\ ab & c^2+a^2 & bc \\ ca & bc & a^2+b^2 \end{vmatrix}$

3.4 行列式の展開とクラメルの公式

行列式の展開 n 次の行列式の計算を $n-1$ 次の行列式の計算に帰着する一般的な方法を考える．

n 次正方行列 $A=(a_{ij})$ から第 i 行と第 j 列を取り除いて得られる $n-1$ 次行列を A_{ij} と表すことにする．このとき，行列式 $|A_{ij}|$ に符号 $(-1)^{i+j}$ をつけた値 $\Delta_{ij}=(-1)^{i+j}|A_{ij}|$ を A の (i,j) **余因子**(cofactor)という．

例 1 $A=\begin{pmatrix}1&-3&5\\0&2&-3\\6&4&7\end{pmatrix}$ のとき $\Delta_{32}=(-1)^{3+2}|A_{32}|=-\begin{vmatrix}1&5\\0&-3\end{vmatrix}=3$

基本ベクトル $\boldsymbol{e}_1,\dots,\boldsymbol{e}_n$ を用いて A の第 j 列ベクトル $\boldsymbol{a}_j$ を

$$\boldsymbol{a}_j=a_{1j}\boldsymbol{e}_1+a_{2j}\boldsymbol{e}_2+\cdots+a_{nj}\boldsymbol{e}_n \tag{3.6}$$

と表す．行列式の第 j 列に関する線形性（定理 3.3.3（D1））により

$$|A|=a_{1j}|\boldsymbol{a}_1\ \cdots\ \underset{}{\overset{\overset{j}{\smile}}{\boldsymbol{e}_1}}\ \cdots\ \boldsymbol{a}_n|+\cdots+a_{nj}|\boldsymbol{a}_1\ \cdots\ \overset{\overset{j}{\smile}}{\boldsymbol{e}_n}\ \cdots\ \boldsymbol{a}_n|$$

と書ける（$\overset{j}{\smile}$ は左から j 番目の位置を示す）．ここで $1\leqq i\leqq n$ に対して

$$|\boldsymbol{a}_1\ \cdots\ \overset{\overset{j}{\smile}}{\boldsymbol{e}_i}\ \cdots\ \boldsymbol{a}_n|=\begin{vmatrix}a_{11}&\cdots&0&\cdots&a_{1n}\\\vdots&&\vdots&&\vdots\\a_{i1}&\cdots&1&\cdots&a_{in}\\\vdots&&\vdots&&\vdots\\a_{n1}&\cdots&0&\cdots&a_{nn}\end{vmatrix}. \tag{3.7}$$

右辺の行列式において，第 i 行ベクトル $\begin{pmatrix}a_{i1}&\cdots&1&\cdots&a_{in}\end{pmatrix}$ をすぐ上の行と入れ換えるという操作を $i-1$ 回行い $\begin{pmatrix}a_{i1}&\cdots&1&\cdots&a_{in}\end{pmatrix}$ を第 1 行目に移動し，続けて第 j 列ベクトル ${}^t\begin{pmatrix}1&0&\cdots&0\end{pmatrix}$ を直前の列と入れ換えるという操作を $j-1$ 回行って ${}^t\begin{pmatrix}1&0&\cdots&0\end{pmatrix}$ を第 1 列に移動すると

$$|\boldsymbol{a}_1\ \cdots\ \overset{\overset{j}{\smile}}{\boldsymbol{e}_i}\ \cdots\ \boldsymbol{a}_n|=(-1)^{i+j-2}\begin{vmatrix}1&a_{i1}&\cdots&a_{in}\\0&a_{11}&\cdots&a_{1n}\\\vdots&\vdots&&\vdots\\\vdots&\vdots&&\vdots\\0&a_{n1}&\cdots&a_{nn}\end{vmatrix}=(-1)^{i+j}|A_{ij}|.$$

ここで中央項の行列式は式 (3.7) の右辺の行と列を入れ換えて得られた n 次の行列式である．以上から次の**第 j 列に関する $|A|$ の（余因子）展開**（(cofactor) expansion of $|A|$ along the jth column, column expansion）を得る．

$$|A| = (-1)^{1+j}a_{1j}|A_{1j}| + \cdots + (-1)^{n+j}a_{nj}|A_{nj}| = \sum_{i=1}^{n}(-1)^{i+j}a_{ij}|A_{ij}|$$

第 i 列に関する $|{}^tA|$ の展開を考えれば，**第 i 行に関する $|A|$ の（余因子）展開**（(cofactor) expansion of $|A|$ along the ith row, row expansion）を得る．

$$|A| = (-1)^{i+1}a_{i1}|A_{i1}| + \cdots + (-1)^{i+n}a_{in}|A_{in}| = \sum_{j=1}^{n}(-1)^{i+j}a_{ij}|A_{ij}|$$

定理 3.4.1　（**展開定理**）n 次行列 $A = (a_{ij})$ について次が成り立つ．

$$\det A = \sum_{i=1}^{n} a_{ij}\Delta_{ij} \quad （第 j 列に関する展開） \tag{3.8}$$

$$\det A = \sum_{j=1}^{n} a_{ij}\Delta_{ij} \quad （第 i 行に関する展開） \tag{3.9}$$

例 2　行列 $A = \begin{pmatrix} 1 & 2 & 3 \\ 4 & 5 & 6 \\ 7 & 8 & 9 \end{pmatrix}$ の行列式 $|A|$ について，

第 3 列に関する展開：$|A| = 3\begin{vmatrix} 4 & 5 \\ 7 & 8 \end{vmatrix} - 6\begin{vmatrix} 1 & 2 \\ 7 & 8 \end{vmatrix} + 9\begin{vmatrix} 1 & 2 \\ 4 & 5 \end{vmatrix}$,

第 2 行に関する展開：$|A| = -4\begin{vmatrix} 2 & 3 \\ 8 & 9 \end{vmatrix} + 5\begin{vmatrix} 1 & 3 \\ 7 & 9 \end{vmatrix} - 6\begin{vmatrix} 1 & 2 \\ 7 & 8 \end{vmatrix}$.

一般に行列式の計算は，行または列について何回か基本変形を行って，ある行や列の成分がより多くの 0 を含むようにしてから展開を行うとよい．

n 次行列 $A = (a_{ij})$ の (j, i) 余因子 Δ_{ji} を (i, j) 成分 $\tilde{a}_{ij}$ にもつ n 次行列を $\widetilde{A}$ とおく．

$$\widetilde{A} = (\tilde{a}_{ij}), \quad \tilde{a}_{ij} = \Delta_{ji}$$

$\widetilde{A}$ は n 次行列 (Δ_{ij}) の転置行列で，A の**余因子行列**とよばれる．

定理 3.4.2 正方行列 A と $\widetilde{A}$ について次の等式が成り立つ．

$$A\widetilde{A} = (\det A)E = \widetilde{A}A$$

証明 $\widetilde{A}A = (\det A)E$ を示す．$\widetilde{A}A = (c_{ij})$ とおくと，

$$c_{ij} = \tilde{a}_{i1}a_{1j} + \cdots + \tilde{a}_{in}a_{nj} = a_{1j}\Delta_{1i} + \cdots + a_{nj}\Delta_{ni}.$$

ここで，$i = j$ のとき右辺は第 j 列に関する展開であるから，(3.8) により $c_{ii} = |A|$．また $i \neq j$ のとき，A の第 i 列を第 j 列で置き換えて得られる行列を $B = (b_{ij}) = (\boldsymbol{a}_1 \ \cdots \ \boldsymbol{a}_j \ \cdots \ \boldsymbol{a}_j \ \cdots \ \boldsymbol{a}_n)$ とおけば，$|B| = 0$ である（定理 3.3.3 (1)）．一方 $|B|$ を第 i 列に関して展開すると

$$|B| = \sum_{k=1}^{n} b_{ki}\Delta_{ki} = \sum_{k=1}^{n} \tilde{a}_{ik}a_{kj} = c_{ij}.$$

よって $c_{ij} = 0 \ (i \neq j)$ を得る．

$A\widetilde{A} = (\det A)E$ については行に関して同様の議論を行えばよい． □

定理 3.4.3 n 次行列 A が正則であるためには $\det A \neq 0$ であることが必要十分である．このとき A の逆行列は次のように与えられる．

$$A^{-1} = \frac{1}{\det A}\widetilde{A}$$

証明 3.3 節（49 頁）で注意したように，A が正則であれば $|A| \neq 0$ である．逆に $|A| \neq 0$ のとき，$d = |A|$ とおき $B = \dfrac{1}{d}\widetilde{A}$ とおくと定理 3.4.2 により

$$AB = \frac{1}{d}A\widetilde{A} = E = \frac{1}{d}\widetilde{A}A = BA$$

となり，B は A の逆行列である． □

例題 3.4.1　$A=\begin{pmatrix}1&0&2\\-3&1&-5\\0&-1&4\end{pmatrix}$ に対して $\widetilde{A}$ と A^{-1} を求めよ．

解　$|A|=5\neq 0$ であるから A は正則で $A^{-1}=\dfrac{1}{|A|}\widetilde{A}$ である．定義にしたがって各成分を計算すると

$\tilde{a}_{11}=(-1)^{1+1}\begin{vmatrix}1&-5\\-1&4\end{vmatrix}=-1,\qquad \tilde{a}_{21}=(-1)^{2+1}\begin{vmatrix}-3&-5\\0&4\end{vmatrix}=12,$

$\tilde{a}_{31}=(-1)^{3+1}\begin{vmatrix}-3&1\\0&-1\end{vmatrix}=3.$　同様にして $\tilde{a}_{12}=-2, \tilde{a}_{13}=-2, \tilde{a}_{22}=4,$ $\tilde{a}_{23}=-1$，$\tilde{a}_{32}=1, \tilde{a}_{33}=1$ となる．したがって

$$\widetilde{A}=\begin{pmatrix}-1&-2&-2\\12&4&-1\\3&1&1\end{pmatrix},\qquad A^{-1}=\frac{1}{5}\begin{pmatrix}-1&-2&-2\\12&4&-1\\3&1&1\end{pmatrix}.$$

□

定理 2.3.1 の証明　A, B が n 次行列で $AB=E$ を満たすとする．両辺の行列式は $|A|\,|B|=|E|=1$ となり，$|A|\neq 0$ を得る．定理 3.4.3 により A は正則で逆行列 A^{-1} をもつから，$AB=E$ の左から A^{-1} を掛けて

$$B=A^{-1}E=A^{-1}$$

を得る．$BA=E$ を満たすときも同様に $B=A^{-1}$ を示すことができる．　□

定理 2.3.2 と定理 2.2.3 により明らかに，正方行列 A が正則であることと同次方程式 $A\boldsymbol{x}=\boldsymbol{0}$ の解が $\boldsymbol{x}=\boldsymbol{0}$ に限ることは同値である．次の定理は定理 3.4.3 を用いてこの同値（の対偶）を言い換えたもので理論上も重要である（**消去法の原理**ともよばれる）．

> **定理 3.4.4**　正方行列 A に対して，同次方程式 $A\boldsymbol{x}=\boldsymbol{0}$ が $\boldsymbol{0}$ と異なる解をもつためには，$\det A=0$ であることが必要十分である．

例題 3.4.2 次の連立 1 次方程式が $\boldsymbol{0}$ と異なる解をもつような a の値を求めよ．

$$\begin{cases}(1-a)x-y+z=0\\4x-ay-z=0\\4x-2y+(1-a)z=0\end{cases}$$

解 係数行列の行列式が 0 になる条件を求めればよいから,

$$0 = \begin{vmatrix} 1-a & -1 & 1 \\ 4 & -a & -1 \\ 4 & -2 & 1-a \end{vmatrix} = -(a+1)(a-1)(a-2)$$

により $a = -1, 1, 2.$ □

クラメルの公式 クラメルは行列式を用いて任意個数の変数をもつ連立 1 次方程式の解法を見いだした．係数行列が正則である n 変数の連立 1 次方程式についてクラメルの公式 (Cramer's rule) とよばれる解法について述べよう．

定理 3.4.5 n 次正則行列 A を係数行列とする連立 1 次方程式 $A\boldsymbol{x} = \boldsymbol{b}$ の (ただ一つの) 解 $\boldsymbol{x} = {}^t(x_1 \ \ldots \ x_n)$ の各成分は次の式で与えられる．

$$x_i = \frac{\det \left(\boldsymbol{a}_1 \ \cdots \ \overset{i}{\smile}{\boldsymbol{b}} \ \cdots \ \boldsymbol{a}_n\right)}{\det A}$$

ここで $\left(\boldsymbol{a}_1 \ \cdots \ \overset{i}{\boldsymbol{b}} \ \cdots \ \boldsymbol{a}_n\right)$ は $A = \left(\boldsymbol{a}_1 \ \cdots \ \boldsymbol{a}_i \ \cdots \ \boldsymbol{a}_n\right)$ の第 i 列を定数項ベクトル $\boldsymbol{b}$ で置き換えた行列である．

証明 A が正則なので $A\boldsymbol{x} = \boldsymbol{b}$ はただ一つの解 $\boldsymbol{x} = A^{-1}\boldsymbol{b}$ をもつ ($A\boldsymbol{x} = \boldsymbol{b}$ の両辺に左から A^{-1} を掛ければよい．$A^{-1} = \dfrac{1}{|A|}\widetilde{A}$ であるからこの解は $\boldsymbol{x} = \dfrac{1}{|A|}\widetilde{A}\boldsymbol{b}$ である)．一方行列式 $|\boldsymbol{a}_1 \ \cdots \ \overset{i}{\boldsymbol{b}} \ \cdots \ \boldsymbol{a}_n|$ を第 i 列に関して展開すると

$$|\boldsymbol{a}_1 \ \cdots \ \overset{i}{\boldsymbol{b}} \ \cdots \ \boldsymbol{a}_n| = b_1\Delta_{1i} + \cdots + b_n\Delta_{ni} = \sum_{j=1}^{n} \tilde{a}_{ij}b_j.$$

この右辺は $\widetilde{A}\boldsymbol{b}\ (= |A|\boldsymbol{x})$ の第 i 成分を表している．したがって等式

$$|A|x_i = (|A|\boldsymbol{x}\ \text{の第}\ i\ \text{成分}) = |\boldsymbol{a}_1 \ \cdots \ \overset{i}{\boldsymbol{b}} \ \cdots \ \boldsymbol{a}_n|$$

が得られるから，両辺を $|A|$ で割って求める式を得る． □

例題 3.4.3 連立 1 次方程式

$$\begin{pmatrix} 1 & 0 & 2 \\ -3 & 1 & -5 \\ 0 & -1 & 4 \end{pmatrix} \boldsymbol{x} = \begin{pmatrix} 3 \\ -5 \\ 1 \end{pmatrix}$$

をクラメルの公式を用いて解け.

解　A の各列を $\boldsymbol{b}$ で置き換えた行列の行列式は次の通り.

$$\begin{vmatrix} 3 & 0 & 2 \\ -5 & 1 & -5 \\ 1 & -1 & 4 \end{vmatrix} = 5, \quad \begin{vmatrix} 1 & 3 & 2 \\ -3 & -5 & -5 \\ 0 & 1 & 4 \end{vmatrix} = 15, \quad \begin{vmatrix} 1 & 0 & 3 \\ -3 & 1 & -5 \\ 0 & -1 & 1 \end{vmatrix} = 5.$$

$|A| = 5$ であるからクラメルの公式により $x_1 = \dfrac{5}{5} = 1,\ x_2 = \dfrac{15}{5} = 3,\ x_3 = \dfrac{5}{5} = 1.$
よって解は　$\boldsymbol{x} = {}^t(x_1 \quad x_2 \quad x_3) = {}^t(1 \quad 3 \quad 1).$

□

演習問題 3.4

1.　次の行列式を（　）内の列・行に関する展開を利用して求めよ.

(1) $\begin{vmatrix} 2 & 1 & 3 & 1 \\ 1 & 2 & 0 & 2 \\ -6 & 2 & 7 & 3 \\ 1 & 1 & 5 & 1 \end{vmatrix}$ (第 1 列)　　(2) $\begin{vmatrix} 3 & 10 & -4 & 2 \\ 2 & 0 & 1 & 2 \\ -1 & 5 & 1 & 1 \\ 2 & 7 & -6 & 3 \end{vmatrix}$ (第 2 行)

2.　次の各行列について，その余因子を計算して逆行列を求めよ.

(1) $\begin{pmatrix} 2 & 3 & -1 \\ 1 & 0 & -2 \\ 1 & 5 & 1 \end{pmatrix}$　　(2) $\begin{pmatrix} 1 & 2 & 3 \\ 2 & 1 & 1 \\ 1 & 3 & 2 \end{pmatrix}$

3.　次の関係式から x, y, z を消去せよ.

$$\begin{cases} x + y + z = 1 \\ ax + by + cz = d \\ a^2x + b^2y + c^2z = d^2 \\ a^3x + b^3y + c^3z = d^3 \end{cases}$$

4.　次の連立 1 次方程式をクラメルの公式を用いて解け.

(1) $\begin{cases} 3x + 2y - z = 7 \\ x - 2y - 2z = 10 \\ 2x - 6y + z = 2 \end{cases}$　　(2) $\begin{cases} -3x + y + 2z = 5 \\ x - 2y = -3 \\ 4x - z = 1 \end{cases}$

4章　平面と空間のベクトル

平面や空間におけるベクトルの性質について学ぶ．空間における直線・平面の位置関係や図形の性質などはベクトルや行列・行列式を使うとわかりやすく記述できる場合が多い．一般次元のベクトル空間の性質を学ぶときの具体例として理解するとよい．

4.1　空間のベクトル

幾何ベクトル　平面または空間において，点 P から点 Q へ向かう線分（有向線分）を $\overrightarrow{PQ}$ で表し，P を**始点**，Q を**終点**とする**ベクトル**という．数ベクトルと区別して**幾何ベクトル**（geometric vector）ともいう．

二つのベクトル $\overrightarrow{PQ}$ と $\overrightarrow{P'Q'}$ が平行移動によって重なるとき，すなわち P と P', Q と Q' が重なるとき，$\overrightarrow{PQ}$ と $\overrightarrow{P'Q'}$ は**等しい**といい，

$$\overrightarrow{PQ} = \overrightarrow{P'Q'}$$

と表す．線分 PQ の長さをベクトル $\overrightarrow{PQ}$ の**長さ**（length）といい，$\|\overrightarrow{PQ}\|$ で表す．長さが 1 であるベクトルを**単位ベクトル**（unit vector）という．長さが 0 であるベクトル $\overrightarrow{PP}$ を**零ベクトル**といい，$\mathbf{0}$ で表す．ベクトル $\overrightarrow{PQ}$ と長さが同じで向きが逆のベクトル $\overrightarrow{QP}$ を $-\overrightarrow{PQ}$ と書いて，$\overrightarrow{PQ}$ の**逆ベクトル**という．

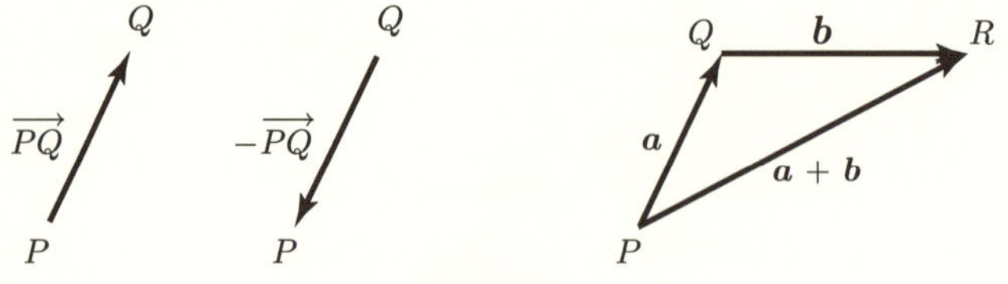

図 4.1

$\boldsymbol{a}, \boldsymbol{b}$ を二つの（幾何）ベクトルとする．$\boldsymbol{a} = \overrightarrow{PQ}$，$\boldsymbol{b} = \overrightarrow{QR}$ となるように，

三点 P, Q, R をとるとき，$\overrightarrow{PR}$ を $\boldsymbol{a}$ と $\boldsymbol{b}$ の**和**とよび $\boldsymbol{a}+\boldsymbol{b}$ と表す（図 4.1）．また $\boldsymbol{a}+(-\boldsymbol{b})$ を単に $\boldsymbol{a}-\boldsymbol{b}$ と表す．

長さが $r\|\boldsymbol{a}\|$（$0 \leqq r \in \boldsymbol{R}$）のベクトルで $\boldsymbol{a}$ と同じ向きをもつものを $r\boldsymbol{a}$，逆の向きをもつものを $-r\boldsymbol{a}$ と表す．零と異なるベクトル $\boldsymbol{b}$ が $\boldsymbol{b}=r\boldsymbol{a}$ $(0 \neq r \in \boldsymbol{R})$ と表されるとき，$\boldsymbol{b}$ は $\boldsymbol{a}$ に（あるいは $\boldsymbol{a}$ と $\boldsymbol{b}$ は）**平行**であるという．

ベクトル $\boldsymbol{a}$, $\boldsymbol{b}$, $\boldsymbol{c}$ と実数 c, d に対して次が成り立つ．

(1) $$\boldsymbol{a}+\boldsymbol{b}=\boldsymbol{b}+\boldsymbol{a}$$

(2) $$(\boldsymbol{a}+\boldsymbol{b})+\boldsymbol{c}=\boldsymbol{a}+(\boldsymbol{b}+\boldsymbol{c})$$

(3) $$\boldsymbol{a}+(-\boldsymbol{a})=\boldsymbol{0}$$

(4) $$c(\boldsymbol{a}+\boldsymbol{b})=c\boldsymbol{a}+c\boldsymbol{b}$$

(5) $$(c+d)\boldsymbol{a}=c\boldsymbol{a}+d\boldsymbol{a}$$

(6) $$(cd)\boldsymbol{a}=c(d\boldsymbol{a})$$

ベクトルの成分　空間に一点 O をとり，O を原点とする直交座標軸をとって直交座標系 O-xyz を設定する．点 P の座標が (x_1, y_1, z_1) であることを $P(x_1, y_1, z_1)$ と表す．二点 $P(x_1, y_1, z_1)$，$Q(x_2, y_2, z_2)$ に対し，$\boldsymbol{a}=\overrightarrow{PQ}$ とおくとき

$$\begin{pmatrix} x_2-x_1 \\ y_2-y_1 \\ z_2-z_1 \end{pmatrix}$$

を $\boldsymbol{a}$ の**成分**といい，改めて $\boldsymbol{a}$ で表す（成分の一致する二つのベクトルは等しいことに注意）．$\boldsymbol{a}$ の方向は**方向比**（direction ratio）

$$x_2-x_1 : y_2-y_1 : z_2-z_1$$

で表される．

二つのベクトル $\boldsymbol{a}=\begin{pmatrix} a_1 \\ a_2 \\ a_3 \end{pmatrix}$，$\boldsymbol{b}=\begin{pmatrix} b_1 \\ b_2 \\ b_3 \end{pmatrix}$ に対しその成分が比例するとき，すなわちある実数 r $(\neq 0)$ によって

$$a_1=rb_1, \quad a_2=rb_2, \quad a_3=rb_3$$

が成り立つとき $\boldsymbol{a}$ と $\boldsymbol{b}$ は平行で，$r > 0$ のとき同じ向きをもち，$r < 0$ のとき互いに逆の向きをもつ．r を比例定数とよぶ（以下の注 1 を参照）．

ベクトルの演算に関しては，

$$\boldsymbol{a}+\boldsymbol{b}=\begin{pmatrix} a_1+b_1 \\ a_2+b_2 \\ a_3+b_3 \end{pmatrix}, \qquad c\boldsymbol{a}=\begin{pmatrix} ca_1 \\ ca_2 \\ ca_3 \end{pmatrix}$$

が成り立ち，ベクトルの成分を数ベクトルと見なしたときの和やスカラー倍と一致する．この意味で幾何ベクトルと数ベクトルとを同一視してよい．ベクトル $\overrightarrow{OP}$ を点 P の**位置ベクトル**という．P の座標が (a_1, a_2, a_3) であれば $\boldsymbol{a}=\overrightarrow{OP}=\begin{pmatrix} a_1 \\ a_2 \\ a_3 \end{pmatrix}$ であり，$\boldsymbol{a}$ は基本ベクトル $\boldsymbol{e}_1, \boldsymbol{e}_2, \boldsymbol{e}_3$（1.1 節）を用いて

$$\boldsymbol{a}=a_1\boldsymbol{e}_1+a_2\boldsymbol{e}_2+a_3\boldsymbol{e}_3$$

と表すことができる．

注 1　$\boldsymbol{a}$ と $\boldsymbol{b}$ の成分が比例することを $a_1 : a_2 : a_3 = b_1 : b_2 : b_3$，あるいは 形式的に

$$\frac{a_1}{b_1}=\frac{a_2}{b_2}=\frac{a_3}{b_3} \quad \text{または} \quad \frac{a_1}{b_1}=\frac{a_2}{b_2}=\frac{a_3}{b_3}=r \ (r\ \text{は比例定数})$$

などと書く．分母に 0 が現れてもよいことに注意しよう．例えば $6:0:-4=3:0:-2$ と $\dfrac{6}{3}=\dfrac{0}{0}=\dfrac{-4}{-2}=2$ は同じ意味で，$6=2\times3$，$0=2\times0$，$-4=2\times(-2)$ を表す．

演習問題 4.1

1.　空間内の点 $P(2,1,-3)$, $Q(5,4,8)$, $A(7,0,-2)$ に対して，$\overrightarrow{PQ}=\overrightarrow{AB}$ となる点 B の座標を求めよ．

2.　連立 1 次方程式 $a_1x+a_2y+a_3z=0$，$b_1x+b_2y+b_3z=0$ において，$a_1 : a_2 : a_3 \neq b_1 : b_2 : b_3$ であるとき，解の比 $x : y : z$ が次のように定まることを示せ．

$$\frac{x}{\begin{vmatrix} a_2 & a_3 \\ b_2 & b_3 \end{vmatrix}}=\frac{y}{\begin{vmatrix} a_3 & a_1 \\ b_3 & b_1 \end{vmatrix}}=\frac{z}{\begin{vmatrix} a_1 & a_2 \\ b_1 & b_2 \end{vmatrix}}$$

4.2 内　　積

平面または空間におけるベクトルを考える．

二つのベクトル $\boldsymbol{a}$, $\boldsymbol{b}$ に対して，$\boldsymbol{a}$ と $\boldsymbol{b}$ の**内積** (inner product) とよばれる実数 $(\boldsymbol{a}, \boldsymbol{b})$ を次のように定める：

$$\boldsymbol{a} = \begin{pmatrix} a_1 \\ a_2 \end{pmatrix}, \boldsymbol{b} = \begin{pmatrix} b_1 \\ b_2 \end{pmatrix} \text{に対して} \quad (\boldsymbol{a}, \boldsymbol{b}) = a_1 b_1 + a_2 b_2,$$

$$\boldsymbol{a} = \begin{pmatrix} a_1 \\ a_2 \\ a_3 \end{pmatrix}, \boldsymbol{b} = \begin{pmatrix} b_1 \\ b_2 \\ b_3 \end{pmatrix} \text{に対して} \quad (\boldsymbol{a}, \boldsymbol{b}) = a_1 b_1 + a_2 b_2 + a_3 b_3.$$

明らかにベクトル $\boldsymbol{a}$ の長さについて $\|\boldsymbol{a}\| = \sqrt{(\boldsymbol{a}, \boldsymbol{a})}$ が成り立つ．

定理 4.2.1　平面または空間における内積は次の性質をもつ．

(1)　(**双線形性**) $(\boldsymbol{a}, \boldsymbol{b}_1 + \boldsymbol{b}_2) = (\boldsymbol{a}, \boldsymbol{b}_1) + (\boldsymbol{a}, \boldsymbol{b}_2)$,　$(\boldsymbol{a}, c\boldsymbol{b}) = c(\boldsymbol{a}, \boldsymbol{b})$
$(\boldsymbol{a}_1 + \boldsymbol{a}_2, \boldsymbol{b}) = (\boldsymbol{a}_1, \boldsymbol{b}) + (\boldsymbol{a}_2, \boldsymbol{b})$,　$(c\boldsymbol{a}, \boldsymbol{b}) = c(\boldsymbol{a}, \boldsymbol{b})$

(2)　(**対称性**)　$(\boldsymbol{a}, \boldsymbol{b}) = (\boldsymbol{b}, \boldsymbol{a})$

(3)　(**正定値性**) $(\boldsymbol{a}, \boldsymbol{a}) \geqq 0$.　また $(\boldsymbol{a}, \boldsymbol{a}) = 0 \Longleftrightarrow \boldsymbol{a} = \boldsymbol{0}$

例題 4.2.1 次の等式を示せ．

$$(\boldsymbol{a}, \boldsymbol{b}) = \frac{1}{2}\left(\|\boldsymbol{a}\|^2 + \|\boldsymbol{b}\|^2 - \|\boldsymbol{a} - \boldsymbol{b}\|^2 \right)$$

解　内積の双線形性と対称性により次の等式が成り立つ．

$$\begin{aligned} \|\boldsymbol{a} - \boldsymbol{b}\|^2 &= (\boldsymbol{a} - \boldsymbol{b}, \boldsymbol{a} - \boldsymbol{b}) = (\boldsymbol{a}, \boldsymbol{a}) - 2(\boldsymbol{a}, \boldsymbol{b}) + (\boldsymbol{b}, \boldsymbol{b}) \\ &= \|\boldsymbol{a}\|^2 - 2(\boldsymbol{a}, \boldsymbol{b}) + \|\boldsymbol{b}\|^2 \end{aligned}$$

□

$\boldsymbol{0}$ と異なる二つの ベクトル $\boldsymbol{a}, \boldsymbol{b}$ に対して，原点 O を始点として $\boldsymbol{a} = \overrightarrow{OA}$, $\boldsymbol{b} = \overrightarrow{OB}$ と定める．このとき $\theta = \angle AOB$ $(0 \leqq \theta \leqq \pi)$ を $\boldsymbol{a}$ と $\boldsymbol{b}$ のなす**角**という．$\theta = \pi/2$ のとき，$\boldsymbol{a}$ と $\boldsymbol{b}$ は**直交** (orthogonal) するといい，$\boldsymbol{a} \perp \boldsymbol{b}$ と書く．三角形の余弦定理により

$$\|\boldsymbol{a} - \boldsymbol{b}\|^2 = \|\boldsymbol{a}\|^2 + \|\boldsymbol{b}\|^2 - 2\,\|\boldsymbol{a}\|\|\boldsymbol{b}\|\cos\theta$$

であるから，例題 4.2.1 により

$$(\boldsymbol{a}, \boldsymbol{b}) = \|\boldsymbol{a}\|\|\boldsymbol{b}\| \cos\theta \tag{4.1}$$

が成り立つ.

定理 4.2.2　平面または空間のベクトルに対して次が成り立つ.

(1)　$\|\boldsymbol{a}\| \geqq 0$.　また $\|\boldsymbol{a}\| = 0 \Longleftrightarrow \boldsymbol{a} = \boldsymbol{0}$

(2)　（コーシー・シュヴァルツの不等式）$|(\boldsymbol{a}, \boldsymbol{b})| \leqq \|\boldsymbol{a}\|\|\boldsymbol{b}\|$

(3)　（三角不等式）$\|\boldsymbol{a}+\boldsymbol{b}\| \leqq \|\boldsymbol{a}\| + \|\boldsymbol{b}\|$

証明　(1) は定理 4.2.1 (3) による.

(2) は $|(\boldsymbol{a}, \boldsymbol{b})| = \|\boldsymbol{a}\|\|\boldsymbol{b}\||\cos\theta|$ により明らか.

(3) コーシー・シュヴァルツの不等式（Cauchy-Schwarz inequality）により

$$\begin{aligned}\|\boldsymbol{a}+\boldsymbol{b}\|^2 &= \|\boldsymbol{a}\|^2 + 2(\boldsymbol{a}, \boldsymbol{b}) + \|\boldsymbol{b}\|^2 \\ &\leqq \|\boldsymbol{a}\|^2 + 2\|\boldsymbol{a}\|\|\boldsymbol{b}\| + \|\boldsymbol{b}\|^2 = \left(\|\boldsymbol{a}\| + \|\boldsymbol{b}\|\right)^2.\end{aligned}$$

よって

$$\|\boldsymbol{a}+\boldsymbol{b}\| \leqq \|\boldsymbol{a}\| + \|\boldsymbol{b}\|. \qquad \square$$

三角不等式は「三角形の一辺の長さは他の二辺の和より小さい」という性質に相当する（図 4.1 参照）.

演習問題 4.2

1.　空間内の三点 $A(1,0,1)$，$B(1,1,0)$，$C(-1,1,2)$ を頂点とする三角形の各辺の長さ，$\angle ABC$，面積を求めよ.

2.　二つのベクトル $\boldsymbol{a} = {}^t(2\ \ -5\ \ 3)$, $\boldsymbol{b} = {}^t(-1\ \ 2\ \ -2)$ と直交する単位ベクトルを求めよ.

4.3 外　積

二つのベクトル $\boldsymbol{a}=\begin{pmatrix}a_1\\a_2\\a_3\end{pmatrix}$，$\boldsymbol{b}=\begin{pmatrix}b_1\\b_2\\b_3\end{pmatrix}$ に対して，ベクトル

$$
{}^t\left(\begin{vmatrix}a_2 & b_2\\a_3 & b_3\end{vmatrix},\ \begin{vmatrix}a_3 & b_3\\a_1 & b_1\end{vmatrix},\ \begin{vmatrix}a_1 & b_1\\a_2 & b_2\end{vmatrix}\right)\in \boldsymbol{R}^3
$$

を $\boldsymbol{a}$ と $\boldsymbol{b}$ の**ベクトル積**または**外積**といい，$\boldsymbol{a}\times\boldsymbol{b}$ で表すことにする．基本ベクトルを用いれば

$$
\boldsymbol{a}\times\boldsymbol{b}=\begin{vmatrix}a_2 & b_2\\a_3 & b_3\end{vmatrix}\boldsymbol{e}_1+\begin{vmatrix}a_3 & b_3\\a_1 & b_1\end{vmatrix}\boldsymbol{e}_2+\begin{vmatrix}a_1 & b_1\\a_2 & b_2\end{vmatrix}\boldsymbol{e}_3
$$

である．これを行列式の表示をまねて形式的に次のように表すこともある．

$$
\boldsymbol{a}\times\boldsymbol{b}=\begin{vmatrix}\boldsymbol{e}_1 & a_1 & b_1\\\boldsymbol{e}_2 & a_2 & b_2\\\boldsymbol{e}_3 & a_3 & b_3\end{vmatrix}\quad \text{または}\quad \begin{vmatrix}\boldsymbol{e}_1 & \boldsymbol{e}_2 & \boldsymbol{e}_3\\a_1 & a_2 & a_3\\b_1 & b_2 & b_3\end{vmatrix}
$$

例 1　$\boldsymbol{a}=\begin{pmatrix}2\\-3\\1\end{pmatrix}$，$\boldsymbol{b}=\begin{pmatrix}4\\2\\3\end{pmatrix}$ に対して

$$
\boldsymbol{a}\times\boldsymbol{b}={}^t\left(\begin{vmatrix}-3 & 2\\1 & 3\end{vmatrix},\ \begin{vmatrix}1 & 3\\2 & 4\end{vmatrix},\ \begin{vmatrix}2 & 4\\-3 & 2\end{vmatrix}\right)=\begin{pmatrix}-11\\-2\\16\end{pmatrix}.
$$

外積に関して明らかに次のことが成立する．

定理 4.3.1　空間における外積は次の性質をもつ（c は任意の実数を表す）．

(1)　（双線形性）$\boldsymbol{a}\times(\boldsymbol{b}_1+\boldsymbol{b}_2)=\boldsymbol{a}\times\boldsymbol{b}_1+\boldsymbol{a}\times\boldsymbol{b}_2$，　$\boldsymbol{a}\times(c\boldsymbol{b})=c(\boldsymbol{a}\times\boldsymbol{b})$

$(\boldsymbol{a}_1+\boldsymbol{a}_2)\times\boldsymbol{b}=\boldsymbol{a}_1\times\boldsymbol{b}+\boldsymbol{a}_2\times\boldsymbol{b}$，　$(c\boldsymbol{a})\times\boldsymbol{b}=c(\boldsymbol{a}\times\boldsymbol{b})$

(2)　（歪(わい)対称性）$\boldsymbol{a}\times\boldsymbol{b}=-\boldsymbol{b}\times\boldsymbol{a}$，　$\boldsymbol{a}\times\boldsymbol{a}=\boldsymbol{0}$

(3)　$\boldsymbol{e}_1\times\boldsymbol{e}_2=\boldsymbol{e}_3$，　$\boldsymbol{e}_2\times\boldsymbol{e}_3=\boldsymbol{e}_1$，　$\boldsymbol{e}_3\times\boldsymbol{e}_1=\boldsymbol{e}_2$

定理 4.3.2 外積に関して次の各等式が成り立つ．

(1) ベクトル $\boldsymbol{a}, \boldsymbol{b}, \boldsymbol{c}$ に対して

$$(\boldsymbol{a} \times \boldsymbol{b}, \boldsymbol{c}) = \begin{vmatrix} a_1 & b_1 & c_1 \\ a_2 & b_2 & c_2 \\ a_3 & b_3 & c_3 \end{vmatrix}$$

特に $$(\boldsymbol{a} \times \boldsymbol{b}, \boldsymbol{a}) = (\boldsymbol{a} \times \boldsymbol{b}, \boldsymbol{b}) = 0$$

(2) 零と異なるベクトル $\boldsymbol{a}, \boldsymbol{b}$ の成す角を θ とすれば

$$\|\boldsymbol{a} \times \boldsymbol{b}\| = \|\boldsymbol{a}\|\|\boldsymbol{b}\| \sin\theta$$

証明 (1) 右辺の行列式を第3列に関して展開したものは左辺に一致する．

(2)
$$\begin{aligned} \|\boldsymbol{a} \times \boldsymbol{b}\|^2 &= (a_1^2 + a_2^2 + a_3^2)(b_1^2 + b_2^2 + b_3^2) - (a_1b_1 + a_2b_2 + a_3b_3)^2 \\ &= \|\boldsymbol{a}\|^2\|\boldsymbol{b}\|^2 - (\boldsymbol{a}, \boldsymbol{b})^2 = \|\boldsymbol{a}\|^2\|\boldsymbol{b}\|^2 - \|\boldsymbol{a}\|^2\|\boldsymbol{b}\|^2 \cos^2\theta \\ &= \|\boldsymbol{a}\|^2\|\boldsymbol{b}\|^2 \sin^2\theta \qquad (\text{ここで角 } \theta \text{ は } 0 \leqq \theta \leqq \pi) \end{aligned}$$ □

$\boldsymbol{a} = \overrightarrow{OA}$, $\boldsymbol{b} = \overrightarrow{OB}$ とおくとき，OA, OB を二辺とする平行四辺形は $\boldsymbol{a}$ と $\boldsymbol{b}$ によって**張られる** (spanned) という．また $\boldsymbol{c} = \overrightarrow{OC}$ とおくとき，OA, OB, OC を三辺とする平行六面体は $\boldsymbol{a}, \boldsymbol{b}, \boldsymbol{c}$ によって**張られる**という．

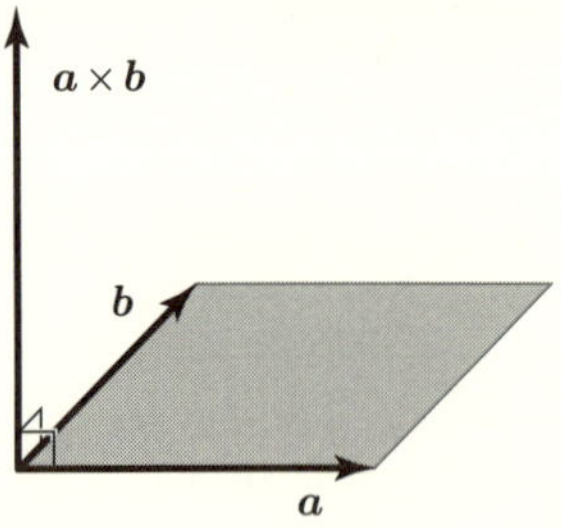

注 1 外積 $\boldsymbol{a} \times \boldsymbol{b}$ は $\boldsymbol{a}$ と $\boldsymbol{b}$ に直交し（定理 4.3.2 (1)），その長さは $\boldsymbol{a}$ と $\boldsymbol{b}$ で張られる平行四辺形の面積に等しい（定理 4.3.2 (2)）．またその方向は $\boldsymbol{a}$ から $\boldsymbol{b}$ へ 180 度以内の角度で回るときに右ネジの進む方向と一致することが知られている．

例題 4.3.1 (1) $\boldsymbol{0}$ と異なるベクトル $\boldsymbol{a}, \boldsymbol{b} \in \boldsymbol{R}^2$ によって張られる平行四辺形の面積 S は2次行列式 $\det(\boldsymbol{a}\ \boldsymbol{b})$ の絶対値に一致する．

$$S = |\det(\boldsymbol{a}\ \boldsymbol{b})|$$

(2) $\mathbf{0}$ と異なるベクトル $\boldsymbol{a}, \boldsymbol{b}, \boldsymbol{c} \in \boldsymbol{R}^3$ によって張られる平行六面体の体積 V は 3 次行列式 $\det(\boldsymbol{a}\ \boldsymbol{b}\ \boldsymbol{c})$ の絶対値に一致する.

$$V = \left|\det(\boldsymbol{a}\ \boldsymbol{b}\ \boldsymbol{c})\right|$$

証明 (1) $\boldsymbol{a} = {}^t(a_1\ a_2)$, $\boldsymbol{b} = {}^t(b_1\ b_2)$ とおく. 空間に点 $A(a_1, a_2, 0)$, $B(b_1, b_2, 0)$ をとり, ベクトル $\overrightarrow{OA}$, $\overrightarrow{OB}$ によって張られる平行四辺形の面積 S を求めればよい. 上の注意により S は外積 $\overrightarrow{OA} \times \overrightarrow{OB}$ の長さに一致するから,

$$\overrightarrow{OA} \times \overrightarrow{OB} = {}^t(0\ 0\ \det(\boldsymbol{a}\ \boldsymbol{b}))$$

により, $S = \|\overrightarrow{OA} \times \overrightarrow{OB}\| = |\det(\boldsymbol{a}\ \boldsymbol{b})|$.

(2) $\boldsymbol{a} \times \boldsymbol{b}$ と $\boldsymbol{c}$ のなす角を θ とする. 平行六面体の底面積は $\|\boldsymbol{a} \times \boldsymbol{b}\|$ で高さは $\|\boldsymbol{c}\||\cos\theta|$ であるから, 定理 4.3.2 (1) により

$$V = \|\boldsymbol{a} \times \boldsymbol{b}\|\|\boldsymbol{c}\||\cos\theta| = \left|(\boldsymbol{a} \times \boldsymbol{b}, \boldsymbol{c})\right| = \left|\det(\boldsymbol{a}\ \boldsymbol{b}\ \boldsymbol{c})\right|. \qquad \square$$

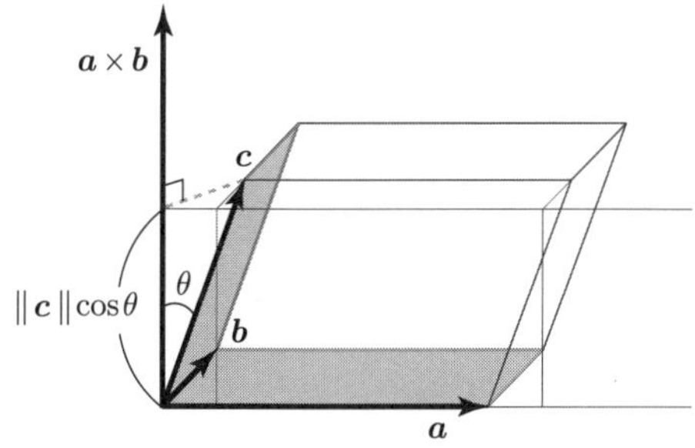

演習問題 4.3

1. 次のベクトル $\boldsymbol{a}, \boldsymbol{b}$ の外積 $\boldsymbol{a} \times \boldsymbol{b}$ を求めよ.

(1) $\boldsymbol{a} = \begin{pmatrix} 2 \\ 3 \\ 2 \end{pmatrix}$, $\boldsymbol{b} = \begin{pmatrix} -3 \\ 2 \\ 5 \end{pmatrix}$　　(2) $\boldsymbol{a} = \begin{pmatrix} 3 \\ 1 \\ 4 \end{pmatrix}$, $\boldsymbol{b} = \begin{pmatrix} 5 \\ 2 \\ 1 \end{pmatrix}$

2. 空間内の原点 O と三点 $A(2,1,-3)$, $B(3,1,-2)$, $C(-1,1,2)$ を頂点にもつ平行六面体の体積を求めよ.

4.4　直線と平面

平面上の直線　平面上に一点 O をとり，O を原点とする直交座標軸をとって直交座標系 O-xy を設定する．平面上の直線とは 1 次方程式

$$ax + by + c = 0, \quad (a, b) \neq (0, 0)$$

を満たす点 $P(x, y)$ 全体である．この直線上の一点 $P_0(x_0, y_0)$ をとると

$$ax_0 + by_0 + c = 0$$

が成り立つから，この直線の方程式を

$$a(x - x_0) + b(y - y_0) = 0$$

と書くことができる．これは $\overrightarrow{P_0P} = {}^t(x-x_0 \ \ y-y_0)$ とベクトル $\boldsymbol{v} = {}^t(a \ \ b)$ が直交することを表す．したがって，$\boldsymbol{u} = {}^t(-b \ \ a)$ とおくと，$(\boldsymbol{u}, \boldsymbol{v}) = 0$ である（すなわち $\boldsymbol{u}$ と $\boldsymbol{v}$ は直交する）ことに注意して，$\overrightarrow{P_0P}$ と $\boldsymbol{u}$ は平行であることがわかる．ゆえに，ある点 P_0 を通る直線は，零と異なるベクトル $\boldsymbol{u}$ に対して

$$\overrightarrow{P_0P} = t\boldsymbol{u} \quad (t \in \boldsymbol{R}) \tag{4.2}$$

を満たす点 P の軌跡である．$\boldsymbol{p} = \overrightarrow{OP}$，$\boldsymbol{p}_0 = \overrightarrow{OP_0}$ とおけばこの直線は

$$\boldsymbol{p} = \boldsymbol{p}_0 + t\boldsymbol{u} \quad (t \in \boldsymbol{R}) \tag{4.3}$$

と表すこともできる．

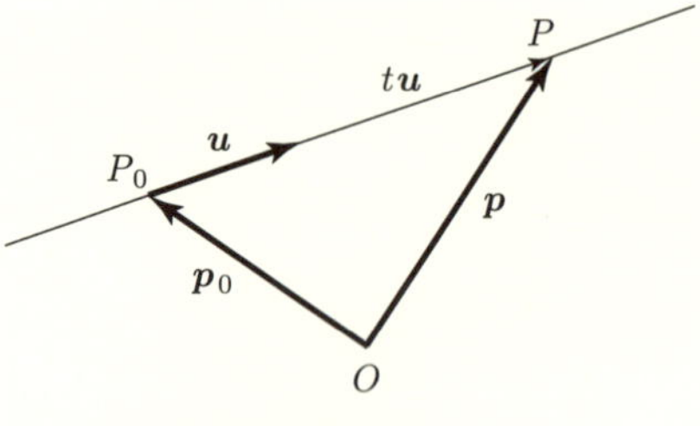

図 4.2

さらに成分を用いて次の定理を得る．

定理 4.4.1　点 (x_0, y_0) を通りベクトル $\boldsymbol{u} = \begin{pmatrix} u \\ v \end{pmatrix} \neq \begin{pmatrix} 0 \\ 0 \end{pmatrix}$ に平行な直線は，パラメータ t を用いて次のように与えられる．

$$\begin{cases} x = x_0 + tu \\ y = y_0 + tv \end{cases} \qquad (t \in \boldsymbol{R})$$

あるいは比の形で

$$\frac{x - x_0}{u} = \frac{y - y_0}{v}$$

例題 4.4.1　平面上の異なる二点 $P_0(x_0, y_0)$，$P_1(x_1, y_1)$ を通る直線の方程式は次の式で与えられる．

$$\begin{vmatrix} x & y & 1 \\ x_0 & y_0 & 1 \\ x_1 & y_1 & 1 \end{vmatrix} = 0$$

証明　$A = \begin{pmatrix} x & y & 1 \\ x_0 & y_0 & 1 \\ x_1 & y_1 & 1 \end{pmatrix}$ とおく．P_0 と P_1 を通る直線の方程式を

$$ax + by + c = 0, \quad (a, b) \neq (0, 0)$$

とおけば次の等式が成り立つ．

$$ax_0 + by_0 + c = 0$$
$$ax_1 + by_1 + c = 0$$

これらの三式から a, b, c を消去して $|A| = 0$ を得る（連立 1 次方程式 $A\boldsymbol{x} = \boldsymbol{0}$ は零と異なる解 $\boldsymbol{x} = {}^t(a\ \ b\ \ c)$ をもつから，定理 3.4.4 により $|A| = 0$）．

逆に $|A| = 0$ とすると，$|A|$ を第 1 行に関して展開して x, y に関する式

$$c_1 x + c_2 y + c_3 = 0 \tag{4.4}$$

を得る．ここで

$$c_1 = y_0 - y_1, \quad c_2 = x_1 - x_0, \quad c_3 = x_0 y_1 - x_1 y_0$$

である．$P_0 \neq P_1$ により明らかに $(c_1, c_2) \neq (0, 0)$ であるから，(4.4) の式は直線を表す．この直線が P_0，P_1 を通ることは (4.4) の x, y（したがって $|A|$ の x, y）に x_0, y_0 あるいは x_1, y_1 を代入すれば明らかである． □

空間内の直線と平面　空間内に直交座標系 $O\text{-}xyz$ をとっておく．

空間内の**直線**とは，点 P_0 とベクトル $\boldsymbol{u}\,(\neq \boldsymbol{0})$ に対して，関係式

$$\overrightarrow{P_0P} = t\boldsymbol{u} \quad (t \in \boldsymbol{R}) \tag{4.5}$$

を満たす点 P 全体である．あるいは $\boldsymbol{p} = \overrightarrow{OP}$，$\boldsymbol{p}_0 = \overrightarrow{OP_0}$ とおいてこの直線は

$$\boldsymbol{p} = \boldsymbol{p}_0 + t\boldsymbol{u} \quad (t \in \boldsymbol{R}) \tag{4.6}$$

と表される．点の座標を $P_0(x_0, y_0, z_0)$，$P(x, y, z)$ とおけば，直線の式をベクトルの成分を用いた形で次の定理のように述べることができる．

定理 4.4.2 点 (x_0, y_0, z_0) を通りベクトル $\boldsymbol{u} = \begin{pmatrix} u \\ v \\ w \end{pmatrix} \neq \boldsymbol{0}$ に平行な直線の方程式は，パラメータ t を用いて次のように与えられる．

$$\begin{cases} x = x_0 + tu \\ y = y_0 + tv \\ z = z_0 + tw \end{cases} \qquad (t \in \boldsymbol{R})$$

あるいは比の形で

$$\frac{x - x_0}{u} = \frac{y - y_0}{v} = \frac{z - z_0}{w}$$

空間内の**平面**とは1次方程式

$$ax + by + cz + d = 0, \quad (a, b, c) \neq (0, 0, 0) \tag{4.7}$$

を満たす点 (x, y, z) 全体である．この平面上の一点 $P_0(x_0, y_0, z_0)$ をとれば，$ax_0 + by_0 + cz_0 + d = 0$ が成り立つから，この平面は次の式で表すこともできる．

$$a(x - x_0) + b(y - y_0) + c(z - z_0) = 0 \tag{4.8}$$

左辺はベクトル $\boldsymbol{u} = {}^t(a\ \ b\ \ c)$ と $\overrightarrow{P_0P} = {}^t(x - x_0\ \ y - y_0\ \ z - z_0)$ の内積であるから，(4.8) の式は P_0 を通る（平面上の）任意のベクトルと $\boldsymbol{u}$ が直交して

いることを示している．したがって，ある点 P_0 を通る平面は，あるベクトル $\boldsymbol{u}\,(\neq \boldsymbol{0})$ に対して次の関係を満たす点 P の軌跡である．

$$(\overrightarrow{P_0P},\ \boldsymbol{u}) = 0 \tag{4.9}$$

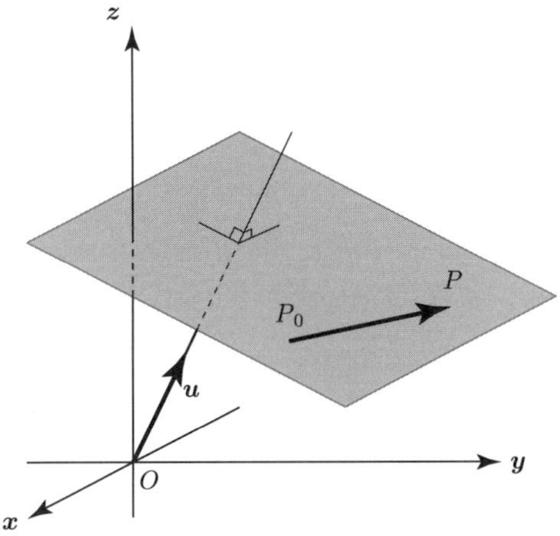

図 4.3

例題 4.4.2　3 点 $P_0(1,1,-1)$，$P_1(2,3,1)$，$P_2(-3,1,2)$ を含む平面の方程式を求めよ．

解　平面の方程式を $ax+by+cz+d=0$ とおく．これが P_0，P_1，P_2 を含む条件は

$$\begin{gathered} a+b-c+d=0 \\ 2a+3b+c+d=0 \\ -3a+b+2c+d=0. \end{gathered}$$

これら四つの式から a, b, c, d を消去して（例題 (4.4.1) の証明を参照）

$$\begin{vmatrix} x & y & z & 1 \\ 1 & 1 & -1 & 1 \\ 2 & 3 & 1 & 1 \\ -3 & 1 & 2 & 1 \end{vmatrix} = 0.$$

したがって，左辺の行列式を 1 行に関して展開し整理して次の式を得る．

$$6x - 11y + 8z + 13 = 0$$

□

演習問題 4.4

1.　xy 平面上の 2 直線 $2x-3y-1=0$，$3x+4y+2=0$ のなす角を θ $(0 \leqq \theta \leqq \pi/2)$ とするとき，$\cos\theta$ の値を求めよ．

2.　xy 平面上の 3 点 $A(x_0, y_0)$，$B(x_1, y_1)$，$C(x_2, y_2)$ を頂点にもつ平行四辺形の面積は次の行列式の絶対値で与えられることを示せ．

$$\begin{vmatrix} x_0 & y_0 & 1 \\ x_1 & y_1 & 1 \\ x_2 & y_2 & 1 \end{vmatrix}$$

また A, B, C が同一直線上にある条件は上の行列式が 0 であることを示せ．

3.　空間内で同一直線上にない 3 点 $P_0(x_0, y_0, z_0)$，$P_1(x_1, y_1, z_1)$，$P_2(x_2, y_2, z_2)$ を含む平面の方程式は

$$\begin{vmatrix} x & y & z & 1 \\ x_0 & y_0 & z_0 & 1 \\ x_1 & y_1 & z_1 & 1 \\ x_2 & y_2 & z_2 & 1 \end{vmatrix} = 0$$

で与えられることを示せ．

4.　平行な 2 直線

$$\frac{x-1}{2} = \frac{y-2}{3} = \frac{z}{1}, \qquad \frac{x-3}{2} = \frac{y+1}{3} = \frac{z-1}{1}$$

を含む平面の方程式を求めよ．

5.　空間内の次の 2 直線上にそれぞれ零でないベクトルをとり，それらのなす角を考える．これらの角のうち $0 \leqq \theta \leqq \pi/2$ を満たすものを θ とおく．

$$\frac{x-1}{2} = \frac{y-2}{a} = \frac{z-3}{2}, \qquad \frac{x}{-2} = \frac{y-3}{1} = \frac{z-2}{b}$$

(1)　$\cos\theta$ を a, b を用いて表せ．

(2)　2 直線が平行であるとき a, b の値を求めよ．

(3)　2 直線が垂直であるために a, b の満たす条件を求めよ．

5章　ベクトル空間と線形写像

本章では，数ベクトル空間とその部分空間の基礎的な性質について学ぶことを目的とするが，数ベクトル空間のもつ性質を抽象した一般の有限次元ベクトル空間について詳しく説明する．さらにベクトル空間の間の関係を調べるには，ベクトル空間のもつ演算を保存する対応が基本となる．これらについて具体例で確認しながら調べていく．

5.1　数ベクトル空間

実数を成分とする n 次の数ベクトル全体の集合は $\boldsymbol{R}^n = M_{n,1}(\boldsymbol{R})$ である．

$$\boldsymbol{R}^n = \left\{ \begin{pmatrix} x_1 \\ x_2 \\ \vdots \\ x_n \end{pmatrix} \middle| \, x_1, \ldots, x_n \in \boldsymbol{R} \right\}$$

$\boldsymbol{R}^n$ の元 $\boldsymbol{x}$, $\boldsymbol{y}$ と実数 $c \in \boldsymbol{R}$ について，和 $\boldsymbol{x}+\boldsymbol{y}$ や実数倍 $c\boldsymbol{x}$ は $n \times 1$ 行列としての和とスカラー倍であるとする．$\boldsymbol{R}^n$ の元にこのような演算（和と実数倍）を考えるとき，$\boldsymbol{R}^n$ を $\boldsymbol{R}$ 上の $\boldsymbol{n}$ **次元数ベクトル空間**または**実ベクトル空間**といい，$\boldsymbol{R}^n$ の元を n 次の**(実)ベクトル**，実数を**スカラー**などという．

行列の演算の性質から明らかに，$\boldsymbol{x}, \boldsymbol{y}, \boldsymbol{z} \in \boldsymbol{R}^n$，$a, b \in \boldsymbol{R}$ に対して次の法則 (1)〜(8) が成り立つ．

ベクトルの和に関して

(1)　（**結合法則**）　　$(\boldsymbol{x}+\boldsymbol{y})+\boldsymbol{z} = \boldsymbol{x}+(\boldsymbol{y}+\boldsymbol{z})$

(2)　（**交換法則**）　　$\boldsymbol{x}+\boldsymbol{y} = \boldsymbol{y}+\boldsymbol{x}$

(3) **(零ベクトルの存在)** 任意のベクトル $\boldsymbol{x}$ に対して次の関係を満たすベクトル $\mathbf{0}$ が存在する．

$$\boldsymbol{x}+\mathbf{0}=\boldsymbol{x}=\mathbf{0}+\boldsymbol{x}$$

(4) **(逆ベクトルの存在)** 各ベクトル $\boldsymbol{x}$ に対して $-\boldsymbol{x}$ が存在し

$$\boldsymbol{x}+(-\boldsymbol{x})=\mathbf{0}=(-\boldsymbol{x})+\boldsymbol{x}$$

スカラーの乗法に関して

(5) $$a(b\boldsymbol{x})=(ab)\boldsymbol{x}$$

(6) $$a(\boldsymbol{x}+\boldsymbol{y})=a\boldsymbol{x}+a\boldsymbol{y}$$

(7) $$(a+b)\boldsymbol{x}=a\boldsymbol{x}+b\boldsymbol{x}$$

(8) $$1\boldsymbol{x}=\boldsymbol{x}$$

ここで (3) においては $\mathbf{0}=\begin{pmatrix}0\\ \vdots\\ 0\end{pmatrix}$ とおき，(4) においては $-\boldsymbol{x}=\begin{pmatrix}-x_1\\ \vdots\\ -x_n\end{pmatrix}$ とおけばよい．

複素数全体の集合を $\boldsymbol{C}$ で表す．複素数を成分とする n 次数ベクトル全体の集合 $\boldsymbol{C}^n=M_{n,1}(\boldsymbol{C})$ を $\boldsymbol{C}$ 上の $\boldsymbol{n}$ 次元数ベクトル空間あるいは**複素ベクトル空間**といい，その要素を n 次の**(複素)ベクトル**，複素数を**スカラー**という．$\boldsymbol{C}^n$ においても，行列としての和と複素数によるスカラー倍によって，$\boldsymbol{x}$, $\boldsymbol{y}$, $\boldsymbol{z}\in\boldsymbol{C}^n$, a, $b\in\boldsymbol{C}$ に対して法則 (1) ～ (8) が成り立つ．

演習問題 5.1

1. 数ベクトルの満たす法則 (1) から (8) を $\boldsymbol{R}^3$ の場合に確かめよ．

2. $\boldsymbol{R}^4$ の次のベクトルに対して $\boldsymbol{a}-2\boldsymbol{b}$ を求めよ．

$$\boldsymbol{a}={}^t(3\ \ -1\ \ 0\ \ 4),\qquad \boldsymbol{b}={}^t(5\ \ 2\ \ -7\ \ -6)$$

5.2 ベクトル空間

以降では抽象的なベクトル空間を扱うが，一部の例を除きベクトル空間は数ベクトル空間 $\boldsymbol{R}^n$ の部分空間に限っても差し支えない．ベクトル空間の要素を $\boldsymbol{x}$, $\boldsymbol{y}$, $\boldsymbol{z}$, $\ldots$ などと太字で表し，a, b, $c\ldots$ は実数を表すとする．

ベクトル空間の定義　集合 V の任意の二つの要素 $\boldsymbol{x}$, $\boldsymbol{y}$ に対して V の要素（これを $\boldsymbol{x}+\boldsymbol{y}$ と表し，$\boldsymbol{x}$ と $\boldsymbol{y}$ の**和**とよぶ）が定義され，V の任意の要素 $\boldsymbol{x}$ と $\boldsymbol{R}$ の任意の要素 c とに対して V の要素（これを**スカラー倍**といい $c\boldsymbol{x}$ と表す）が定義されて，これらが前節における法則 (1)〜(8) を満たすとき，V を $\boldsymbol{R}$ 上の**ベクトル空間**（vector space）という．このとき V の要素を**ベクトル**（vector）といい，$\boldsymbol{R}$ の要素を**スカラー**（scalar）という．明らかに数ベクトル空間 $\boldsymbol{R}^n$ は $\boldsymbol{R}$ 上のベクトル空間である．

ベクトル空間の法則 (1)〜(8) からさらに次の性質が得られる．

(9) 各ベクトル $\boldsymbol{x}$ に対して

$$0\boldsymbol{x} = \boldsymbol{0}, \qquad (-1)\boldsymbol{x} = -\boldsymbol{x}$$

なぜなら，$0\boldsymbol{x} = \boldsymbol{0}$ については，(7) により $0\boldsymbol{x} = (0+0)\boldsymbol{x} = 0\boldsymbol{x} + 0\boldsymbol{x}$ が成り立ち，両辺に逆ベクトル $-0\boldsymbol{x}$ を加えて

$$0\boldsymbol{x} + (-0\boldsymbol{x}) = (0\boldsymbol{x} + 0\boldsymbol{x}) + (-0\boldsymbol{x}).$$

この式の左辺は (4) により $\boldsymbol{0}$．右辺は (1) と (4), (3) により $(0\boldsymbol{x}+0\boldsymbol{x})+(-0\boldsymbol{x}) = 0\boldsymbol{x} + (0\boldsymbol{x} + (-0\boldsymbol{x})) = 0\boldsymbol{x} + \boldsymbol{0} = 0\boldsymbol{x}$．したがって $\boldsymbol{0} = 0\boldsymbol{x}$ を得る．$(-1)\boldsymbol{x} = -\boldsymbol{x}$ も同様に示せる．

例 1　平面または空間における幾何ベクトル全体は，幾何ベクトルの和とスカラー倍によって $\boldsymbol{R}$ 上のベクトル空間になる．一点 O を始点とする位置ベクトル $\overrightarrow{OP}$ 全体は，$\overrightarrow{OO}$ を零ベクトルとするベクトル空間になる．

平面または空間内において O を原点とする直交座標系をとれば，点 P を終点とする位置ベクトル $\overrightarrow{OP}$ と P の座標との対応によって，O を始点とする位置ベクトル全体の成すベクトル空間と $\boldsymbol{R}^2$ または $\boldsymbol{R}^3$ とを同一視することができる．これらのことから，$\boldsymbol{R}^2$, $\boldsymbol{R}^3$ のベクトルを点とよぶこともある．$\boldsymbol{R}^1$ についても同様である．

例 2　(1)

$$M_{1,n}(\boldsymbol{R}) = \{(x_1 \ \cdots \ x_n) \mid x_i \in \boldsymbol{R}\}$$

は $\boldsymbol{R}$ 上のベクトル空間になる．一般に $m \times n$ 行列全体 $M_{m,n}(\boldsymbol{R})$ は行列としての和とスカラー倍によって $\boldsymbol{R}$ 上のベクトル空間になる．

(2) x を変数とする n 次以下の実係数多項式全体を $\boldsymbol{R}[x]_n$ と書くことにする．$\boldsymbol{R}[x]_n$ は多項式の和と実数倍を和とスカラー倍とするベクトル空間となる．

部分空間　ベクトル空間 V の空ではない部分集合 W が，V に定義された和とスカラー倍によりベクトル空間になるとき，W を V の**部分空間** (subspace) という．V または $\{\boldsymbol{0}\}$ は明らかに V の部分空間である．

部分空間は必ず V の零ベクトル $\boldsymbol{0}$ を含むことに注意しよう．

定理 5.2.1　ベクトル空間 V の部分集合 $W\,(\neq \emptyset)$ が部分空間であるための必要十分条件は次の二つが成り立つことである．

(S1)　$\boldsymbol{x}, \boldsymbol{y} \in W$ ならば　$\boldsymbol{x} + \boldsymbol{y} \in W$

(S2)　$\boldsymbol{x} \in W,\ c \in \boldsymbol{R}$ ならば　$c\boldsymbol{x} \in W$

証明　W が V の部分空間であれば，ベクトル空間の定義により (S1) と (S2) が成り立つのは明らかである．

逆に (S1) (S2) が成り立つとする．W に対してベクトル空間の法則 (1)～(8) を示す．W の元は V の元であるから (1)～(8)（5.1 節）のうち (3) (4) 以外の六つの性質は満たされている．

(3) (4) を示すには，V の零ベクトル $\boldsymbol{0}$ が W に属し，また $\boldsymbol{x} \in W$ に対して V の元 $-\boldsymbol{x}$ が W に属することを示せばよい．これは次により得られる：W の元 $\boldsymbol{x}$ を一つとれば，(S2) により $\boldsymbol{0} = 0\boldsymbol{x} \in W$，また V の元として $-\boldsymbol{x} = (-1)\boldsymbol{x}$ であるから条件 (S2) により $-\boldsymbol{x} \in W$．　□

例 3　O を原点とする座標平面上の直線 ℓ について，

$$L = \left\{ \begin{pmatrix} x \\ y \end{pmatrix} \in \boldsymbol{R}^2 \mid P(x,y) \text{ は } \ell \text{ 上の点} \right\}$$

とおくとき，ℓ が原点を通る直線であることと L が $\boldsymbol{R}^2$ の部分空間であることとは同値である．座標空間内の直線についても同様．

このことは，$\overrightarrow{OP}$（P は ℓ 上の点）全体 W が O を始点とする位置ベクトル全体の成すベクトル空間 V の部分空間であるためには，W が零ベクトル $\overrightarrow{OO}$ を含むことが必要十分であることからわかる．

例 4 A を $m \times n$ 行列とする．このとき

$$W = \{\boldsymbol{x} \in \boldsymbol{R}^n \mid A\boldsymbol{x} = \boldsymbol{0}\}$$

は $\boldsymbol{R}^n$ の部分空間である．これを同次方程式 $A\boldsymbol{x} = \boldsymbol{0}$ の**解空間**（solution space）という．

実際，W に対して定理 5.2.1 の (S1) (S2) が成り立つことが次のようにわかる．

(S1) $\boldsymbol{x}, \boldsymbol{y} \in W$ とする．$A\boldsymbol{x} = \boldsymbol{0}$, $A\boldsymbol{y} = \boldsymbol{0}$ であるから

$$A(\boldsymbol{x} + \boldsymbol{y}) = A\boldsymbol{x} + A\boldsymbol{y} = \boldsymbol{0} + \boldsymbol{0} = \boldsymbol{0}.$$

よって
$$\boldsymbol{x} + \boldsymbol{y} \in W.$$

(S2) $\boldsymbol{x} \in W, c \in \boldsymbol{R}$ とすると $A(c\boldsymbol{x}) = c(A\boldsymbol{x}) = c\boldsymbol{0} = \boldsymbol{0}$ により $c\boldsymbol{x} \in W$.

演習問題 5.2

1. 次の各 V，W について，W が V の部分空間であるかを調べよ．

(1) $V = \boldsymbol{R}^3$, $W = \left\{\boldsymbol{x} \in V \;\middle|\; 2x_1 + x_2 - x_3 = 0,\ x_1 + 3x_2 + 2x_3 = 0\right\}$

(2) $V = \boldsymbol{R}^2$, $W = \left\{\boldsymbol{x} \in V \;\middle|\; x_1 - x_2 \leqq 0,\ 2x_1 + x_2 \leqq 1\right\}$

(3) $V = M_2(\boldsymbol{R})$, $W = \left\{\boldsymbol{x} \in V \;\middle|\; \boldsymbol{x} = \begin{pmatrix} a & c \\ 0 & b \end{pmatrix}, a, b, c \in \boldsymbol{R}\right\}$

(4) $V = \boldsymbol{R}[x]_3$, $W = \left\{f(x) \in V \;\middle|\; 3f(x) = xf'(x) + xf''(x)\right\}$
ここで $f'(x)$ は $f(x)$ の導関数を表す.（記号 $\boldsymbol{R}[x]_3$ は例 2 を参照）

2. ベクトル空間 V の部分空間 W_1，W_2 に対して，$W_1 \cap W_2$ と $W_1 + W_2$ も V の部分空間であることを示せ．ただし

$$W_1 + W_2 = \{x \in V \mid x = x_1 + x_2,\ x_1 \in W_1,\ x_2 \in W_2\}$$

5.3　1次独立と1次従属

ベクトル空間 V のベクトル $\boldsymbol{u}_1, \ldots, \boldsymbol{u}_n$ とスカラー $c_1, \ldots, c_n \in \boldsymbol{R}$ を用いてベクトル $\boldsymbol{x}$ が

$$\boldsymbol{x} = c_1\boldsymbol{u}_1 + \cdots + c_n\boldsymbol{u}_n$$

と書けるとき，$\boldsymbol{x}$ は $\boldsymbol{u}_1, \ldots, \boldsymbol{u}_n$ の**1次結合**であるという．また

$$c_1\boldsymbol{u}_1 + \cdots + c_n\boldsymbol{u}_n = \boldsymbol{0}$$

であるとき，この等式を $\boldsymbol{u}_1, \ldots, \boldsymbol{u}_n$ の**1次関係式**という．

$$c_1 = \cdots = c_n = 0$$

である1次関係式

$$0\boldsymbol{u}_1 + \cdots + 0\boldsymbol{u}_n = \boldsymbol{0}$$

は**自明**（trivial）であるという．自明ではない1次関係式，すなわち $c_1, \ldots, c_n$ の中に0でないものが少なくとも一つあって $c_1\boldsymbol{u}_1 + \cdots + c_n\boldsymbol{u}_n = \boldsymbol{0}$ が成り立つとき $\boldsymbol{u}_1, \ldots, \boldsymbol{u}_n$ は**線形従属**または**1次従属**（linearly dependent）であるといい，1次従属でないとき $\boldsymbol{u}_1, \ldots, \boldsymbol{u}_n$ は**線形独立**または**1次独立**（linearly independent）であるという．言い換えれば，$\boldsymbol{u}_1, \ldots, \boldsymbol{u}_n$ が1次独立であるとは次の関係が成り立つことである．

$$c_1\boldsymbol{u}_1 + \cdots + c_n\boldsymbol{u}_n = \boldsymbol{0} \implies c_1 = \cdots = c_n = 0$$

例 1　$\boldsymbol{R}^n$ の n 個の基本ベクトル $\boldsymbol{e}_1, \ldots, \boldsymbol{e}_n$ は1次独立である．

実際，$c_1\boldsymbol{e}_1 + \cdots + c_n\boldsymbol{e}_n = {}^t(c_1 \ \cdots \ c_n)$ であるから，

$$c_1\boldsymbol{e}_1 + \cdots + c_n\boldsymbol{e}_n = \boldsymbol{0}$$

であれば，$c_1 = 0, \ldots, c_n = 0$ を得る．

例 2　$\boldsymbol{R}[x]_n$ の $n+1$ 個のベクトル $1, x, x^2, \ldots, x^n$ は1次独立である．

なぜなら，多項式

$$c_0 1 + c_1 x + c_2 x^2 + \cdots + c_n x^n = 0$$

が x のどのような値に対しても成り立つのは $c_0 = 0, c_1 = 0, \cdots, c_n = 0$ の場合に限るからである．

定義から明らかに，一つのベクトル $\boldsymbol{u}$ が 1 次独立であるためには $\boldsymbol{u} \neq \boldsymbol{0}$ が必要十分である．またベクトル $\boldsymbol{u}_1, \ldots, \boldsymbol{u}_n$ に対して，それらが 1 次独立であれば，その任意の一部分

$$\boldsymbol{u}_{i_1}, \ldots, \boldsymbol{u}_{i_m} \quad (1 \leqq i_1 < \cdots < i_m \leqq n)$$

も 1 次独立である．一方 $\boldsymbol{u}_1, \ldots, \boldsymbol{u}_n$ のなかに $\boldsymbol{0}$ が含まれる場合，または同じベクトルが二つある場合は，$\boldsymbol{u}_1, \ldots, \boldsymbol{u}_n$ は 1 次従属である．

二つのベクトルが 1 次従属であるための必要十分条件は，そのうちの一方が他方のスカラー倍になることである．一般に次の定理が成り立つ．

定理 5.3.1　ベクトル $\boldsymbol{u}_1, \ldots, \boldsymbol{u}_n, \boldsymbol{u}_{n+1}$ が 1 次従属であるとき

(1)　$\boldsymbol{u}_1, \ldots, \boldsymbol{u}_n, \boldsymbol{u}_{n+1}$ のうちどれかは他のベクトルの 1 次結合である．

(2)　$\boldsymbol{u}_1, \ldots, \boldsymbol{u}_n$ が 1 次独立であれば，$\boldsymbol{u}_{n+1}$ は $\boldsymbol{u}_1, \ldots, \boldsymbol{u}_n$ の 1 次結合である．

証明　仮定により，少なくとも一つは 0 でない定数 $c_1, \ldots, c_{n+1}$ を用いて

$$c_1\boldsymbol{u}_1 + \cdots + c_{n+1}\boldsymbol{u}_{n+1} = \boldsymbol{0}$$

と書ける．

(1)　例えば $c_{n+1} \neq 0$ とすると

$$\boldsymbol{u}_{n+1} = -\frac{c_1}{c_{n+1}}\boldsymbol{u}_1 - \cdots - \frac{c_n}{c_{n+1}}\boldsymbol{u}_n$$

となり，$\boldsymbol{u}_{n+1}$ は $\boldsymbol{u}_1, \ldots, \boldsymbol{u}_n$ の一次結合である．

(2)　$c_{n+1} \neq 0$ を示せばよい．もし $c_{n+1} = 0$ であれば $c_1, \ldots, c_n$ の中に 0 でないものが少なくとも一つあることになり，さらに

$$c_1\boldsymbol{u}_1 + \cdots + c_n\boldsymbol{u}_n = \boldsymbol{0}$$

となる．これは $\boldsymbol{u}_1, \ldots, \boldsymbol{u}_n$ が 1 次独立であるという仮定に反する．　□

例題 5.3.1　次の (1), (2) のベクトルの組について1次独立であるか1次従属であるかを調べよ．

$$(1)\qquad \boldsymbol{a}_1=\begin{pmatrix}-1\\0\\2\end{pmatrix},\quad \boldsymbol{a}_2=\begin{pmatrix}5\\-4\\-6\end{pmatrix},\quad \boldsymbol{a}_3=\begin{pmatrix}0\\1\\-3\end{pmatrix}$$

$$(2)\qquad \boldsymbol{b}_1=\begin{pmatrix}1\\1\\0\end{pmatrix},\quad \boldsymbol{b}_2=\begin{pmatrix}2\\-4\\-1\end{pmatrix},\quad \boldsymbol{b}_3=\begin{pmatrix}7\\-5\\-2\end{pmatrix}$$

解　(1)　$c_1\boldsymbol{a}_1+c_2\boldsymbol{a}_2+c_3\boldsymbol{a}_3=\boldsymbol{0}$ とする．行列 A とベクトル $\boldsymbol{c}$ を

$$A=\begin{pmatrix}-1&5&0\\0&-4&1\\2&-6&-3\end{pmatrix},\qquad \boldsymbol{c}=\begin{pmatrix}c_1\\c_2\\c_3\end{pmatrix}$$

とおけば $A\boldsymbol{c}=\boldsymbol{0}$，すなわち $\boldsymbol{c}$ は同次方程式 $A\boldsymbol{x}=\boldsymbol{0}$ の解になる．一方，

$$\operatorname{rank} A=3$$

であることがわかるので，定理 2.2.3 (1) により $A\boldsymbol{x}=\boldsymbol{0}$ の解は $\boldsymbol{0}$ のみである．したがって $\boldsymbol{c}=\boldsymbol{0}$ となり，$\boldsymbol{a}_1$，$\boldsymbol{a}_2$，$\boldsymbol{a}_3$ は1次独立である．

(2)　$B=\begin{pmatrix}1&2&7\\1&-4&-5\\0&-1&-2\end{pmatrix}$ とする．

$$\operatorname{rank} B=2<3$$

であることがわかるから，定理 2.2.3 (1) により $B\boldsymbol{x}=\boldsymbol{0}$ は $\boldsymbol{0}$ と異なる解 $\boldsymbol{x}={}^t(c_1\ \ c_2\ \ c_3)\neq\boldsymbol{0}$ をもち，

$$c_1\boldsymbol{b}_1+c_2\boldsymbol{b}_2+c_3\boldsymbol{b}_3=\boldsymbol{0}.$$

よって $\boldsymbol{b}_1$，$\boldsymbol{b}_2$，$\boldsymbol{b}_3$ は1次従属である．　□

例題 5.3.2 平面上あるいは空間内のベクトルについて，

(1)　二つのベクトルが1次独立であるための必要十分条件は，これらが同一の直線上に含まれないことである．

(2)　三つのベクトルが1次独立であるための必要十分条件は，これらが同一の平面内に含まれないことである．

解　(1) は容易であるから演習問題とする．

(2) 三つのベクトル $\boldsymbol{u}$, $\boldsymbol{v}$, $\boldsymbol{w} \in \boldsymbol{R}^3$ が 1 次従属であることと，これらが同一平面上にあることが同値であることを示す．

$\boldsymbol{u}$, $\boldsymbol{v}$, $\boldsymbol{w}$ が 1 次従属であれば，

$$a\boldsymbol{u} + b\boldsymbol{v} + c\boldsymbol{w} = \boldsymbol{0}, \quad (a, b, c) \neq (0, 0, 0)$$

を満たす a, b, c が存在する．いま $a \neq 0$ とすると

$$\boldsymbol{u} = \left(-\frac{b}{a}\right)\boldsymbol{v} + \left(-\frac{c}{a}\right)\boldsymbol{w}$$

となり，$\boldsymbol{u}$ は $\boldsymbol{v}$ と $\boldsymbol{w}$ を含む平面上にある．$b \neq 0$ や $c \neq 0$ の場合も同様．

逆に $\boldsymbol{u}$, $\boldsymbol{v}$, $\boldsymbol{w}$ が同一平面上にあるとする．どれか一つが $\boldsymbol{0}$ であれば $\boldsymbol{u}$, $\boldsymbol{v}$, $\boldsymbol{w}$ が 1 次従属であることは明らかであるから，どれも $\boldsymbol{0}$ ではないとする．三つのベクトルが同一直線上にあれば 1 次従属は明らかであるから，どれか二つ（例えば $\boldsymbol{u}$ と $\boldsymbol{v}$ とする）が同一直線上にない場合を考えればよい．このとき $\boldsymbol{u}$ と $\boldsymbol{v}$ の 1 次結合全体は一つの平面をなすから，仮定により $\boldsymbol{w}$ はこの平面上にある．よって

$$\boldsymbol{w} = a\boldsymbol{u} + b\boldsymbol{v}, \quad (a, b) \neq (0, 0)$$

とおくことができて，

$$a\boldsymbol{u} + b\boldsymbol{v} + (-1)\boldsymbol{w} = \boldsymbol{0}$$

となり，$\boldsymbol{u}$, $\boldsymbol{v}$, $\boldsymbol{w}$ は 1 次従属である．　□

演習問題 5.3

1.　例題 5.3.2 の (1) が成り立つことを示せ．

2.　次の数ベクトルの組について 1 次独立であるか 1 次従属であるかを調べよ．

(1) $\begin{pmatrix} 2 \\ 1 \\ 1 \end{pmatrix}$ $\begin{pmatrix} 5 \\ 4 \\ 7 \end{pmatrix}$ $\begin{pmatrix} 7 \\ 2 \\ 1 \end{pmatrix}$　　(2) $\begin{pmatrix} 3 \\ 0 \\ 4 \\ 9 \end{pmatrix}$ $\begin{pmatrix} 2 \\ 2 \\ 0 \\ 4 \end{pmatrix}$ $\begin{pmatrix} -1 \\ 2 \\ -2 \\ -5 \end{pmatrix}$ $\begin{pmatrix} 1 \\ 1 \\ -1 \\ 2 \end{pmatrix}$

3.　$\boldsymbol{R}^4$ における次のベクトルについて，$\boldsymbol{a}$ を $\boldsymbol{u}$, $\boldsymbol{v}$, $\boldsymbol{w}$ の 1 次結合で表せ．

$$\boldsymbol{a} = \begin{pmatrix} -2 \\ 5 \\ 7 \\ -1 \end{pmatrix}; \quad \boldsymbol{u} = \begin{pmatrix} 7 \\ 9 \\ 2 \\ 1 \end{pmatrix} \quad \boldsymbol{v} = \begin{pmatrix} 5 \\ 2 \\ -3 \\ 4 \end{pmatrix} \quad \boldsymbol{w} = \begin{pmatrix} 9 \\ 3 \\ -6 \\ 7 \end{pmatrix}$$

5.4 基底と次元

基底の定義　ベクトル空間 V のベクトル $\boldsymbol{v}_1,\ \ldots,\ \boldsymbol{v}_m$ の1次結合全体が V の部分空間であることは容易にわかる．この部分空間を

$$\langle \boldsymbol{v}_1,\ \ldots,\ \boldsymbol{v}_m \rangle$$

と表し，$\boldsymbol{v}_1,\ \ldots,\ \boldsymbol{v}_m$ で**生成**（generate）された部分空間という．例えば $\boldsymbol{R}^n = \langle \boldsymbol{e}_1,\ \ldots,\ \boldsymbol{e}_n \rangle$（15頁）．$V$ の部分空間 W がいくつかのベクトル $\boldsymbol{w}_1,\ \ldots,\ \boldsymbol{w}_r$ を用いて

$$W = \langle \boldsymbol{w}_1,\ \ldots,\ \boldsymbol{w}_r \rangle$$

と表されるとき，W は**有限生成**であるといい，$\{\boldsymbol{w}_1,\ \ldots,\ \boldsymbol{w}_r\}$ を W の**生成系**（generators）という．

定理 5.4.1　m 個のベクトルによって生成された部分空間 $\langle \boldsymbol{u}_1,\ \ldots,\ \boldsymbol{u}_m \rangle$ に属するベクトル $\boldsymbol{v}_1,\ \ldots,\ \boldsymbol{v}_r$ が1次独立であれば，$r \leqq m$ である．

証明　$r > m$ と仮定して矛盾を導く．仮定により各 $\boldsymbol{v}_j$ は $\boldsymbol{u}_1,\ \ldots,\ \boldsymbol{u}_m$ で生成されるから

$$\boldsymbol{v}_j = a_{1j}\boldsymbol{u}_1 + \cdots + a_{mj}\boldsymbol{u}_m$$

とおける．a_{ij} を (i, j) 成分とする $m \times r$ 行列を A とおくと，$\operatorname{rank} A \leqq m < r$ であるから同次方程式 $A\boldsymbol{x} = \boldsymbol{0}$ は $\boldsymbol{0}$ と異なる解 $\boldsymbol{c} = {}^t(c_1\ \cdots\ c_r) \neq \boldsymbol{0}$ をもつ（定理 2.2.3 (2)）：$\displaystyle\sum_{j=1}^{r} a_{ij}c_j = 0$　$(i = 1,\ \ldots, m)$．このとき

$$\begin{aligned}\sum_{j=1}^{r} c_j\boldsymbol{v}_j &= \sum_{j=1}^{r} c_j\bigl(a_{1j}\boldsymbol{u}_1 + \cdots + a_{mj}\boldsymbol{u}_m\bigr)\\ &= \Bigl(\sum_{j=1}^{r} a_{1j}c_j\Bigr)\boldsymbol{u}_1 + \cdots + \Bigl(\sum_{j=1}^{r} a_{mj}c_j\Bigr)\boldsymbol{u}_m = \boldsymbol{0}.\end{aligned}$$

これは $\boldsymbol{v}_1,\ \ldots,\ \boldsymbol{v}_r$ が1次独立であることに反する．　□

ベクトル空間 V のベクトル $\boldsymbol{v}_1,\ \ldots,\ \boldsymbol{v}_n$ は次の二つの条件 (1) (2) を満たすとき，V の**基底**または**基**（basis）とよばれる（単に“基底 $\{\boldsymbol{v}_i\}$”とも書く）．

(1) $\boldsymbol{v}_1, \ldots, \boldsymbol{v}_n$ は1次独立である.

(2) $\{\boldsymbol{v}_1, \ldots, \boldsymbol{v}_n\}$ は V の生成系である.

このとき V の任意のベクトル $\boldsymbol{x}$ は (2) により

$$\boldsymbol{x} = x_1\boldsymbol{v}_1 + \cdots + x_n\boldsymbol{v}_n, \quad (x_i \in \boldsymbol{R})$$

と表示でき，(1) により $x_1, \ldots, x_n$ は一意的に定まる．これらの組 $(x_1, \ldots, x_n)$ を基底 $\{\boldsymbol{v}_i\}$ に関する $\boldsymbol{x}$ の**成分**または**座標**といい，単に $\{x_i\}$ とも書く．

定理 5.4.2 $\boldsymbol{u}_1, \ldots, \boldsymbol{u}_m$ と $\boldsymbol{v}_1, \ldots, \boldsymbol{v}_n$ がベクトル空間 V の基底であれば，$m = n$ である．

証明 仮定により $\boldsymbol{v}_1, \ldots, \boldsymbol{v}_n$ が1次独立であり，また $V = \langle \boldsymbol{u}_1, \ldots, \boldsymbol{u}_m \rangle$ により $\boldsymbol{v}_i \in \langle \boldsymbol{u}_1, \ldots, \boldsymbol{u}_m \rangle$ $(1 \leqq i \leqq n)$．したがって定理 5.4.1 により $n \leqq m$ を得る．また，$\boldsymbol{u}_1, \ldots, \boldsymbol{u}_m$ が1次独立で，$\boldsymbol{u}_j \in V = \langle \boldsymbol{v}_1, \ldots, \boldsymbol{v}_n \rangle$ $(1 \leqq i \leqq n)$ であるから，同様に $m \leqq n$ が得られる．よって $m = n$ が成り立つ． □

$\boldsymbol{R}$ 上のベクトル空間 $V\,(\neq \{\boldsymbol{0}\})$ の基底は無数にある（例：$V = \boldsymbol{R}^1$ の $\boldsymbol{0}$ と異なる任意の一つのベクトルは基底となる）．しかし上の定理により基底を成すベクトルの個数 n は一定である．この個数を V の**次元**（dimension）といい，

$$\dim_{\boldsymbol{R}} V = n \quad \text{あるいは単に} \quad \dim V = n$$

と表す．$V = \{\boldsymbol{0}\}$ のときは $\dim V = 0$ とする．

例 1 $\dim \boldsymbol{R}^n = n, \quad \dim \boldsymbol{R}[x]_n = n + 1$

実際，$\boldsymbol{R}^n$ の基本ベクトル $\boldsymbol{e}_1, \ldots, \boldsymbol{e}_n$ は $\boldsymbol{R}^n$ の基底である．これを $\boldsymbol{R}^n$ の**標準基底**という．また $\boldsymbol{R}[x]_n$ の $n+1$ 個のベクトル $1, x, \ldots, x^n$ は $\boldsymbol{R}[x]_n$ の基底である (5.3 節の例 1, 2)．

基底の存在 ベクトル空間 V が有限生成であれば V に基底が存在することを示そう．V は n 個のベクトルからなる生成系をもつとし $V = \langle \boldsymbol{v}_1, \ldots, \boldsymbol{v}_n \rangle$ とおく．このとき V のベクトルの組で1次独立であるものを任意に一つとると

それに生成系のベクトル $\boldsymbol{v}_i$　$(1 \leqq i \leqq n)$ をいくつか付け加えて V の基底とすることができることを示す．1次独立なベクトルを

$$\boldsymbol{u}_1, \ldots, \boldsymbol{u}_r \tag{5.1}$$

とおく（定理5.4.1により $r \leqq n$ である）．いま $\{\boldsymbol{u}_1, \ldots, \boldsymbol{u}_r\}$ が V の生成系でなければ $\boldsymbol{u}_1, \ldots, \boldsymbol{u}_r$ の1次結合とならないある $\boldsymbol{v}_i$（これを $\boldsymbol{u}_{r+1}$ とおく）が存在する．このとき定理5.3.1 (2) により，

$$\boldsymbol{u}_1, \ldots, \boldsymbol{u}_r, \boldsymbol{u}_{r+1}$$

は1次独立である．同様に $\{\boldsymbol{u}_1, \ldots, \boldsymbol{u}_{r+1}\}$ が V の生成系でなければ $\boldsymbol{u}_1, \ldots, \boldsymbol{u}_{r+1}$ の1次結合ではないあるベクトル $\boldsymbol{v}_j$（これを $\boldsymbol{u}_{r+2}$ とおく）が存在し，$\boldsymbol{u}_1, \ldots, \boldsymbol{u}_{r+1}, \boldsymbol{u}_{r+2}$ はまた1次独立となる．この操作を繰り返すと（1次独立を成すベクトルの個数が n 以下であることを考慮すれば）多くても $n-r$ 回の繰り返しで，1次独立でありかつ V の生成系となるベクトル

$$\boldsymbol{u}_1, \ldots, \boldsymbol{u}_r, \ldots, \boldsymbol{u}_{r+s} \tag{5.2}$$

が得られることになり，したがってこれらは V の基底となる．

定理 5.4.3（**基底の存在定理**）ベクトル空間 V は有限生成であるとする．

(1)　$\boldsymbol{u}_1, \ldots, \boldsymbol{u}_r$ が1次独立であれば，これらを含む V の基底

$$\boldsymbol{u}_1, \ldots, \boldsymbol{u}_r, \ldots, \boldsymbol{u}_d$$

が存在する．

(2)　$\boldsymbol{v}_1, \ldots, \boldsymbol{v}_n$ が V の生成系であれば，これらの一部からなる V の基底 $\boldsymbol{v}_{i_1}, \ldots, \boldsymbol{v}_{i_d}$　$(1 \leqq i_1 < \cdots < i_d \leqq n)$ が存在する．

証明　(1) は上で示した（1次独立なベクトルとしては，例えば零と異なるベクトルを一つとればよい）．(2) は，(5.1) における $\boldsymbol{u}_1, \ldots, \boldsymbol{u}_r$ として $\boldsymbol{v}_1, \ldots, \boldsymbol{v}_n$ から1次独立を成すものを任意に取れば，これに生成系 $\{\boldsymbol{v}_1, \ldots, \boldsymbol{v}_n\}$ の一部を付け加えて V の基底が得られる．□

(5.1) における1次独立なベクトルの組 $\boldsymbol{u}_1, \ldots, \boldsymbol{u}_r$ として r が最大であるものを選べば，(5.2) において $s=0$，すなわち $\{\boldsymbol{u}_1, \ldots, \boldsymbol{u}_r\}$ は V の基底で

ある．このことは次のように述べることもできる．$\boldsymbol{u}_1, \ldots, \boldsymbol{u}_m$ を V の零と異なる任意のベクトルとし，それらで生成される部分空間を U とおく．

$$U = \langle \boldsymbol{u}_1, \ldots, \boldsymbol{u}_m \rangle$$

このとき部分集合 $\{\boldsymbol{u}_{i_1}, \ldots, \boldsymbol{u}_{i_r}\}$ $(1 \leqq i_1 < \cdots < i_r \leqq m)$ について，

(3) $\{\boldsymbol{u}_{i_1}, \ldots, \boldsymbol{u}_{i_r}\}$ が 1 次独立で，他のどんな $\boldsymbol{u}_i$ をそれに付け加えても 1 次従属となるなら，$\{\boldsymbol{u}_{i_1}, \ldots, \boldsymbol{u}_{i_r}\}$ は U の基底である．

このときの r を $\{\boldsymbol{u}_1, \ldots, \boldsymbol{u}_m\}$ の“1 次独立を成すベクトルの最大個数”とよぶ．また

(4) $\{\boldsymbol{u}_{i_1}, \ldots, \boldsymbol{u}_{i_r}\}$ が U の生成系で，任意の $\boldsymbol{u}_{i_j}$ を除くと U の生成系でなくなるとき，$\{\boldsymbol{u}_{i_1}, \ldots, \boldsymbol{u}_{i_r}\}$ は U の基底である．

これは $\langle \boldsymbol{u}_{i_1}, \ldots, \boldsymbol{u}_{i_r} \rangle$ に対して定理 5.4.3 (2) を適用すれば明らかである．

定理 5.4.4　$\dim V = n$ であるとき，n 個のベクトル $\boldsymbol{v}_1, \ldots, \boldsymbol{v}_n$ が 1 次独立または V の生成系であれば，$\boldsymbol{v}_1, \ldots, \boldsymbol{v}_n$ は V の基底である．

証明　$\boldsymbol{v}_1, \ldots, \boldsymbol{v}_n$ が 1 次独立であれば，定理 5.4.3 (1) によりこれらを含む基底 $\boldsymbol{v}_1, \ldots, \boldsymbol{v}_{n+s}$（$s \geqq 0$）が存在する．よって $\dim V = n + s$ となるが，仮定により $\dim V = n$ であるから $s = 0$. ゆえに $\boldsymbol{v}_1, \ldots, \boldsymbol{v}_n$ は基底である．$\boldsymbol{v}_1, \ldots, \boldsymbol{v}_n$ が生成系である場合は定理 5.4.3 (2) により示すことができる．□

定理 5.4.5　ベクトル空間 V の部分空間 $W\,(\neq \{\boldsymbol{0}\})$ に対して，V が基底をもてば W も基底をもち，$\dim W \leqq \dim V$ である．また次の同値が成り立つ．

$$\dim W = \dim V \Longleftrightarrow W = V$$

証明　$\dim V = n$ とおく．W に含まれる 1 次独立なベクトル $\boldsymbol{w}_1, \ldots, \boldsymbol{w}_r$ は V の元としても 1 次独立であるから，定理 5.4.1 により $r \leqq n$ である．よって W において 1 次独立を成すベクトルの最大個数をとることができ，その個数を改めて r とおけば $\boldsymbol{w}_1, \ldots, \boldsymbol{w}_r$ は W の基底となり，$\dim W \leqq n$ が成り立つ．また $r = \dim V$ であれば定理 5.4.4 により，$\boldsymbol{w}_1, \ldots, \boldsymbol{w}_r$ は V の基底である．□

定理により数ベクトル空間 $\boldsymbol{R}^n$ の部分空間 $W\,(\neq \{\boldsymbol{0}\})$ には基底が存在し，その次元は n を超えない．

$$\dim W \leqq n$$

次に二つの基底の間の関係を調べてみよう．このために先ず，1 次結合の関係を見やすくするための表し方について注意しておく．

1 次結合系の表記　ベクトル $\boldsymbol{u}_1,\ \ldots,\ \boldsymbol{u}_r$ の 1 次結合

$$\begin{aligned} \boldsymbol{v}_1 &= a_{11}\boldsymbol{u}_1 + \cdots + a_{r1}\boldsymbol{u}_r \\ &\cdots \\ \boldsymbol{v}_s &= a_{1s}\boldsymbol{u}_1 + \cdots + a_{rs}\boldsymbol{u}_r \end{aligned} \tag{5.3}$$

が与えられたとき，ベクトルの組 $\{\boldsymbol{v}_1,\ \ldots,\ \boldsymbol{v}_s\}$ を見やすく表すために，$r \times s$ 行列 $A = (a_{ij})$ を用いて形式的に行列の積のように表記する．

$$(\boldsymbol{v}_1,\ \ldots,\ \boldsymbol{v}_s) = (\boldsymbol{u}_1,\ \ldots,\ \boldsymbol{u}_r)A \tag{5.4}$$

この記法について次の性質は容易に示される．

(1)　A を $r \times s$ 行列，B を $s \times t$ 行列とすると

$$\big((\boldsymbol{u}_1,\ \ldots,\ \boldsymbol{u}_r)A\big)B = (\boldsymbol{u}_1,\ \ldots,\ \boldsymbol{u}_r)(AB).$$

(2)　$\boldsymbol{u}_1,\ \ldots,\ \boldsymbol{u}_r$ が 1 次独立であれば，$r \times s$ 行列 A, B に対して，

$$(\boldsymbol{u}_1,\ \ldots,\ \boldsymbol{u}_r)A = (\boldsymbol{u}_1,\ \ldots,\ \boldsymbol{u}_r)B \implies A = B.$$

例えば (2) については，$A = \big(a_{ij}\big)$，$B = \big(b_{ij}\big)$ とおくと，与えられた等式は

$$a_{1j}\boldsymbol{u}_1 + \cdots + a_{rj}\boldsymbol{u}_r = b_{1j}\boldsymbol{u}_1 + \cdots + b_{rj}\boldsymbol{u}_r \quad (1 \leqq j \leqq s)$$

を示すから，$\boldsymbol{u}_1,\ \ldots,\ \boldsymbol{u}_r$ の 1 次独立性によって $a_{ij} = b_{ij}$ が得られる．

基底変換　V を n 次元ベクトル空間，$\{\boldsymbol{u}_1,\ \ldots,\ \boldsymbol{u}_n\}$，$\{\boldsymbol{u}'_1,\ \ldots,\ \boldsymbol{u}'_n\}$ を V の二つの基底とする．$\boldsymbol{u}'_j\ (1 \leqq j \leqq n)$ を基底 $\{\boldsymbol{u}_1,\ \ldots,\ \boldsymbol{u}_n\}$ の 1 次結合として

$$\boldsymbol{u}'_j = \sum_{i=1}^{n} p_{ij}\boldsymbol{u}_i$$

と書けば，n 次行列 $P=(p_{ij})$ を用いて上記の記法 (5.4) に従い

$$(\boldsymbol{u}'_1, \ldots, \boldsymbol{u}'_n) = (\boldsymbol{u}_1, \ldots, \boldsymbol{u}_n)P \tag{5.5}$$

と表すことができる．P を基底 $\{\boldsymbol{u}_1, \ldots, \boldsymbol{u}_n\}$ から $\{\boldsymbol{u}'_1, \ldots, \boldsymbol{u}'_n\}$ への**変換行列**という．基底の変換を次のように略記することもある

$$\{\boldsymbol{u}_i\} \xrightarrow{P} \{\boldsymbol{u}'_i\} \quad \text{あるいは} \quad \{\boldsymbol{u}_i\} \to \{\boldsymbol{u}'_i\}.$$

逆に基底 $\{\boldsymbol{u}'_1, \ldots, \boldsymbol{u}'_n\}$ から $\{\boldsymbol{u}_1, \ldots, \boldsymbol{u}_n\}$ への変換行列を Q とおけば，

$$(\boldsymbol{u}_1, \ldots, \boldsymbol{u}_n) = (\boldsymbol{u}'_1, \ldots, \boldsymbol{u}'_n)Q.$$

したがって，記法の性質 (1) により

$$(\boldsymbol{u}_1, \ldots, \boldsymbol{u}_n) = (\boldsymbol{u}_1, \ldots, \boldsymbol{u}_n)(PQ)$$

となり，記法の性質 (2) により $PQ=E_n$ を得る．よって変換行列 P, Q は正則である．

定理 5.4.6 n 次元ベクトル空間 V の基底の変換行列は正則である．また任意の n 次正則行列 P と基底 $\{\boldsymbol{u}_1, \ldots, \boldsymbol{u}_n\}$ とに対して，

$$(\boldsymbol{v}_1, \ldots, \boldsymbol{v}_n) = (\boldsymbol{u}_1, \ldots, \boldsymbol{u}_n)P$$

とおけば，$\boldsymbol{v}_1, \ldots, \boldsymbol{v}_n$ は V の基底になる．

証明 後半を示せばよい．まず $\boldsymbol{v}_1, \ldots, \boldsymbol{v}_n$ が 1 次独立であることを示すために $c_1\boldsymbol{v}_1+\cdots+c_n\boldsymbol{v}_n=\boldsymbol{0}$ とする．これは $\boldsymbol{c}={}^t(c_1 \ \ldots \ c_n)$ とおけば

$$(\boldsymbol{v}_1, \ldots, \boldsymbol{v}_n)\boldsymbol{c} = \boldsymbol{0}$$

と書ける．一方，性質 (1) により

$$(\boldsymbol{v}_1, \ldots, \boldsymbol{v}_n)\boldsymbol{c} = \big((\boldsymbol{u}_1, \ldots, \boldsymbol{u}_n)P\big)\boldsymbol{c} = (\boldsymbol{u}_1, \ldots, \boldsymbol{u}_n)(P\boldsymbol{c}).$$

よって $(\boldsymbol{u}_1, \ldots, \boldsymbol{u}_n)(P\boldsymbol{c})=\boldsymbol{0}$ となり，$\boldsymbol{u}_1, \ldots, \boldsymbol{u}_n$ が 1 次独立であることから性質 (2) によって $P\boldsymbol{c}=\boldsymbol{0}$ を得る．したがって（P が正則であるから）$\boldsymbol{c}=\boldsymbol{0}$

となり，$\boldsymbol{v}_1$，…，$\boldsymbol{v}_n$ が 1 次独立であることがわかる．よって定理 5.4.4 により $\boldsymbol{v}_1, \ldots, \boldsymbol{v}_n$ は V の基底になる． □

基底変換 $\{\boldsymbol{u}_i\} \xrightarrow{P} \{\boldsymbol{u}'_i\}$ を行ったとき，それぞれの基底に関するベクトルの成分の関係も次のように得られる．すなわち，任意のベクトル $\boldsymbol{x}$ を

$$\boldsymbol{x} = (\boldsymbol{u}_1, \ldots, \boldsymbol{u}_n)\begin{pmatrix} x_1 \\ \vdots \\ x_n \end{pmatrix}, \qquad \boldsymbol{x} = (\boldsymbol{u}'_1, \ldots, \boldsymbol{u}'_n)\begin{pmatrix} x'_1 \\ \vdots \\ x'_n \end{pmatrix} \tag{5.6}$$

と表せば $\boldsymbol{x}$ の成分 $\{x_i\}$ と $\{x'_i\}$ との間には次の等式が成り立つ．

$$\begin{pmatrix} x_1 \\ \vdots \\ x_n \end{pmatrix} = P\begin{pmatrix} x'_1 \\ \vdots \\ x'_n \end{pmatrix} \tag{5.7}$$

なぜなら，(5.5) と (5.6) の第二式から次の式が得られる．

$$\boldsymbol{x} = (\boldsymbol{u}'_1, \ldots, \boldsymbol{u}'_n)\begin{pmatrix} x'_1 \\ \vdots \\ x'_n \end{pmatrix} = (\boldsymbol{u}_1, \ldots, \boldsymbol{u}_n)P\begin{pmatrix} x'_1 \\ \vdots \\ x'_n \end{pmatrix}$$

これと (5.6) の第一式とを比較し，記法の性質 (2) から式 (5.7) を得る．

演習問題 5.4

1.　次の $\boldsymbol{R}$ 上のベクトル空間 V の次元を求めよ．

(1)　$V = \boldsymbol{C}$　　　(2)　$V = \left\{M \mid M = \begin{pmatrix} a & c \\ 0 & b \end{pmatrix} \in M_2(\boldsymbol{R})\right\}$

2.　$\boldsymbol{R}^3$ における次の基底変換の行列 P をもとめよ．

$$\left\{\begin{pmatrix} 1 \\ 1 \\ 2 \end{pmatrix}, \begin{pmatrix} -1 \\ 0 \\ 2 \end{pmatrix}, \begin{pmatrix} 1 \\ 3 \\ 3 \end{pmatrix}\right\} \xrightarrow{P} \left\{\begin{pmatrix} -1 \\ 1 \\ -2 \end{pmatrix}, \begin{pmatrix} 0 \\ 3 \\ 1 \end{pmatrix}, \begin{pmatrix} 1 \\ -1 \\ 1 \end{pmatrix}\right\}$$

3.　1 次結合系の記法の性質 (1)（84 頁）を示せ．

5.5 行列の階数

階数の不変性 A を任意の $m \times n$ 行列とし $A = (\boldsymbol{a}_1 \ \cdots \ \boldsymbol{a}_n)$ を列ベクトル表示とする．任意の m 次正則行列 P に対して $C = PA = (\boldsymbol{c}_1 \ \cdots \ \boldsymbol{c}_n)$ とおくと，$A = P^{-1}C$ でもあるから，$A\boldsymbol{x} = \boldsymbol{0} \Longleftrightarrow C\boldsymbol{x} = \boldsymbol{0}$，つまり

$$A\boldsymbol{x} = x_1\boldsymbol{a}_1 + \cdots + x_n\boldsymbol{a}_n = \boldsymbol{0} \Longleftrightarrow C\boldsymbol{x} = x_1\boldsymbol{c}_1 + \cdots + x_n\boldsymbol{c}_n = \boldsymbol{0} \tag{5.8}$$

が成り立つ．したがって，ある組 $\boldsymbol{a}_{i_1}, \ldots, \boldsymbol{a}_{i_r}$ $(1 \leqq i_1 < \cdots < i_r \leqq n)$ が 1 次独立であることと $\boldsymbol{c}_{i_1}, \ldots, \boldsymbol{c}_{i_r}$ が 1 次独立であることは同値である．よって，$\boldsymbol{a}_1, \ldots, \boldsymbol{a}_n$ のうち 1 次独立を成すベクトルの最大個数（これを $r(A)$ で表す）と，$\boldsymbol{c}_1, \ldots, \boldsymbol{c}_n$ のうち 1 次独立を成すベクトルの最大個数 $r(PA)$ とは一致する；$r(A) = r(PA)$．特に A の簡約形 B に対して $r(B) = r(A)$ （$B = P'A$ （P' は正則行列）と書ける（2.3 節参照））．ここで $r(B)$ は B の主成分を含む列の個数（$= \operatorname{rank} A$）と一致するから，$\operatorname{rank} A = r(A)$．すると $r(PA) = r(A)$ により，$\operatorname{rank} PA = \operatorname{rank} A$ が成り立つことに注意する．

> **定理 5.5.1** 行列 A に対し，次の各数は $\operatorname{rank} A$ に等しい，
>
> (1) 1 次独立を成す列ベクトルの最大個数
>
> (2) 1 次独立を成す行ベクトルの最大個数

証明 A を $m \times n$ 行列とし (1) (2) における個数をそれぞれ r, s とおく．(1) $r = \operatorname{rank} A$ であることは上で示したので，(2) $s = \operatorname{rank} A$ を示す．

A の第 i 行を $\boldsymbol{x}_i$ とおき，ベクトル空間 $M_{1,n}(\boldsymbol{R})$ において $\boldsymbol{x}_1, \ldots, \boldsymbol{x}_m$ で生成される部分空間を U とおく：$U = \langle \boldsymbol{x}_1, \ldots, \boldsymbol{x}_m \rangle$．$\boldsymbol{x}_1, \ldots, \boldsymbol{x}_m$ の一部で U の基底になるものをとり $\boldsymbol{x}_{i_1}, \ldots, \boldsymbol{x}_{i_s}$ とおく：$U = \langle \boldsymbol{x}_{i_1}, \ldots, \boldsymbol{x}_{i_s} \rangle$．

一方，B を A の簡約形としその第 i 行を $\boldsymbol{y}_i$ とおくと，簡約行列の形から明らかに次が成り立つ（$\operatorname{rank} A = r$ であることに注意）．

(i) $\boldsymbol{y}_1, \ldots, \boldsymbol{y}_r$ は 1 次独立，　(ii) $\boldsymbol{y}_i = \boldsymbol{0}$ $(i > r)$

簡約形 B はある正則行列 $P = (p_{ij})$ を用いて $B = PA$ とおけるから，

$$\boldsymbol{y}_i = \sum_{j=1}^{m} p_{ij}\boldsymbol{x}_j \in U = \langle \boldsymbol{x}_{i_1}, \ldots, \boldsymbol{x}_{i_s} \rangle \quad (1 \leqq i \leqq r).$$

よって (i) と定理 5.4.1 により，$r \leqq s$ を得る．また $A = P^{-1}B$ であるから同様にして

$$\boldsymbol{x}_{i_j} \in \langle \boldsymbol{y}_1, \ldots, \boldsymbol{y}_r \rangle \quad (1 \leqq j \leqq s)$$

となり，$s \leqq r$ を得る．ここで $\langle \boldsymbol{y}_1, \ldots, \boldsymbol{y}_r \rangle$ は $\boldsymbol{y}_1, \ldots, \boldsymbol{y}_r$ で生成される $M_{1,n}(\boldsymbol{R})$ の部分空間である．以上により $s = r$ が成り立つ． □

特に A が n 次行列であれば，定理 5.5.1 と定理 2.3.2 により次の定理を得る．

定理 5.5.2 n 次行列 A について，次は同値である．

(1) A は正則である．

(2) A の n 個の列ベクトルは 1 次独立である．

(3) A の n 個の行ベクトルは 1 次独立である．

例題 5.5.1 次の列ベクトルについて，$\boldsymbol{R}^4$ の部分空間 $\langle \boldsymbol{a}_1, \boldsymbol{a}_2, \boldsymbol{a}_3, \boldsymbol{a}_4, \boldsymbol{a}_5 \rangle$ の基底となるベクトルを $\boldsymbol{a}_1, \ldots, \boldsymbol{a}_5$ から一組選び，他のベクトル $\boldsymbol{a}_i$ をそれらの 1 次結合として表せ．

$$\boldsymbol{a}_1 = \begin{pmatrix} 1 \\ 0 \\ -2 \\ -1 \end{pmatrix}, \ \boldsymbol{a}_2 = \begin{pmatrix} 0 \\ -1 \\ 3 \\ 2 \end{pmatrix}, \ \boldsymbol{a}_3 = \begin{pmatrix} -1 \\ 1 \\ -1 \\ -1 \end{pmatrix}, \ \boldsymbol{a}_4 = \begin{pmatrix} 2 \\ -1 \\ -5 \\ -5 \end{pmatrix}, \ \boldsymbol{a}_5 = \begin{pmatrix} 2 \\ 4 \\ -8 \\ 0 \end{pmatrix}$$

解 $\boldsymbol{a}_1, \boldsymbol{a}_2, \boldsymbol{a}_3, \boldsymbol{a}_4, \boldsymbol{a}_5$ のうちから基底を選ぶには，1 次独立になるものの組で他の $\boldsymbol{a}_i$ がそれらの 1 次結合となるものを選べばよい．$A = \begin{pmatrix} \boldsymbol{a}_1 & \boldsymbol{a}_2 & \boldsymbol{a}_3 & \boldsymbol{a}_4 & \boldsymbol{a}_5 \end{pmatrix}$ とおく．A の簡約形は

$$B = \begin{pmatrix} \boldsymbol{b}_1 & \boldsymbol{b}_2 & \boldsymbol{b}_3 & \boldsymbol{b}_4 & \boldsymbol{b}_5 \end{pmatrix} = \begin{pmatrix} \mathbf{1} & 0 & -1 & 0 & 6 \\ 0 & \mathbf{1} & -1 & 0 & -2 \\ 0 & 0 & 0 & \mathbf{1} & -2 \\ 0 & 0 & 0 & 0 & 0 \end{pmatrix}$$

である．ここで $\boldsymbol{b}_1, \boldsymbol{b}_2, \boldsymbol{b}_4$ は $\boldsymbol{R}^4$ の相異なる基本ベクトル $\boldsymbol{e}_1, \boldsymbol{e}_2, \boldsymbol{e}_3$ で 1 次独立である．また B の形から次の等式の成り立つことがわかる．

$$\boldsymbol{b}_3 = -\boldsymbol{b}_1 - \boldsymbol{b}_2, \qquad \boldsymbol{b}_5 = 6\boldsymbol{b}_1 - 2\boldsymbol{b}_2 - 2\boldsymbol{b}_4 \tag{5.9}$$

一方，B は A の簡約形であるから，$\boldsymbol{b}_i$ に関して 1 次関係式

$$c_1\boldsymbol{b}_1 + \cdots + c_5\boldsymbol{b}_5 = \boldsymbol{0}$$

が成り立つことと，$\boldsymbol{a}_i$ に関して 1 次関係式

$$c_1\boldsymbol{a}_1 + \cdots + c_5\boldsymbol{a}_5 = \boldsymbol{0}$$

が成り立つことは同値である．したがって $\boldsymbol{a}_1, \boldsymbol{a}_2, \boldsymbol{a}_4$ は 1 次独立であり，さらに $\boldsymbol{b}_i$ に関する 1 次関係式 (5.9) を $\boldsymbol{a}_i$ の 1 次関係式に言い換えて次の式を得る．

$$\boldsymbol{a}_3 = -\boldsymbol{a}_1 - \boldsymbol{a}_2, \qquad \boldsymbol{a}_5 = 6\boldsymbol{a}_1 - 2\boldsymbol{a}_2 - 2\boldsymbol{a}_4$$ □

定理 5.5.3　$m \times n$ 行列 A について，次のことが成り立つ．

(1)
$$\operatorname{rank} A = \operatorname{rank} {}^tA$$

(2) P を m 次正則行列，Q を n 次正則行列とすると，

$$\operatorname{rank} PAQ = \operatorname{rank} A$$

証明　(1) A の第 i 行ベクトルを $\boldsymbol{x}_i$ とおくと，${}^tA = \left({}^t\boldsymbol{x}_1 \ \ldots \ {}^t\boldsymbol{x}_m\right)$ は ${}^tA$ の列ベクトル表示である．行ベクトルと列ベクトルに関する次の二つの 1 次関係式は（転置をとればわかるように）同値である．

$$c_1\boldsymbol{x}_1 + \cdots + c_m\boldsymbol{x}_m = \boldsymbol{0} \Longleftrightarrow c_1{}^t\boldsymbol{x}_1 + \cdots + c_m{}^t\boldsymbol{x}_m = \boldsymbol{0}$$

よって $\boldsymbol{x}_1, \ldots, \boldsymbol{x}_m$ のうち 1 次独立を成すベクトルの最大個数と，${}^t\boldsymbol{x}_1, \ldots, {}^t\boldsymbol{x}_m$ のうち 1 次独立を成すベクトルの最大個数とは一致する．したがって定理 5.5.1 により，$\operatorname{rank} A = \operatorname{rank} {}^tA$ を得る．

(2) 本節の初めで注意したように，任意の m 次正則行列 P に対して $\operatorname{rank} PA = \operatorname{rank} A$ が成り立つ．特に A, P として ${}^tA, {}^tQ$ を考えれば，(1) によって

$$\operatorname{rank} AQ = \operatorname{rank} {}^tQ\,{}^tA = \operatorname{rank} {}^tA = \operatorname{rank} A.$$

したがって $\operatorname{rank} PAQ = \operatorname{rank} AQ = \operatorname{rank} A$ が得られる．□

定理 5.5.3 の (2) は，行列にどのような基本行変形や基本列変形を施しても，得られる行列の階数（行に関して簡約化した行列の主成分の個数）は一定であることを示している．特に列に関して簡約化した行列の主成分の個数とも一致し，階数という値は行変形や列変形に依存しない行列固有の値であることがわかる（2.1 節参照）．

同次方程式の解空間　$m \times n$ 行列 A を係数行列とする連立 1 次方程式

$$A\boldsymbol{x} = \boldsymbol{0}$$

の解空間 W の基底を，この方程式の**基本解系**（system of fundamental solutions）という．同次方程式の解空間の次元が係数行列の階数によって決まることを示す前に，まず具体例で解空間の次元について確認しておこう．

例題 5.5.2　$A = \begin{pmatrix} 1 & 2 & -1 & 3 & 4 \\ -1 & -2 & 2 & -2 & -3 \\ 2 & 4 & -3 & 5 & 7 \end{pmatrix}$ とする．

$A\boldsymbol{x} = \boldsymbol{0}$ の解空間 W（$\subseteq \boldsymbol{R}^5$）の一つの基本解系と W の次元を求めよ．

解　A の簡約化からわかるように $\operatorname{rank} A = 2$ である．

$$A = \begin{pmatrix} 1 & 2 & -1 & 3 & 4 \\ -1 & -2 & 2 & -2 & -3 \\ 2 & 4 & -3 & 5 & 7 \end{pmatrix} \xrightarrow{\text{簡約化}} B = \begin{pmatrix} \mathbf{1} & 2 & 0 & 4 & 5 \\ 0 & 0 & \mathbf{1} & 1 & 1 \\ 0 & 0 & 0 & 0 & 0 \end{pmatrix}$$

また解空間を求めるには B を係数行列とする次の同次方程式を解けばよい．

$$\begin{cases} x_1 + 2x_2 \qquad + 4x_4 + 5x_5 = 0 \\ \qquad\qquad x_3 + x_4 + x_5 = 0 \end{cases}$$

この式の解 $\boldsymbol{x}$ は，$x_2 = c_1,\ x_4 = c_2,\ x_5 = c_3$ ($c_1,\ c_2,\ c_3 \in \boldsymbol{R}$) を任意の定数として

$$\boldsymbol{x} = c_1\boldsymbol{w}_1 + c_2\boldsymbol{w}_2 + c_3\boldsymbol{w}_3$$

と表される．ここで

$$\boldsymbol{w}_1 = \begin{pmatrix} -2 \\ \mathbf{1} \\ 0 \\ 0 \\ 0 \end{pmatrix}, \quad \boldsymbol{w}_2 = \begin{pmatrix} -4 \\ 0 \\ -1 \\ \mathbf{1} \\ 0 \end{pmatrix}, \quad \boldsymbol{w}_3 = \begin{pmatrix} -5 \\ 0 \\ -1 \\ 0 \\ \mathbf{1} \end{pmatrix}.$$

よって $\{\boldsymbol{w}_1,\ \boldsymbol{w}_2,\ \boldsymbol{w}_3\}$ は W の生成系である．さらに $\boldsymbol{w}_1, \boldsymbol{w}_2, \boldsymbol{w}_3$ は第 2，4，5 成分に注意すれば 1 次独立であることがわかる．したがって $\{\boldsymbol{w}_1,\ \boldsymbol{w}_2,\ \boldsymbol{w}_3\}$ は W の基底である．よって $\boldsymbol{w}_1, \boldsymbol{w}_2, \boldsymbol{w}_3$ は求める基本解系で，また $\dim W = 3$ が成り立つ．　□

定理 5.5.4　A を $m \times n$ 行列とすると，$A\boldsymbol{x} = \boldsymbol{0}$ の解空間 W の次元は

$$\dim W = n - \operatorname{rank} A.$$

証明　例題 5.5.2 と同様の考察により次の等式の成り立つことがわかり，

$$\dim W = n - \operatorname{rank} A$$

が得られる：

$$\begin{aligned}\dim W &= (\text{任意定数をとる変数の個数}) \\ &= (\text{変数の総数}) - (\text{主成分を含む列の個数}) \\ &= n - \operatorname{rank} A.\end{aligned}$$

□

演習問題 5.5

1.　次のベクトルで生成される $\boldsymbol{R}^4$ の部分空間について，その基底となるものを $\boldsymbol{a}_1, \cdots, \boldsymbol{a}_5$ から一組選び，他の $\boldsymbol{a}_i$ をそれらの 1 次結合で表せ．

$$\boldsymbol{a}_1 = \begin{pmatrix} 1 \\ 2 \\ 1 \\ 3 \end{pmatrix}, \ \boldsymbol{a}_2 = \begin{pmatrix} 3 \\ 6 \\ 6 \\ 9 \end{pmatrix}, \ \boldsymbol{a}_3 = \begin{pmatrix} 1 \\ 2 \\ 4 \\ 3 \end{pmatrix}, \ \boldsymbol{a}_4 = \begin{pmatrix} 7 \\ -2 \\ 5 \\ 3 \end{pmatrix}, \ \boldsymbol{a}_5 = \begin{pmatrix} 4 \\ -3 \\ 3 \\ 1 \end{pmatrix}$$

2.　次の行列の階数を r とする．このとき r 個の列ベクトルで 1 次独立であるものを一組選べ．また r 個の行ベクトルで 1 次独立であるものを一組選べ．

$$\begin{pmatrix} 1 & 3 & 1 \\ 2 & 4 & 3 \\ 1 & 5 & 0 \\ 3 & 8 & 4 \end{pmatrix}$$

3.　n 個のベクトル $\boldsymbol{a}_1, \cdots, \boldsymbol{a}_n \in \boldsymbol{R}^m$ と $m \times n$ 行列 $A = (\boldsymbol{a}_1 \ \cdots \ \boldsymbol{a}_n)$ とに対して，$\operatorname{rank} A = \dim \langle \boldsymbol{a}_1, \cdots, \boldsymbol{a}_n \rangle$ が成り立つことを示せ．

4.　次の三つのベクトルで生成される $\boldsymbol{R}^3$ の部分空間 W の次元を求めよ．また解空間が W である同次方程式 $A\boldsymbol{x} = \boldsymbol{0}$ の例を一つ示せ．

$$\begin{pmatrix} 3 \\ -1 \\ 2 \end{pmatrix}, \quad \begin{pmatrix} -2 \\ 1 \\ 0 \end{pmatrix}, \quad \begin{pmatrix} 1 \\ -1 \\ -2 \end{pmatrix}$$

5.6　線形写像

和とスカラー倍という演算によって定義された二つのベクトル空間の間の関係を調べるために，これらの演算を保存する写像について考察する．

線形写像　U, V を $\mathbf{R}$ 上のベクトル空間とする．U から V への写像 $f: U \to V$ が次の二つの条件（線形条件）を満たすとき，f は**線形**または**1 次**（linear）であるという．

(1) $$f(\boldsymbol{u}_1 + \boldsymbol{u}_2) = f(\boldsymbol{u}_1) + f(\boldsymbol{u}_2) \qquad (\boldsymbol{u}_1,\ \boldsymbol{u}_2 \in U)$$

(2) $$f(c\boldsymbol{u}) = cf(\boldsymbol{u}) \qquad (c \in \boldsymbol{R},\ \boldsymbol{u} \in U)$$

特に V からそれ自身への線形写像 $f: V \to V$ を**線形変換**または**1 次変換**（linear transformation）という．

線形写像 f は次を満たす．

(3) $$f(\mathbf{0}_U) = \mathbf{0}_V$$

なぜなら，$\boldsymbol{u} \in U$，$\boldsymbol{v} \in V$ に対して $0\boldsymbol{u} = \mathbf{0}_U$，$0\boldsymbol{v} = \mathbf{0}_V$ であることに注意すると，(2) により次の等式が成り立つ．

$$f(\mathbf{0}_U) = f(0\boldsymbol{u}) = 0f(\boldsymbol{u}) = \mathbf{0}_V$$

ベクトル空間 V から V への恒等写像 1_V（すなわち任意の元 $\boldsymbol{u} \in V$ に対し $1_V(\boldsymbol{u}) = \boldsymbol{u}$ を満たす写像）は線形である．また V の任意のベクトルを V の零ベクトル $\mathbf{0}_V$ に移す写像も線形である（これを**零写像**とよぶ）．

例 1　多項式 $f(x)$ の導関数を $D(f)$ で表せば，$\boldsymbol{R}[x]_n$ から $\boldsymbol{R}[x]_{n-1}$ への対応

$$D: \boldsymbol{R}[x]_n \to \boldsymbol{R}[x]_{n-1}, \quad f \mapsto D(f)$$

は線形写像である．

例 2　$A = (a_{ij}) \in M_n(\boldsymbol{R})$ に対して

$$\operatorname{tr} A = a_{11} + \cdots + a_{nn} = \sum_{i=1}^{n} a_{ii}$$

とおくと，$M_n(\boldsymbol{R})$ から $\boldsymbol{R}$ への対応 $\operatorname{tr}: M_n(\boldsymbol{R}) \to \boldsymbol{R}$，$A \mapsto \operatorname{tr} A$ は線形写像である．$\operatorname{tr} A$ を行列 A の**跡**または**トレース**（trace）という．

実際，$A, B \in M_n(\boldsymbol{R})$ と $c \in \boldsymbol{R}$ に対して次が成り立つ．

$$\mathrm{tr}(A+B) = \sum_{i=1}^{n}(a_{ii}+b_{ii}) = \sum_{i=1}^{n} a_{ii} + \sum_{i=1}^{n} b_{ii} = \mathrm{tr}\,A + \mathrm{tr}\,B$$
$$\mathrm{tr}(cA) = \sum_{i=1}^{n} ca_{ii} = c\sum_{i=1}^{n} a_{ii} = c(\mathrm{tr}\,A)$$

例 3　$m \times n$ 行列 A に対して写像 $f_A : \boldsymbol{R}^n \to \boldsymbol{R}^m$ を

$$f_A(\boldsymbol{x}) = A\boldsymbol{x} \quad (\boldsymbol{x} \in \boldsymbol{R}^n)$$

と定義すると，f_A は線形写像である．f_A を行列 A で**定まる線形写像**という．この線形写像は次の性質をもつ：$m \times n$ 行列 A, B に対して

$$f_A = f_B \implies A = B.$$

実際，f_A の線形性は $\boldsymbol{x}, \boldsymbol{y} \in \boldsymbol{R}^n$, $c \in \boldsymbol{R}$ に対して成り立つ次の等式による．

$$f_A(\boldsymbol{x}+\boldsymbol{y}) = A(\boldsymbol{x}+\boldsymbol{y}) = A\boldsymbol{x} + A\boldsymbol{y} = f_A(\boldsymbol{x}) + f_A(\boldsymbol{y})$$
$$f_A(c\boldsymbol{x}) = A(c\boldsymbol{x}) = c(A\boldsymbol{x}) = cf_A(\boldsymbol{x})$$

さらに $f_A = f_B$ であれば，任意の i に対して $f_A(\boldsymbol{e}_i) = f_B(\boldsymbol{e}_i)$ でこの式の左辺は A の第 i 列 $A\boldsymbol{e}_i$，右辺は B の第 i 列 $B\boldsymbol{e}_i$ であるから，$A = B$ となる．

二つの線形写像 $f, g : U \to V$ に対して

$$(f+g)(\boldsymbol{u}) = f(\boldsymbol{u}) + g(\boldsymbol{u}) \quad (\boldsymbol{u} \in U)$$

によって定まる対応 $f+g : U \to V$ は線形写像になる．これを f と g の**和**とよぶ．**差** $f-g$ も同様に定義されてまた線形写像になる．

線形写像の合成と行列の積との基本的な関係について述べる前に，写像に関する用語について復習しておこう．

一般に集合 X から Y への写像 $f : X \to Y$ について，f が**単射**であるとは，

$$x_1 \neq x_2 \in X \quad \text{ならば} \quad f(x_1) \neq f(x_2)$$

を満たすことをいう．また**全射**であるとは，

任意の $y \in Y$ に対して $y = f(x)$ を満たす $x \in X$ が存在する

ことである．全射でありかつ単射である写像を**全単射**であるという．恒等写像 $1_X : X \to X$, $x \mapsto x$, は明らかに全単射である．$f : X \to Y$ が全単射であればその逆写像 $f^{-1} : Y \to X$ が存在して，f^{-1} はまた全単射になる．

定理 5.6.1 (1) $m \times r$ 行列 A と $r \times n$ 行列 B について，$f_A : \boldsymbol{R}^r \to \boldsymbol{R}^m$ と $f_B : \boldsymbol{R}^n \to \boldsymbol{R}^r$ との合成 $f_A \cdot f_B : \boldsymbol{R}^n \to \boldsymbol{R}^m$ は $m \times n$ 行列 AB で定まる線形写像である．

$$f_A \cdot f_B = f_{AB}$$

(2) $m \times n$ 行列 A, B に対して次の等式が成り立つ．

$$f_A + f_B = f_{A+B}$$

証明 任意の $\boldsymbol{x} \in \boldsymbol{R}^n$ に対して次の等式が成り立つ．

(1) $(f_A \cdot f_B)(\boldsymbol{x}) = f_A(f_B(\boldsymbol{x})) = f_A(B\boldsymbol{x}) = A(B\boldsymbol{x}) = (AB)\boldsymbol{x} = f_{AB}(\boldsymbol{x})$

(2) $(f_A + f_B)(\boldsymbol{x}) = f_A(\boldsymbol{x}) + f_B(\boldsymbol{x}) = A\boldsymbol{x} + B\boldsymbol{x} = (A + B)\boldsymbol{x} = f_{A+B}(\boldsymbol{x})$

よって写像として (1) $f_A \cdot f_B = f_{AB}$, (2) $f_A + f_B = f_{A+B}$ が成り立つ． □

注 1 線形写像の性質を用いれば行列の性質を簡単にとらえられる場合がある．例えば積 ABC の定義される行列 A, B, C に対して，上の定理と写像の合成の結合法則

$$f_A \cdot (f_B \cdot f_C) = (f_A \cdot f_B) \cdot f_C$$

とにより $f_{A(BC)} = f_{(AB)C}$ が成り立ち，行列の結合法則

$$A(BC) = (AB)C$$

を得る．また写像の分配法則 $f_A(f_B + f_C) = f_A f_B + f_A f_C$ により行列の分配法則 $A(B+C) = AB + AC$ が得られる．
分配法則 $(f_A + f_B)f_C = f_A f_C + f_B f_C$ と $(A+B)C = AC + BC$ の関係も同様．

線形写像の像と核 f がベクトル空間 U から V への線形写像であるとき V の部分集合

$$\operatorname{Im} f = \{f(\boldsymbol{u}) \in V \mid \boldsymbol{u} \in U\}$$

を f の像（image）という．これを $f(U)$ とも書く．また U の部分集合

$$\operatorname{Ker} f = \{\boldsymbol{u} \in U \mid f(\boldsymbol{u}) = \boldsymbol{0}_V\}$$

を f の**核** (kernel) または**退化空間** (null space) といい，これを $f^{-1}(\mathbf{0})$ とも書く．

> **定理 5.6.2** 線形写像 $f: U \to V$ に対して，
>
> (1) $\operatorname{Im} f$ は V の部分空間である， (2) $\operatorname{Ker} f$ は U の部分空間である．

証明 定理 5.2.1 の二つの条件 (S1) (S2) を示せばよい．

(1) まず $\mathbf{0}_V \in \operatorname{Im} f$ により $\operatorname{Im} f$ は空集合ではないことに注意しよう．

(S1) $\boldsymbol{v}_1$，$\boldsymbol{v}_2 \in \operatorname{Im} f$ をとると，ある $\boldsymbol{u}_1$，$\boldsymbol{u}_2 \in U$ によって $\boldsymbol{v}_1 = f(\boldsymbol{u}_1)$，$\boldsymbol{v}_2 = f(\boldsymbol{u}_2)$ とおける．このとき f の線形性により

$$\boldsymbol{v}_1 + \boldsymbol{v}_2 = f(\boldsymbol{u}_1) + f(\boldsymbol{u}_2) = f(\boldsymbol{u}_1 + \boldsymbol{u}_2) \in \operatorname{Im} f.$$

(S2) $\boldsymbol{v} \in \operatorname{Im} f$ に対し $\boldsymbol{v} = f(\boldsymbol{u})$ $(\boldsymbol{u} \in U)$ とおく．f の線形性により

$$c\boldsymbol{v} = cf(\boldsymbol{u}) = f(c\boldsymbol{u}) \in \operatorname{Im} f \quad (c \in \boldsymbol{R}).$$

(2) $\mathbf{0}_U \in \operatorname{Ker} f$ により $\operatorname{Ker} f$ は空集合ではない．$\boldsymbol{u}_1$，$\boldsymbol{u}_2 \in \operatorname{Ker} f$ に対して次の式により $\boldsymbol{u}_1 + \boldsymbol{u}_2 \in \operatorname{Ker} f$ を得る．

$$f(\boldsymbol{u}_1 + \boldsymbol{u}_2) = f(\boldsymbol{u}_1) + f(\boldsymbol{u}_2) = \mathbf{0}_V + \mathbf{0}_V = \mathbf{0}_V$$

(S2) $\boldsymbol{u} \in \operatorname{Ker} f$，$c \in \boldsymbol{R}$ に対して，次の式により $c\boldsymbol{u} \in \operatorname{Ker} f$ を得る．

$$f(c\boldsymbol{u}) = cf(\boldsymbol{u}) = c\mathbf{0}_V = \mathbf{0}_V$$ □

> **定理 5.6.3** 線形写像 $f: U \to V$ が単射であるための必要十分条件は，
>
> $$\operatorname{Ker} f = \{\mathbf{0}_U\}$$
>
> となることである．

証明 f は単射であるとする．$f(\boldsymbol{u}) = \mathbf{0}_V$ であれば $f(\boldsymbol{u}) = f(\mathbf{0}_U)$ であるから，単射の定義により $\boldsymbol{u} = \mathbf{0}_U$ である．したがって $\operatorname{Ker} f = \{\mathbf{0}_U\}$．

逆に $\mathrm{Ker}\, f = \{\mathbf{0}_U\}$ とする．$\boldsymbol{u}_1, \boldsymbol{u}_2 \in U$ に対して $f(\boldsymbol{u}_1) = f(\boldsymbol{u}_2)$ とすると，f の線形性により

$$f(\boldsymbol{u}_1 - \boldsymbol{u}_2) = f(\boldsymbol{u}_1) - f(\boldsymbol{u}_2) = \mathbf{0}_V,$$

すなわち $\boldsymbol{u}_1 - \boldsymbol{u}_2 \in \mathrm{Ker}\, f$．よって $\boldsymbol{u}_1 - \boldsymbol{u}_2 = \mathbf{0}_U$ となり $\boldsymbol{u}_1 = \boldsymbol{u}_2$ を得る．□

例 4　平面における 1 次変換

2 次行列 $A = \begin{pmatrix} a & b \\ c & d \end{pmatrix}$ に対して，1 次変換 $f_A : \boldsymbol{R}^2 \to \boldsymbol{R}^2$ を考える．平面上に直交座標系 O-xy をとり，任意の点 $P(x, y)$ に対して

$$f_A\begin{pmatrix} x \\ y \end{pmatrix} = \begin{pmatrix} ax + by \\ cx + dy \end{pmatrix} =: \begin{pmatrix} x' \\ y' \end{pmatrix}$$

とおけば，点 $P'(x', y')$ が定まる．したがって

$$f_A(P) = P'$$

とおくと，f_A は平面から平面への写像 $P \mapsto P'$ を定める．特に原点 O を O 自身に移す．

1 次変換は平面上の直線をどのようなものに移すかについて考えてみよう．

点 C を通りベクトル $\boldsymbol{u}$ $(\neq \mathbf{0})$ に平行な直線は，直線上の点 P に対して $\boldsymbol{x} = \overrightarrow{OP}$，$\boldsymbol{x}_0 = \overrightarrow{OC}$ とおけば，

$$\boldsymbol{x} = \boldsymbol{x}_0 + t\boldsymbol{u} \quad (t \in \boldsymbol{R})$$

と表される ((4.3)，66 頁)．したがって

$$f_A(\boldsymbol{x}) = f_A(\boldsymbol{x}_0) + f_A(t\boldsymbol{u}) = A\boldsymbol{x}_0 + tA\boldsymbol{u} \quad (t \in \boldsymbol{R}). \tag{5.10}$$

$\overrightarrow{OC'} = A\boldsymbol{x}_0$ とおく．ここで $A\boldsymbol{u} = \mathbf{0}$ であれば，f_A によって直線上のどのような点 P も点 C' に移る．一方 $A\boldsymbol{u} \neq \mathbf{0}$ であれば（例えば A は正則行列）上式（5.10）により，$f_A(P)$ は，C' を通りベクトル $A\boldsymbol{u}$ に平行な直線上にある．したがって特に A が正則であれば，1 次変換 f_A によって平面上の直線は直線に移る．特に三角形（n 角形）は三角形（n 角形）に移る．

例題 5.6.1　$A = \begin{pmatrix} 2 & 2 \\ 3 & 4 \end{pmatrix}$ とする．直線 $y = 2x$ が 1 次変換 f_A によって移る直線の方程式を求めよ．

解 $\boldsymbol{u} = \begin{pmatrix} 1 \\ 2 \end{pmatrix}$ とおくと，直線 $y = 2x$ のベクトルによる表示は $\boldsymbol{x} = t\boldsymbol{u}$ $(t \in \boldsymbol{R})$ である．したがって $\boldsymbol{v} = A\boldsymbol{u} = \begin{pmatrix} 6 \\ 11 \end{pmatrix}$ とおいて，$f_A(\boldsymbol{x}) = tf_A(\boldsymbol{u}) = tA\boldsymbol{u} = t\boldsymbol{v}$. これは直線 $y = \dfrac{11}{6}x$ を表す． □

例 5 点のまわりの回転

O-xy を直交座標系とする平面において平面を原点 O の周りに角 θ だけ回転させたとき，平面上の点の（O-xy に関する）座標の変化について調べてみよう．

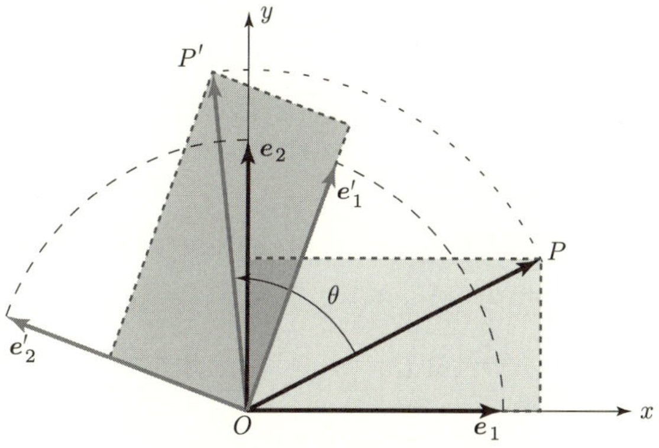

図 5.1

この回転により点 $P(x, y)$ が点 $P'(x', y')$ に移ったとする．また基本ベクトル $\boldsymbol{e}_1, \boldsymbol{e}_2$ が $\boldsymbol{e}'_1, \boldsymbol{e}'_2$ に移ったとすればそれらの成分は次のようになる．

$$\boldsymbol{e}_1 = \begin{pmatrix} 1 \\ 0 \end{pmatrix}, \quad \boldsymbol{e}_2 = \begin{pmatrix} 0 \\ 1 \end{pmatrix}; \quad \boldsymbol{e}'_1 = \begin{pmatrix} \cos\theta \\ \sin\theta \end{pmatrix}, \quad \boldsymbol{e}'_2 = \begin{pmatrix} -\sin\theta \\ \cos\theta \end{pmatrix} \tag{5.11}$$

$\{\boldsymbol{e}_i\}$, $\{\boldsymbol{e}'_i\}$ は $\boldsymbol{R}^2$ の基底で，回転により長方形は合同な長方形に移るので

$$\overrightarrow{OP} = x\boldsymbol{e}_1 + y\boldsymbol{e}_2, \qquad \overrightarrow{OP'} = x\boldsymbol{e}'_1 + y\boldsymbol{e}'_2$$

となる．ここで (5.11) の成分を用いれば P と P' の座標の関係が次のように得られる．

$$\begin{pmatrix} x' \\ y' \end{pmatrix} = x\boldsymbol{e}'_1 + y\boldsymbol{e}'_2 = \begin{pmatrix} \cos\theta & -\sin\theta \\ \sin\theta & \cos\theta \end{pmatrix} \begin{pmatrix} x \\ y \end{pmatrix} \tag{5.12}$$

したがって原点のまわりの角 θ の回転は，次の行列によって定まる1次変換となる．

$$\begin{pmatrix} \cos\theta & -\sin\theta \\ \sin\theta & \cos\theta \end{pmatrix} \tag{5.13}$$

線形写像の階数　A を $m \times n$ 行列，f_A を A で定まる線形写像とする．

$$\operatorname{Ker} f_A = \{\boldsymbol{x} \in \boldsymbol{R}^n \mid A\boldsymbol{x} = \boldsymbol{0}\}$$

は同次方程式 $A\boldsymbol{x} = \boldsymbol{0}$ の解空間であるから定理5.5.4により

$$\dim(\operatorname{Ker} f_A) = n - \operatorname{rank} A.$$

次に $A = \begin{pmatrix} \boldsymbol{a}_1 & \cdots & \boldsymbol{a}_n \end{pmatrix}$ を列ベクトル表示とすれば

$$\begin{aligned} \operatorname{Im} f_A &= \{A\boldsymbol{x} \mid \boldsymbol{x} \in \boldsymbol{R}^n\} \\ &= \{x_1\boldsymbol{a}_1 + \cdots + x_n\boldsymbol{a}_n \mid x_1, \cdots, x_n \in \boldsymbol{R}\} \\ &= \langle \boldsymbol{a}_1, \cdots, \boldsymbol{a}_n \rangle \end{aligned} \tag{5.14}$$

となるから，基底の存在の性質 (3)（83頁）と定理5.5.1 (1) により

$$\dim(\operatorname{Im} f_A) = \operatorname{rank} A \tag{5.15}$$

が成り立つ（演習問題5.5，**3** 参照）．これにより次の定理が得られる．

定理 5.6.4　　$$\dim(\operatorname{Ker} f_A) + \dim(\operatorname{Im} f_A) = n$$

この事実は（数ベクトル空間に限らず）一般の有限生成ベクトル空間の間の線形写像についても成り立つ（付録の定理A.3.1）．

U, V を有限生成ベクトル空間とする．線形写像 $f : U \to V$ の像の次元を f の**階数**（rank）といい，$\operatorname{rank} f$ で表す．

$$\operatorname{rank} f = \dim(\operatorname{Im} f)$$

また f の核の次元 $\dim(\operatorname{Ker} f)$ を f の**退化次数**（nullity）という．

例題 5.6.2 $f_A : \boldsymbol{R}^5 \to \boldsymbol{R}^3$ は次の行列 A で定まる線形写像とする．

$$A = \begin{pmatrix} 1 & -2 & 0 & 3 & 0 \\ 1 & -2 & 1 & 2 & 1 \\ 2 & -4 & 1 & 5 & 2 \end{pmatrix}$$

このとき

(1) $\mathrm{Ker}\, f_A$ の一つの基底と f_A の退化次数を求めよ．

(2) $\mathrm{Im}\, f_A$ の一つの基底と f_A の階数を求めよ．

解 (1) $\mathrm{Ker}\, f_A$ は同次方程式 $A\boldsymbol{x} = \boldsymbol{0}$ の解空間であるから，$\mathrm{Ker}\, f_A$ の基底はこの解空間の基本解系である．

A を簡約化すると

$$A = \begin{pmatrix} 1 & -2 & 0 & 3 & 0 \\ 1 & -2 & 1 & 2 & 1 \\ 2 & -4 & 1 & 5 & 2 \end{pmatrix} \longrightarrow B = \begin{pmatrix} \mathbf{1} & -2 & 0 & 3 & 0 \\ 0 & 0 & \mathbf{1} & -1 & 0 \\ 0 & 0 & 0 & 0 & \mathbf{1} \end{pmatrix}.$$

これを利用して例題 2.2.3 と同様に $A\boldsymbol{x} = \boldsymbol{0}$ の基本解系を求めると，$\mathrm{Ker}\, f_A$ の基底として 5 次の列ベクトルの組

$$\left\{ \begin{pmatrix} 2 \\ 1 \\ 0 \\ 0 \\ 0 \end{pmatrix}, \begin{pmatrix} -3 \\ 0 \\ 1 \\ 1 \\ 0 \end{pmatrix} \right\}$$

を得る．したがって

$$\dim(\mathrm{Ker}\, f_A) = 2.$$

(2) 列ベクトルを用いて $A = \begin{pmatrix} \boldsymbol{a}_1 & \boldsymbol{a}_2 & \boldsymbol{a}_3 & \boldsymbol{a}_4 & \boldsymbol{a}_5 \end{pmatrix}$ とおくと

$$\mathrm{Im}\, f_A = \langle \boldsymbol{a}_1, \boldsymbol{a}_2, \boldsymbol{a}_3, \boldsymbol{a}_4, \boldsymbol{a}_5 \rangle$$

である (5.14)．A の簡約化 B は第 1，3，5 列が 1 次独立で他の列はこれらの 1 次結合であるから，A についても同様に $\boldsymbol{a}_1$，$\boldsymbol{a}_3$，$\boldsymbol{a}_5$ が 1 次独立で他の $\boldsymbol{a}_2, \boldsymbol{a}_4$ はこれらの 1 次結合である．したがって

$$\{\boldsymbol{a}_1, \boldsymbol{a}_3, \boldsymbol{a}_5\}$$

は部分空間 $\langle \boldsymbol{a}_1, \boldsymbol{a}_2, \boldsymbol{a}_3, \boldsymbol{a}_4, \boldsymbol{a}_5 \rangle$ の基底となり

$$\mathrm{rank}\, f_A = \dim(\mathrm{Im}\, f_A) = 3$$

を得る． □

演習問題 5.6

1.　集合 X, Y, Z の間の二つの写像 $f: X \to Y$，$g: Y \to Z$ について，それらの合成写像 $gf: X \to Z$ に関する次の性質を示せ．

(1) f, g が全単射であれば gf も全単射である．

(2) gf が全単射であれば，f は単射であり g は全射である．

2.　次の各行列によって定まる線形写像について，単射，全射，全単射等について調べよ．

(1) $\begin{pmatrix} 0 & 2 \\ 2 & -1 \\ 3 & 6 \end{pmatrix}$　　(2) $\begin{pmatrix} 1 & -1 & 1 \\ -1 & 0 & 1 \\ 0 & 1 & 1 \end{pmatrix}$　　(3) $\begin{pmatrix} 2 & 0 & 1 & -1 \\ 1 & 1 & 1 & 0 \\ 1 & -2 & 4 & 3 \end{pmatrix}$

3.　座標平面上の三点 $A(2,2)$，$B(-4,0)$，$C(3,-1)$ を頂点とする三角形は，次の行列で定まる1次変換によってどのような図形に移されるか．

(1) $\begin{pmatrix} 1 & -2 \\ -1 & -3 \end{pmatrix}$　　(2) $\begin{pmatrix} 1 & -3 \\ -2 & 6 \end{pmatrix}$

4.　次の各行列によって定まる線形写像の像の基底と核の基底をそれぞれ一つ求め，その線形写像の階数と退化次数を求めよ．

(1) $\begin{pmatrix} 1 & -2 & 1 \\ 4 & -9 & 2 \\ 1 & -1 & 3 \end{pmatrix}$　　(2) $\begin{pmatrix} 1 & 2 & -1 & -3 \\ 1 & 2 & 0 & -1 \\ 2 & 4 & 0 & 6 \end{pmatrix}$

5.　n 次行列 A によって定まる1次変換 $f_A: \boldsymbol{R}^n \to \boldsymbol{R}^n$ に関する次の各条件は同値であることを示せ．またこの条件のもとで，$(f_A)^{-1} = f_{A^{-1}}$ を示せ．

(1) A は正則である．　　(2) f_A は単射である．

(3) f_A は全射である．　　(4) f_A は全単射である．

6.　V をベクトル空間とし $\dim V = n$ とする．V の任意の基底 $\{\boldsymbol{v}_i\}$ に対して対応 f を

$$f: V \longrightarrow \boldsymbol{R}^n, \quad \boldsymbol{v} = c_1\boldsymbol{v}_1 + \cdots + c_n\boldsymbol{v}_n \mapsto \boldsymbol{c} = {}^t\begin{pmatrix} c_1 & \cdots & c_n \end{pmatrix}$$

によって定めると，f は線形写像で全単射であることを示せ．

5.7 線形写像の表現行列

前節で学んだように $m \times n$ 行列は $\boldsymbol{R}^n$ から $\boldsymbol{R}^m$ への線形写像を引き起こす．この節では有限次元ベクトル空間の間の任意の線形写像が行列で表現されることを示す．以下ベクトル空間は有限次元であるとする．

線形写像の表現行列　U, V をベクトル空間とし，$f: U \to V$ を線形写像とする．$\dim U = n$，$\dim V = m$ として U, V の基底をそれぞれ一つとり，

$$\{\boldsymbol{u}_1, \ldots, \boldsymbol{u}_n\}, \qquad \{\boldsymbol{v}_1, \ldots, \boldsymbol{v}_m\}$$

とおく．任意のベクトル $\boldsymbol{x} \in U$ を基底 $\boldsymbol{u}_1, \ldots, \boldsymbol{u}_n$ を用いて

$$\boldsymbol{x} = x_1\boldsymbol{u}_1 + \cdots + x_n\boldsymbol{u}_n$$

と表すと，f が線形であることから

$$f(\boldsymbol{x}) = x_1 f(\boldsymbol{u}_1) + \cdots + x_n f(\boldsymbol{u}_n).$$

したがって，任意のベクトルの f による行き先は $f(\boldsymbol{u}_1), \ldots, f(\boldsymbol{u}_n)$ によって決まる．さらに各 $f(\boldsymbol{u}_j)$ を $\boldsymbol{v}_1, \ldots, \boldsymbol{v}_m$ を使って

$$f(\boldsymbol{u}_j) = \sum_{i=1}^{m} a_{ij}\boldsymbol{v}_i \quad (1 \leqq j \leqq n) \tag{5.16}$$

と表せば，f は $m \times n$ 行列 $A = (a_{ij})$ で決まることがわかる．式 (5.16) によって定まる行列 A を基底 $\{\boldsymbol{u}_i\}, \{\boldsymbol{v}_j\}$ に関する f の**表現行列**という．特に $U = V$ で $\boldsymbol{u}_i = \boldsymbol{v}_i$ $(1 \leqq i \leqq n)$ であるときは，単に基底 $\{\boldsymbol{u}_i\}$ に関する f の表現行列という．

次に $f(\boldsymbol{x}) = y_1\boldsymbol{v}_1 + \cdots + y_m\boldsymbol{v}_m$ とおき，この右辺の係数と

$$\boldsymbol{y} = f(\boldsymbol{x}) = \sum_{j=1}^{n} x_j f(\boldsymbol{u}_j) = \sum_{j=1}^{n}\Bigl(x_j \sum_{i=1}^{m} a_{ij}\boldsymbol{v}_i\Bigr) = \sum_{i=1}^{m}\Bigl(\sum_{j=1}^{n} a_{ij}x_j\Bigr)\boldsymbol{v}_i \tag{5.17}$$

の係数とを比較すれば，$\boldsymbol{x}$ と $\boldsymbol{y}$ の関係が次のように得られる．

$$\begin{pmatrix} y_1 \\ \vdots \\ y_m \end{pmatrix} = A \begin{pmatrix} x_1 \\ \vdots \\ x_n \end{pmatrix} \tag{5.18}$$

上の式 (5.16) (5.17) は表現行列を用いて次のように表記される（5.4 節の 1 次結合の表記の項を参照）.

$$\big(f(\boldsymbol{u}_1),\ldots,f(\boldsymbol{u}_n)\big)=\big(\boldsymbol{v}_1,\ldots,\boldsymbol{v}_m\big)A$$

$$f(\boldsymbol{x})=\big(\boldsymbol{v}_1,\ldots,\boldsymbol{v}_m\big)\begin{pmatrix}y_1\\ \vdots\\ y_m\end{pmatrix}=\big(\boldsymbol{v}_1,\ldots,\boldsymbol{v}_m\big)A\begin{pmatrix}x_1\\ \vdots\\ x_n\end{pmatrix}$$

例 1 $m\times n$ 行列 A によって定まる線形写像 $f_A:\boldsymbol{R}^n\to\boldsymbol{R}^m$ に対して，$\boldsymbol{R}^n$ と $\boldsymbol{R}^m$ の標準基底による f_A の表現行列は A に等しい.

実際，$\boldsymbol{R}^n$ と $\boldsymbol{R}^m$ の標準基底をそれぞれ $\{\boldsymbol{e}_1,\ldots,\boldsymbol{e}_n\}$，$\{\boldsymbol{e}'_1,\ldots,\boldsymbol{e}'_m\}$ とおき，$A=(a_{ij})$ とおくと，

$$f_A(\boldsymbol{e}_i)=A\boldsymbol{e}_i=\begin{pmatrix}a_{1i}\\ \vdots\\ a_{mi}\end{pmatrix}=a_{1i}\boldsymbol{e}'_1+\cdots+a_{mi}\boldsymbol{e}'_m.$$

したがって定義 (5.16) により f_A の表現行列は $m\times n$ 行列 (a_{ij}) で与えられる.

例題 5.7.1 $U=\boldsymbol{R}^3$，$V=\boldsymbol{R}^2$ とし，$A=\begin{pmatrix}1&2&3\\4&5&6\end{pmatrix}$ とおく. U の基底 $\{\boldsymbol{u}_1,\boldsymbol{u}_2,\boldsymbol{u}_3\}$ と V の基底 $\{\boldsymbol{v}_1,\boldsymbol{v}_2\}$ を次のようにとったとき，A によって定まる線形写像 f_A の $\{\boldsymbol{u}_i\}$，$\{\boldsymbol{v}_j\}$ に関する表現行列 B を求めよ.

$$\boldsymbol{u}_1=\begin{pmatrix}1\\0\\0\end{pmatrix},\ \boldsymbol{u}_2=\begin{pmatrix}1\\1\\0\end{pmatrix},\ \boldsymbol{u}_3=\begin{pmatrix}1\\1\\1\end{pmatrix};\qquad \boldsymbol{v}_1=\begin{pmatrix}1\\1\end{pmatrix},\ \boldsymbol{v}_2=\begin{pmatrix}0\\1\end{pmatrix}$$

解 各 $\boldsymbol{u}_i$ の f_A による像 $f_A(\boldsymbol{u}_i)=A\boldsymbol{u}_i$ を求めると

$$f_A(\boldsymbol{u}_1)=A\boldsymbol{u}_1=\boldsymbol{e}'_1+4\boldsymbol{e}'_2,\quad f_A(\boldsymbol{u}_2)=A\boldsymbol{u}_2=3\boldsymbol{e}'_1+9\boldsymbol{e}'_2$$
$$f_A(\boldsymbol{u}_3)=A\boldsymbol{u}_3=6\boldsymbol{e}'_1+15\boldsymbol{e}'_2$$

一方，$\boldsymbol{v}_1=\boldsymbol{e}'_1+\boldsymbol{e}'_2$，$\boldsymbol{v}_2=\boldsymbol{e}'_2$ であるから，$\boldsymbol{e}'_1=\boldsymbol{v}_1-\boldsymbol{v}_2$，$\boldsymbol{e}'_2=\boldsymbol{v}_2$. したがって

$$f_A(\boldsymbol{u}_1)=\boldsymbol{v}_1+3\boldsymbol{v}_2,\quad f_A(\boldsymbol{u}_2)=3\boldsymbol{v}_1+6\boldsymbol{v}_2,\quad f_A(\boldsymbol{u}_3)=6\boldsymbol{v}_1+9\boldsymbol{v}_2.$$

これを整理して求める行列 B は次式で与えられる.

$$\big(f_A(\boldsymbol{u}_1)\ f_A(\boldsymbol{u}_2)\ f_A(\boldsymbol{u}_3)\big)=(\boldsymbol{v}_1\ \boldsymbol{v}_2)\begin{pmatrix}1&3&6\\3&6&9\end{pmatrix},\quad B=\begin{pmatrix}1&3&6\\3&6&9\end{pmatrix}$$ □

線形写像の表現行列は与えられた基底によって定義されるので，上の例題で調べたように異なる基底を用いれば異なる表現行列が得られる．基底の取り方によってどのように表現行列が変わるかを線形変換の場合に調べてみよう．

V を n 次元のベクトル空間とし，$f: V \to V$ を線形写像とする．V に二つの基底 $\{\boldsymbol{v}_i\}$, $\{\boldsymbol{v}'_i\}$ とそれらの間の変換行列 P が与えられているとする．

$$\bigl(\boldsymbol{v}'_1, \ldots, \boldsymbol{v}'_n\bigr) = \bigl(\boldsymbol{v}_1, \ldots, \boldsymbol{v}_n\bigr)P \tag{5.19}$$

$\{\boldsymbol{v}_i\}$, $\{\boldsymbol{v}'_i\}$ に関するそれぞれの f の表現行列 A, B は次の式で定義される．

$$\bigl(f(\boldsymbol{v}_1), \ldots, f(\boldsymbol{v}_n)\bigr) = (\boldsymbol{v}_1, \ldots, \boldsymbol{v}_n)A \tag{5.20}$$

$$\bigl(f(\boldsymbol{v}'_1), \ldots, f(\boldsymbol{v}'_n)\bigr) = (\boldsymbol{v}'_1, \ldots, \boldsymbol{v}'_n)B \tag{5.21}$$

このとき A と B の関係として次の定理が成り立つ．

定理 5.7.1　表現行列 A と B の間には次の等式が成り立つ．

$$B = P^{-1}AP$$

証明　記法の性質 (1),(2) (84 頁) を利用して示す．(5.21) と (5.19) により

$$\bigl(f(\boldsymbol{v}'_1), \ldots, f(\boldsymbol{v}'_n)\bigr) = (\boldsymbol{v}'_1, \ldots, \boldsymbol{v}'_n)B \tag{5.22}$$

$$= \bigl((\boldsymbol{v}_1, \ldots, \boldsymbol{v}_n)P\bigr)B = (\boldsymbol{v}_1, \ldots, \boldsymbol{v}_n)(PB). \tag{5.23}$$

一方，$P = \bigl(p_{ij}\bigr)$ とおけば $\boldsymbol{v}'_j = \displaystyle\sum_{i=1}^{n} p_{ij}\boldsymbol{v}_i$ であるから，f の線形性により

$$f(\boldsymbol{v}'_j) = \sum_{i=1}^{n} p_{ij} f(\boldsymbol{v}_i) \quad (1 \leqq j \leqq n).$$

したがって，$\bigl(f(\boldsymbol{v}'_1), \ldots, f(\boldsymbol{v}'_n)\bigr) = \bigl(f(\boldsymbol{v}_1), \ldots, f(\boldsymbol{v}_n)\bigr)P$ と表すことができる．よって (5.20) により

$$\bigl(f(\boldsymbol{v}'_1), \ldots, f(\boldsymbol{v}'_n)\bigr) = \bigl((\boldsymbol{v}_1, \ldots, \boldsymbol{v}_n)A\bigr)P = (\boldsymbol{v}_1, \ldots, \boldsymbol{v}_n)(AP). \tag{5.24}$$

ゆえに (5.23) と (5.24) の二式から次の等式を得る．

$$(\boldsymbol{v}_1, \ldots, \boldsymbol{v}_n)(PB) = (\boldsymbol{v}_1, \ldots, \boldsymbol{v}_n)(AP)$$

したがって，$PB = AP$ が成り立ち $B = P^{-1}AP$ が得られる． □

注 1 定理における関係 $B = P^{-1}AP$ は，$\boldsymbol{R}^n$ における線形変換の二つの合成写像 $f_P f_B$，$f_A f_P : \boldsymbol{R}^n \to \boldsymbol{R}^n$ について，等式

$$f_P f_B = f_A f_P \quad \text{あるいは} \quad f_B = f_{P^{-1}} f_A f_P \ : \ \boldsymbol{R}^n \to \boldsymbol{R}^n$$

が成り立つことを示している．

$$\begin{array}{ccccc}
\{\boldsymbol{v}_i\} & \boldsymbol{R}^n & \xrightarrow{\ f_A\ } & \boldsymbol{R}^n & \{\boldsymbol{v}_i\} \\
{\scriptstyle P}\big\downarrow & {\scriptstyle f_P}\big\uparrow & & {\scriptstyle f_{P^{-1}}}\big\downarrow\ \big\uparrow{\scriptstyle f_P} & {\scriptstyle P}\big\downarrow \\
\{\boldsymbol{v}'_i\} & \boldsymbol{R}^n & \xrightarrow{\ f_B\ } & \boldsymbol{R}^n & \{\boldsymbol{v}'_i\}
\end{array}$$

$\boldsymbol{R}^n$ の任意の基底 $\{\boldsymbol{p}_1, \ldots, \boldsymbol{p}_n\}$ に対して $P = (\boldsymbol{p}_1 \ \cdots \ \boldsymbol{p}_n)$ とおき標準基底からの基底変換 $\{\boldsymbol{e}_i\} \xrightarrow{P} \{\boldsymbol{p}_i\}$ を考えれば，定理 5.7.1 は次のように言い換えられる．

> **系 5.7.1** n 次行列 A によって定まる線形変換 $f_A : \boldsymbol{R}^n \to \boldsymbol{R}^n$ の基底 $\{\boldsymbol{p}_1, \cdots, \boldsymbol{p}_n\}$ に関する表現行列は
>
> $$P^{-1}AP$$
>
> である．ただし P は n 次行列 $P = (\boldsymbol{p}_1 \ \cdots \ \boldsymbol{p}_n)$ である．

例題 5.7.2 2次行列 $A = \begin{pmatrix} 2 & 1 \\ 1 & 2 \end{pmatrix}$ で定まる線形変換 $f_A(\boldsymbol{x}) = A\boldsymbol{x}$ について，次のベクトルによる $\boldsymbol{R}^2$ の基底 $\{\boldsymbol{p}_1, \boldsymbol{p}_2\}$ に関する f_A の表現行列を求めよ．

$$\boldsymbol{p}_1 = \begin{pmatrix} -1 \\ 1 \end{pmatrix}, \quad \boldsymbol{p}_2 = \begin{pmatrix} 1 \\ 1 \end{pmatrix}$$

解 標準基底 $\{\boldsymbol{e}_1, \boldsymbol{e}_2\}$ に関する f_A の表現行列は A である．$P = (\boldsymbol{p}_1 \ \boldsymbol{p}_2)$ とおくと

$$P = \begin{pmatrix} -1 & 1 \\ 1 & 1 \end{pmatrix}, \quad P^{-1} = \frac{1}{2}\begin{pmatrix} -1 & 1 \\ 1 & 1 \end{pmatrix}$$

であるから，基底 $\{\boldsymbol{p}_1, \boldsymbol{p}_2\}$ に関する f_A の表現行列は

$$P^{-1}AP = \begin{pmatrix} 1 & 0 \\ 0 & 3 \end{pmatrix}.$$

□

相似な行列 n 次行列 A, B に対し $B = P^{-1}AP$ を満たす n 次正則行列 P が存在するとき，A と B は**相似** (similar) であるといい，$A \sim B$ と書く．このとき $Q = P^{-1}$ とおけば $A = Q^{-1}BQ$ であるから，$B \sim A$ でもある．

定理 5.7.2 $A \sim B$ であるとき次の等式が成り立つ．

$$\operatorname{rank} A = \operatorname{rank} B, \quad \det A = \det B, \quad \operatorname{tr} A = \operatorname{tr} B$$

証明 $B = P^{-1}AP$ とおく．$\operatorname{rank} A = \operatorname{rank} B$ であることは定理 5.5.3 による．他の二式については，一般に n 次行列 X, Y に対して $\operatorname{tr}(XY) = \operatorname{tr}(YX)$ が成り立つ（演習問題 **1**）ことに注意して，次の二式から得られる．

$$|B| = |P^{-1}AP| = |P^{-1}|\,|A|\,|P| = |P|^{-1}\,|A|\,|P| = |A|$$

$$\operatorname{tr} B = \operatorname{tr}(P^{-1}AP) = \operatorname{tr}(APP^{-1}) = \operatorname{tr} A \qquad \square$$

演習問題 5.7

1. n 次行列 X, Y に対して，$\operatorname{tr}(XY) = \operatorname{tr}(YX)$ が成り立つことを示せ．

2. $f : \boldsymbol{R}^3 \to \boldsymbol{R}^3$ は次で定まる線形変換とする．

$$f(\boldsymbol{e}_1) = -\boldsymbol{e}_1 + \boldsymbol{e}_2 - \boldsymbol{e}_3$$
$$f(\boldsymbol{e}_2) = \boldsymbol{e}_1 + \boldsymbol{e}_2$$
$$f(\boldsymbol{e}_3) = \boldsymbol{e}_1 + 2\boldsymbol{e}_3$$

(1) 基底 $\{\boldsymbol{e}_1, \boldsymbol{e}_2, \boldsymbol{e}_3\}$ に関する f の表現行列 A を求めよ．

(2) 次の基底 $\{\boldsymbol{u}_i\}$ について，基底の変換 $\{\boldsymbol{e}_i\} \to \{\boldsymbol{u}_i\}$ の行列 P と，基底 $\{\boldsymbol{u}_i\}$ に関する f の表現行列を求めよ．

$$\boldsymbol{u}_1 = 2\boldsymbol{e}_1 + \boldsymbol{e}_3, \quad \boldsymbol{u}_2 = -\boldsymbol{e}_1 + 2\boldsymbol{e}_2 + \boldsymbol{e}_3,$$
$$\boldsymbol{u}_3 = 3\boldsymbol{e}_2 + \boldsymbol{e}_3$$

3.　任意の多項式 $p(x) \in \boldsymbol{R}[x]_3$ をその導関数 $\dfrac{d}{dx}p(x) \in \boldsymbol{R}[x]_3$ に対応させる線形変換を $f : \boldsymbol{R}[x]_3 \to \boldsymbol{R}[x]_3$ とおく．

(1)　$\boldsymbol{R}[x]_3$ の基底 $\{1, x, x^2, x^3\}$ に関する f の表現行列 A を求めよ．

(2)　次の基底 $\{\boldsymbol{u}_i\}$ について，基底の変換 $\{x^{i-1}\} \to \{\boldsymbol{u}_i\}$ の行列 P と，基底 $\{\boldsymbol{u}_i\}$ に関する f の表現行列を求めよ．

$$\boldsymbol{u}_1 = 1 + x^2, \qquad \boldsymbol{u}_2 = x,$$
$$\boldsymbol{u}_3 = x^2, \qquad \boldsymbol{u}_4 = x + x^3$$

4.　A は n 次行列で $A^{n-1} \neq O$，$A^n = O$ であるとし，ベクトル $\boldsymbol{u} \in \boldsymbol{R}^n$ は $A^{n-1}\boldsymbol{u} \neq \boldsymbol{0}$ を満たすとする．このとき

$$\{A^{n-1}\boldsymbol{u},\ \ldots,\ A\boldsymbol{u},\ \boldsymbol{u}\}$$

は $\boldsymbol{R}^n$ の基底であることを示し，これに関する f_A の表現行列を求めよ．

5.　線形写像 $f : \boldsymbol{R}^3 \to \boldsymbol{R}^2$ が $f(\boldsymbol{x}) = \begin{pmatrix} 1 & -2 & 1 \\ 2 & 1 & 3 \end{pmatrix}\boldsymbol{x}$ で与えられているとき，次の $\boldsymbol{R}^3$ の基底 $\{\boldsymbol{u}_i\}$ と $\boldsymbol{R}^2$ の基底 $\{\boldsymbol{v}_j\}$ に関する f の表現行列を求めよ．

$$\boldsymbol{u}_1 = \begin{pmatrix} 1 \\ 0 \\ 0 \end{pmatrix},\ \boldsymbol{u}_2 = \begin{pmatrix} 2 \\ -1 \\ 0 \end{pmatrix},\ \boldsymbol{u}_3 = \begin{pmatrix} 1 \\ -1 \\ 1 \end{pmatrix};\quad \boldsymbol{v}_1 = \begin{pmatrix} 1 \\ 1 \end{pmatrix},\ \boldsymbol{v}_2 = \begin{pmatrix} 1 \\ 2 \end{pmatrix}$$

6.　U, V をそれぞれ n 次元，m 次元のベクトル空間とし，$f : U \to V$ を線形写像とする．U の基底 $\{\boldsymbol{u}_i\}$ と V の基底 $\{\boldsymbol{v}_j\}$ に関する f の表現行列を A とし，U の基底 $\{\boldsymbol{u}'_i\}$ と V の基底 $\{\boldsymbol{v}'_j\}$ に関する f の表現行列を B とすれば，

$$B = Q^{-1}AP$$

が成り立つことを証明せよ．ただし P と Q はそれぞれ U，V における基底の変換行列である：

$$(\boldsymbol{u}'_1,\ \ldots,\ \boldsymbol{u}'_n) = (\boldsymbol{u}_1,\ \ldots,\ \boldsymbol{u}_n)P$$
$$(\boldsymbol{v}'_1,\ \ldots,\ \boldsymbol{v}'_m) = (\boldsymbol{v}_1,\ \ldots,\ \boldsymbol{v}_m)Q.$$

6章 固有値と行列の標準化

正方行列の固有値は相似な行列に依存せず，行列が定める線形写像の固有の値である．本章では初めに線形写像と行列の固有値・固有ベクトルについて学び，正方行列が対角行列に相似である条件を調べる（対角化）．次に内積に関する正規直交系について学び，対角化と正規直交系の応用として 2 次形式について簡単に学ぶ．

6.1 固有値

固有値と固有ベクトル　f をベクトル空間 V の線形変換とする．スカラー λ とベクトル $\boldsymbol{v} \neq \boldsymbol{0}$ に対して，

$$f(\boldsymbol{v}) = \lambda \boldsymbol{v}$$

が成り立つとき，λ を f の**固有値**（eigenvalue）といい，$\boldsymbol{v}$ を λ に属する f の**固有ベクトル**（eigenvector）という．

例 1　$V = \boldsymbol{R}^2$ とし，f を行列 $A = \begin{pmatrix} 2 & 1 \\ 1 & 2 \end{pmatrix}$ で定まる線形変換 f_A とする．$\boldsymbol{v}_1 = \begin{pmatrix} 1 \\ -1 \end{pmatrix}$，$\boldsymbol{v}_2 = \begin{pmatrix} 1 \\ 1 \end{pmatrix}$ とおけば次の等式が成り立つので，1 と 3 は f_A の固有値で $\boldsymbol{v}_1$ と $\boldsymbol{v}_2$ はそれぞれ $1, 3$ に属する固有ベクトルである．

$$f_A(\boldsymbol{v}_1) = A\boldsymbol{v}_1 = \boldsymbol{v}_1, \quad f_A(\boldsymbol{v}_2) = A\boldsymbol{v}_2 = 3\boldsymbol{v}_2$$

固有空間　f をベクトル空間 V の線形変換とし，λ をその固有値とする．このとき

$$W(f, \lambda) = \{\boldsymbol{v} \in V \mid f(\boldsymbol{v}) = \lambda \boldsymbol{v}\}$$

は f の線形性により V の部分空間となる．$W(f, \lambda)$ を固有値 λ に対する f の**固有空間**という．固有空間の元で $\boldsymbol{0}$ と異なるものが固有ベクトルである．線

形変換 $\lambda 1_V - f$（1_V は V の恒等変換）を用いて次の等式が成り立つ（線形写像の和・差については 93 頁参照）.

$$W(f, \lambda) = \mathrm{Ker}\,(\lambda 1_V - f)$$

n 次行列 A の定める線形変換 $f_A : \boldsymbol{R}^n \to \boldsymbol{R}^n$ に対しては，$f_A(\boldsymbol{x}) = A\boldsymbol{x}$ であるから，f_A の固有値 λ と固有ベクトル $\boldsymbol{x} \neq \boldsymbol{0}$ に対して次の式が成り立つ.

$$A\boldsymbol{x} = \lambda\boldsymbol{x} \tag{6.1}$$

上式 (6.1) を満たすスカラー $\lambda \in \boldsymbol{R}$ と $\boldsymbol{x}\ (\neq \boldsymbol{0}) \in \boldsymbol{R}^n$ を行列 A の**固有値**，**固有ベクトル**という．さらに固有空間 $W(f_A, \lambda)$ は同次方程式

$$(\lambda E - A)\boldsymbol{x} = \boldsymbol{0} \tag{6.2}$$

の解空間と一致し，これを単に $W(A, \lambda)$ と書いて A の**固有空間**とよぶ.

同次方程式 (6.2) が $\boldsymbol{0}$ と異なる解（固有ベクトル）をもつことは

$$\det(\lambda E - A) = 0$$

が成り立つことと同値である（定理 3.4.4）.

固有多項式　$A = (a_{ij})$ によって定まる次の行列式は x に関する n 次の多項式になる.

$$\det(xE_n - A) = \begin{vmatrix} x - a_{11} & -a_{12} & \cdots & -a_{1n} \\ -a_{21} & x - a_{22} & \cdots & -a_{2n} \\ \vdots & \vdots & \ddots & \vdots \\ -a_{n1} & -a_{n2} & \cdots & x - a_{nn} \end{vmatrix}$$

（行列式の定義において単位置換 ε によって定まる項 $(x - a_{11}) \cdots (x - a_{nn})$ は n 次の多項式で，それ以外の項は $n-2$ 次以下の多項式である.）これを A の**固有多項式**または**特性多項式**（characteristic polynomial）といい，本書では $g_A(x)$ で表す．方程式 $g_A(x) = 0$ を**固有方程式**または**特性方程式**（characteristic equation）という．$\lambda \in \boldsymbol{R}$ が A の固有値であることはそれが $g_A(x) = 0$ の実数解であるということである.

例題 6.1.1　$A = \begin{pmatrix} 2 & 1 \\ 1 & 2 \end{pmatrix}$ の固有値 λ と固有空間 $W(A,\lambda)$ を求めよ.

解　A の固有多項式は次式の通りであるから A の固有値は $\lambda = 1, 3$.

$$\begin{vmatrix} x-2 & -1 \\ -1 & x-2 \end{vmatrix} = (x-1)(x-3)$$

固有空間 $W(A, \lambda)$ を求めるには同次方程式 $(\lambda E - A)\boldsymbol{x} = \boldsymbol{0}$ を解けばよい.

(1) $\lambda = 1$ とする．係数行列 $E - A = \begin{pmatrix} -1 & -1 \\ -1 & -1 \end{pmatrix}$ の簡約化は $B = \begin{pmatrix} 1 & 1 \\ 0 & 0 \end{pmatrix}$ であるから，$B\boldsymbol{x} = \boldsymbol{0}$ の解を求めて $W(A, 1) = \left\{ c \begin{pmatrix} -1 \\ 1 \end{pmatrix} \middle| c \in \boldsymbol{R} \right\}$ を得る.

(2) $\lambda = 3$ とする．係数行列 $3E - A = \begin{pmatrix} 1 & -1 \\ -1 & 1 \end{pmatrix}$ の簡約化は $B = \begin{pmatrix} 1 & -1 \\ 0 & 0 \end{pmatrix}$ であるから，$B\boldsymbol{x} = \boldsymbol{0}$ の解を求めて $W(A, 3) = \left\{ c \begin{pmatrix} 1 \\ 1 \end{pmatrix} \middle| c \in \boldsymbol{R} \right\}$ を得る. □

A の固有値 λ を求めるには n 次方程式 $g_A(x) = 0$ を解かなければならないが，A が**実行列**（すべての成分が実数である行列）であっても $g_A(x) = 0$ が実数解をもつとは限らない．一方，複素数の範囲では任意の n 次多項式は（重複も込めて）n 個の（複素数）根をもつことが知られている[1]（付録 A.4 節参照)．したがって固有値を考える場合は，(6.1) を満たす λ（固有値）として複素数を考える方が自然であり，このとき n 次行列 A の固有値は常に（重複も込めて）n 個存在することになる．この場合固有ベクトル $\boldsymbol{x}$ は一般に $\boldsymbol{x} \in \boldsymbol{C}^n$ であるから，線形変換 f_A は $\boldsymbol{C}^n$ におけるもの $f_A : \boldsymbol{C}^n \to \boldsymbol{C}^n$ を考える.

以下では特に断らない限り固有値は $\boldsymbol{C}$ で考え，行列によって定まる線形変換は複素ベクトル空間 $\boldsymbol{C}^n$ におけるものとする.

定理 6.1.1　n 次行列 A に対し $\lambda \in \boldsymbol{C}$ が A の固有値であるためには，λ が $g_A(\lambda) = 0$ を満たすことが必要十分である.

例 2　$A = \begin{pmatrix} 0 & -1 \\ 1 & 0 \end{pmatrix}$ とする．A の固有多項式 $g_A(x)$ と固有値 λ は

$$g_A(x) = x^2 + 1 = (x - \sqrt{-1})(x + \sqrt{-1}), \qquad \lambda = \pm\sqrt{-1}.$$

$\sqrt{-1}$ に属する固有ベクトル $\boldsymbol{x} \in \boldsymbol{C}^2$ は $\boldsymbol{x} \notin \boldsymbol{R}^2$ であることを確かめてみよ.

[1] 実係数または複素係数の $n\,(>0)$ 次多項式 $f(x)$ は n 個の一次式の積に因数分解される: $f(x) = a\,(x - \lambda_1) \cdots (x - \lambda_n)$ $(a, \lambda_i \in \boldsymbol{C})$．各因数の定数項 λ_i を $f(x)$ の**根**（root）とよぶ.

定理 6.1.2　正方行列 A, B が相似であればそれらの固有多項式は等しい．

$$g_A(x) = g_B(x)$$

特に A と B の固有値は重複も込めて一致する．

証明　P を正則行列とし $B = P^{-1}AP$ とおくと

$$\begin{aligned}|xE - P^{-1}AP| &= |P^{-1}(xE - A)P| = |P^{-1}|\,|xE - A|\,|P| \\ &= |P|^{-1}\,|P|\,|xE - A| = |xE - A|.\end{aligned}$$

□

ベクトル空間 V における線形変換 f を考える．V の一つの基底を任意に選びそれに関する f の表現行列を A とおくとき，f と A それぞれに固有値と固有空間が定義されるがそれらの間の関係については次の定理が成り立つ．

定理 6.1.3　f をベクトル空間 V の線形変換とし，V の基底 $\{\boldsymbol{v}_i\}$ に関する f の表現行列を A とする．このとき

(1) f の固有値と A の固有値は一致する．

(2) f または A の固有値 λ に対して次の二つの性質は同値である．

(i)　$\boldsymbol{v} = c_1\boldsymbol{v}_1 + \cdots + c_n\boldsymbol{v}_n \in W(f, \lambda)$

(ii)　$\boldsymbol{c} = {}^t\!\left(c_1 \ \cdots \ c_n\right) \in W(A, \lambda)$

証明　初めに次のことを注意しておく：任意のベクトル $\boldsymbol{v} \in V$ を $\boldsymbol{v} = c_1\boldsymbol{v}_1 + \cdots + c_n\boldsymbol{v}_n$ と表し $\boldsymbol{c} = {}^t(c_1 \ \cdots \ c_n)$ とおくと，次式が成り立つ．

$$\begin{aligned}f(\boldsymbol{v}) &= f(c_1\boldsymbol{v}_1 + \cdots + c_n\boldsymbol{v}_n) = \big(f(\boldsymbol{v}_1), \ldots, f(\boldsymbol{v}_n)\big)\boldsymbol{c} \\ &= \Big(\big(\boldsymbol{v}_1, \ldots, \boldsymbol{v}_n\big)A\Big)\boldsymbol{c} = \big(\boldsymbol{v}_1, \ldots, \boldsymbol{v}_n\big)(A\boldsymbol{c}) \qquad (6.3)\end{aligned}$$

(1) と (2) を同時に示す．λ を f の固有値とする．$\boldsymbol{0} \neq \boldsymbol{v} \in W(f, \lambda)$ に対して $f(\boldsymbol{v}) = \lambda\boldsymbol{v}$．ここで $\boldsymbol{v} = c_1\boldsymbol{v}_1 + \cdots + c_n\boldsymbol{v}_n$ と表し $\boldsymbol{c} = {}^t\!\left(c_1 \ \cdots \ c_n\right)$ とおく

と，$\boldsymbol{v} \neq \boldsymbol{0}$ により $\boldsymbol{c} \neq \boldsymbol{0}$ である．さらに

$$\begin{aligned} f(\boldsymbol{v}) &= \lambda \boldsymbol{v} = \lambda\bigl(c_1\boldsymbol{v}_1 + \cdots + c_n\boldsymbol{v}_n\bigr) \\ &= \bigl(\boldsymbol{v}_1, \ldots, \boldsymbol{v}_n\bigr)(\lambda\boldsymbol{c}). \end{aligned} \tag{6.4}$$

$\{\boldsymbol{v}_1, \ldots, \boldsymbol{v}_n\}$ が1次独立であることを用いて，式 (6.3) (6.4) により $A\boldsymbol{c} = \lambda\boldsymbol{c}$ を得る．ここで $\boldsymbol{c} \neq \boldsymbol{0}$ であるから λ は A の固有値で $\boldsymbol{c} \in W(A, \lambda)$ となる．

逆に $\lambda \in \boldsymbol{C}$ を A の固有値で $\boldsymbol{0} \neq \boldsymbol{c} \in W(A, \lambda)$ とする．このとき，

$$\boldsymbol{c} = {}^t\bigl(c_1 \ \cdots \ c_n\bigr), \quad \boldsymbol{v} = c_1\boldsymbol{v}_1 + \cdots + c_n\boldsymbol{v}_n$$

とおくと $\boldsymbol{c} \neq \boldsymbol{0}$ であるから $\boldsymbol{v} \neq \boldsymbol{0}$. また $A\boldsymbol{c} = \lambda\boldsymbol{c}$ であるから式 (6.3) により

$$f(\boldsymbol{v}) = \lambda\bigl((\boldsymbol{v}_1, \ldots, \boldsymbol{v}_n)\boldsymbol{c}\bigr) = \lambda\boldsymbol{v}.$$

したがって，λ は f の固有値で $\boldsymbol{v} \in W(f, \lambda)$ である． □

ケーリー・ハミルトンの定理　A を n 次行列とする．x を変数とする多項式

$$f(x) = a_0x^m + a_1x^{m-1} + \cdots + a_{m-1}x + a_m$$

に対して，行列 $f(A)$ を次の式で定める．

$$f(A) = a_0A^m + a_1A^{m-1} + \cdots + a_{m-1}A + a_mE_n$$

次の定理は**ケーリー・ハミルトン**（Cayley-Hamilton）**の定理**とよばれ，応用上も有用である (証明は付録 A.2.3 参照．また類似のフロベニウス（Frobenius）の定理についても付録を参照).

定理 6.1.4　正方行列 A の固有多項式を $g_A(x)$ とすれば

$$g_A(A) = O.$$

例 3　$A = \begin{pmatrix} a & b \\ c & d \end{pmatrix}$ とする．$g_A(x) = x^2 - (a+d)x + (ad - bc)$ であるから

$$A^2 - (a+d)A + (ad-bc)E_2 = O.$$

例題 6.1.2　$A = \begin{pmatrix} 3 & -2 \\ 2 & -1 \end{pmatrix}$ のとき，A^5 と A^{-1} を求めよ．

解　$g_A(x) = x^2 - 2x + 1$ であるから

$$g_A(A) = A^2 - 2A + E = O.$$

$x^5 = (x^2 - 2x + 1)(x^3 + 2x^2 + 3x + 4) + 5x - 4$ を利用して，$g_A(A) = O$ により

$$\begin{aligned} A^5 &= (A^2 - 2A + E)(A^3 + 2A^2 + 3A + 4E) + 5A - 4E \\ &= 5A - 4E = \begin{pmatrix} 11 & -10 \\ 10 & -9 \end{pmatrix}. \end{aligned}$$

また $E = 2A - A^2 = A(2E - A)$ を用いて $A^{-1} = 2E - A = \begin{pmatrix} -1 & 2 \\ -2 & 3 \end{pmatrix}$.　□

演習問題 6.1

1.　n 次行列 A の固有多項式を $g_A(x) = x^n + a_1 x^{n-1} + \cdots + a_{n-1}x + a_n$ とおく．次のことを示せ．

(1)　$a_1 = -\operatorname{tr} A$，$a_n = (-1)^n \det A$ である．

(2)　A が固有値 0 をもつことと $\det A = 0$ であることは同値である．

(3)　A の固有値を λ_1，…，λ_n とおけば，次が成り立つ．

$$\operatorname{tr} A = \lambda_1 + \cdots + \lambda_n, \qquad \det A = \lambda_1 \cdots \lambda_n$$

2.　次の各行列について，その固有多項式，相異なる固有値，固有空間の次元を求めよ．

(1)　$\begin{pmatrix} 5 & -1 \\ -2 & 4 \end{pmatrix}$　　(2)　$\begin{pmatrix} 1 & -1 & 1 \\ -1 & 1 & 1 \\ 1 & 1 & 1 \end{pmatrix}$　　(3)　$\begin{pmatrix} 1 & -2 & 2 \\ -2 & 0 & 3 \\ -2 & -2 & 5 \end{pmatrix}$

3.　次の対応によって定まる線形写像 $f : \boldsymbol{R}^2 \to \boldsymbol{R}^2$ の固有値と固有空間の基底を一つを求めよ．

$$f(\boldsymbol{e}_1) = -3\boldsymbol{e}_1 + 2\boldsymbol{e}_2$$
$$f(\boldsymbol{e}_2) = -2\boldsymbol{e}_1 + 2\boldsymbol{e}_2$$

4.　2次行列 $A = \begin{pmatrix} 7 & 8 \\ -5 & -6 \end{pmatrix}$ に対して，A^5 と A^{-1} を求めよ．

6.2 行列の対角化

与えられた行列に相似な対角行列を求める問題を考えるには，行列の固有値を求めることが必要になるため，複素ベクトル空間 $\boldsymbol{C}^n$ を考える（6.1 節参照）．この節では行列は**複素行列**（成分が複素数である行列）を考える．行列や連立1次方程式，ベクトル空間などについてこれまでに述べたことは複素数に対してもそのまま成立する（実際には，n 次固有多項式が（重複も込めて）n 個の根（固有値）（$\in \boldsymbol{C}$）を持つということを利用するために $\boldsymbol{C}$ 上で考えるのであって，この節では特に複素数を扱っていることを意識する必要はない）．

行列の対角化　n 次行列 A に対し，n 次正則行列 P が存在して $P^{-1}AP$ が対角行列となるとき，A は**対角化可能**（diagonalizable）であるといい，P を A の**対角化行列**という．

$$P^{-1}AP = \begin{pmatrix} \lambda_1 & 0 & \cdots & 0 \\ 0 & \lambda_2 & \ddots & \vdots \\ \vdots & \ddots & \ddots & 0 \\ 0 & \cdots & 0 & \lambda_n \end{pmatrix} \tag{6.5}$$

正方行列が対角化可能であるための条件について調べていこう．

定理 6.2.1　n 次行列 A が対角化可能であるための必要十分条件は，n 個の1次独立な固有ベクトル $\boldsymbol{p}_1, \ldots, \boldsymbol{p}_n$ が存在することである．
このとき $P = \begin{pmatrix} \boldsymbol{p}_1 & \cdots & \boldsymbol{p}_n \end{pmatrix}$ とおけば，

$$P^{-1}AP = \begin{pmatrix} \lambda_1 & 0 & \cdots & 0 \\ 0 & \lambda_2 & \ddots & \vdots \\ \vdots & \ddots & \ddots & 0 \\ 0 & \cdots & 0 & \lambda_n \end{pmatrix}$$

と対角化され，各 λ_i は A の固有値で $\boldsymbol{p}_i$ は λ_i に属する固有ベクトルである．

注 1　対角化行列 P は一通りには定まらない．また λ_i と $\boldsymbol{p}_i$ の位置の対応にも注意．

証明　一般に n 個の数 $\lambda, \ldots, \lambda_n \in \boldsymbol{C}$ と n 個のベクトル $\boldsymbol{p}_1, \ldots, \boldsymbol{p}_n \in \boldsymbol{C}^n$ $(\boldsymbol{p}_i \neq \boldsymbol{0})$ を考え $P = \begin{pmatrix}\boldsymbol{p}_1 & \ldots & \boldsymbol{p}_n\end{pmatrix}$ とおく．各 λ_i が A の固有値でかつ各 $\boldsymbol{p}_i$ が λ_i に属する固有ベクトルであること，すなわち

$$A\boldsymbol{p}_i = \lambda_i \boldsymbol{p}_i \quad (1 \leqq i \leqq n)$$

であることは次の等式が成り立つことに他ならない．

$$AP = P\begin{pmatrix}\lambda_1 & 0 & \cdots & 0 \\ 0 & \lambda_2 & \ddots & \vdots \\ \vdots & \ddots & \ddots & 0 \\ 0 & \cdots & 0 & \lambda_n\end{pmatrix} \tag{6.6}$$

このとき P が正則であれば (6.5) と (6.6) は同値である．また P が正則であるためには n 個の列ベクトル $\boldsymbol{p}_1, \ldots, \boldsymbol{p}_n$ が1次独立であることが必要十分である（定理 5.5.2）．以上のことから直ちに定理 6.2.1 を得る．　□

例 1　$A = \begin{pmatrix}2 & 1 \\ 1 & 2\end{pmatrix}$ の固有値は 1, 3 で，$\boldsymbol{p}_1 = \begin{pmatrix}-1 \\ 1\end{pmatrix}$，$\boldsymbol{p}_2 = \begin{pmatrix}1 \\ 1\end{pmatrix}$ はそれぞれ 1, 3 に属する固有ベクトルである（例題 6.1.1）．$\boldsymbol{p}_1, \boldsymbol{p}_2$ は1次独立であるから A は対角化可能である．このとき

$$P = \begin{pmatrix}\boldsymbol{p}_1 & \boldsymbol{p}_2\end{pmatrix} = \begin{pmatrix}-1 & 1 \\ 1 & 1\end{pmatrix}, \qquad P^{-1}AP = \begin{pmatrix}1 & 0 \\ 0 & 3\end{pmatrix}.$$

定理 6.2.2　$\lambda_1, \ldots, \lambda_r$ を n 次行列 A の相異なる固有値とする．

(1)　λ_i に属する固有ベクトル $\boldsymbol{u}_i$ を任意にとると，$\boldsymbol{u}_1, \ldots, \boldsymbol{u}_r$ は1次独立である．

(2)　$$\dim W(A, \lambda_1) + \cdots + \dim W(A, \lambda_r) \leqq n$$

証明　(1)　r に関する帰納法で証明する．$r = 1$ のときは明らかである．

$r > 1$ とし，$\boldsymbol{u}_1, \ldots, \boldsymbol{u}_{r-1}$ が1次独立であると仮定する．$\boldsymbol{u}_1, \ldots, \boldsymbol{u}_r$ が1次独立であることを示すために，

$$c_1\boldsymbol{u}_1 + \cdots + c_r\boldsymbol{u}_r = \boldsymbol{0} \tag{6.7}$$

であれば，$c_1 = 0$，…，$c_r = 0$ となることを示す．

(6.7) の式に対して，両辺を λ_r 倍すると

$$c_1 \lambda_r \boldsymbol{u}_1 + \cdots + c_r \lambda_r \boldsymbol{u}_r = \boldsymbol{0} \tag{6.8}$$

となり，また左から A を掛けると，$A\boldsymbol{u}_i = \lambda_i \boldsymbol{u}_i$ を用いて

$$c_1 \lambda_1 \boldsymbol{u}_1 + \cdots + c_r \lambda_r \boldsymbol{u}_r = \boldsymbol{0} \tag{6.9}$$

が得られる．よって (6.8) の式から (6.9) の式を引くと

$$c_1(\lambda_r - \lambda_1)\boldsymbol{u}_1 + \cdots + c_{r-1}(\lambda_r - \lambda_{r-1})\boldsymbol{u}_{r-1} = 0$$

となり，帰納法の仮定により $c_i(\lambda_r - \lambda_i) = 0$ $(1 \leqq i \leqq r-1)$．よって，仮定により $\lambda_r - \lambda_i \neq 0$ なので，$c_i = 0$ $(1 \leqq i \leqq r-1)$．さらにこのとき (6.7) は $c_r \boldsymbol{u}_r = \boldsymbol{0}$ となり，$\boldsymbol{u}_r \neq \boldsymbol{0}$ に注意して $c_r = 0$ が得られる．

(2) $\dim W(A, \lambda_i) = d_i$ とし $\{\boldsymbol{w}_{i1}, \ldots, \boldsymbol{w}_{id_i}\}$ を $W(A, \lambda_i)$ の基底とするとき，これら全体

$$\{\boldsymbol{w}_{ij} \mid 1 \leqq i \leqq r,\ 1 \leqq j \leqq d_i\}$$

は 1 次独立であることを示せばよい．なぜなら，このとき $\dim \boldsymbol{C}^n = n$ により $\sum_{i=1}^{r} d_i \leqq n$ が得られる．

そこで

$$\sum_{j=1}^{d_1} c_{1j} \boldsymbol{w}_{1j} + \cdots + \sum_{j=1}^{d_r} c_{rj} \boldsymbol{w}_{rj} = \boldsymbol{0}$$

とおいて，各 c_{ij} が 0 であることを示す．

$$\boldsymbol{w}_i = \sum_{j=1}^{d_i} c_{ij} \boldsymbol{w}_{ij}$$

とおくと，上の式は

$$\boldsymbol{w}_1 + \cdots + \boldsymbol{w}_r = \boldsymbol{0}. \tag{6.10}$$

ここで，各 i に対して $\boldsymbol{w}_i \in W(A, \lambda_i)$ であるから，$\boldsymbol{w}_1$，…，$\boldsymbol{w}_r$ のうち $\boldsymbol{0}$ と異なるものがあれば (1) の結論に反する．したがって (6.10) が成り立つためには $\boldsymbol{w}_i = \boldsymbol{0}$ $(1 \leqq i \leqq r)$ でなければならない．このとき

$$c_{i1} \boldsymbol{w}_{i1} + \cdots + c_{id_i} \boldsymbol{w}_{id_i} = \boldsymbol{0}$$

となり，さらに $\boldsymbol{w}_{i1}$, …, $\boldsymbol{w}_{id_i}$ が1次独立であることから，

$$c_{i1}=0,\ \ldots,\ c_{id_i}=0. \qquad \square$$

対角化可能であるための，さらに詳しい判定条件が次のように得られる．

定理 6.2.3 n 次行列 A の相異なるすべての固有値を $\lambda_1, \cdots, \lambda_r$ とする．このとき A が対角化可能であるためには

$$\sum_{i=1}^{r} \dim W(A, \lambda_i) = n$$

であることが必要十分条件である．
特に A の n 個の固有値がすべて異なれば A は対角化可能である．

証明 正則行列 $P=\begin{pmatrix}\boldsymbol{p}_1 & \ldots & \boldsymbol{p}_n\end{pmatrix}$ によって $P^{-1}AP$ が対角行列になるとする．$\boldsymbol{p}_1, \ldots, \boldsymbol{p}_n$ は1次独立であるから，これらのうち固有値 λ_i に属するものの個数を k_i とおくと $k_i \leqq \dim W(A, \lambda_i)$ が成り立つ．また明らかに $n=\sum_{i=1}^{r} k_i$ である．したがって定理 6.2.2 により $n=\sum_{i=1}^{r} k_i \leqq \sum_{i=1}^{r} \dim W(A,\lambda_i) \leqq n$ となり，$\sum_{i=1}^{r} \dim W(A,\lambda_i)=n$ を得る．

逆に定理 6.2.2 の証明 (2) により，各 $W(A,\lambda_i)$ から基底をとるとそれら全体は1次独立である．したがって $\sum_{i=1}^{r} \dim W(A,\lambda_i)=n$ であれば1次独立を成す n 個の固有ベクトルが存在することになり，定理 6.2.1 により A は対角化可能である． $\square$

注 2 n 次行列 A の固有多項式を $g_A(x)=(x-\lambda_1)^{m_1}\cdots(x-\lambda_r)^{m_r}$ $(m_i>0)$ とおく．このとき，定理 6.2.3 の証明からわかるように，A が対角化可能であるためには，すべての i について $\dim W(A,\lambda_i)=m_i$ であることが必要十分である（$k_i=m_i$ であることに注意）．なお，一般に，任意の A に対して，すべての i について $\dim W(A,\lambda_i) \leqq m_i$ が成り立つことが知られている．

n 次行列 A が“実行列”で固有値 λ_1, …, λ_n が“すべて実数”である場合，同次方程式

$$(\lambda_i E - A)\boldsymbol{x} = \boldsymbol{0}$$

の解空間 $W(A,\lambda_i)$ の基本解系として実ベクトルから成るものがとれる（解を求める掃き出し方は実数のみを用いて実行できる）．したがって，この場合対

角化行列 P として実行列をとれる．このように，固有値がすべて実数であるような実行列の対角化可能性について考える場合，解空間 $W(A,\lambda_i)$ としては $\boldsymbol{R}^n$ のベクトルだけからなるもの（$\boldsymbol{R}^n$ の部分空間）を考えれば十分である．

以下の例題は，解空間を $\boldsymbol{R}^n$ で考えてよい場合である．

例題 6.2.1 $A = \begin{pmatrix} 1 & 2 & 1 \\ -1 & 4 & 1 \\ 2 & -4 & 0 \end{pmatrix}$ とする．対角化行列 P を求めて A を対角化せよ．

解 (1) A の固有多項式は

$$\begin{vmatrix} x-1 & -2 & -1 \\ 1 & x-4 & -1 \\ -2 & 4 & x \end{vmatrix} = x^3 - 5x^2 + 8x - 4 = (x-1)(x-2)^2$$

であるから A の異なる固有値は $\lambda = 1, 2$ である．

(2) $\lambda = 1$ に対する固有空間は，同次方程式 $\begin{pmatrix} 0 & -2 & -1 \\ 1 & -3 & -1 \\ -2 & 4 & 1 \end{pmatrix} \boldsymbol{x} = \boldsymbol{0}$ を解いて

$$W(A,1) = \left\{ c \begin{pmatrix} -1/2 \\ -1/2 \\ 1 \end{pmatrix} \;\middle|\; c \in \boldsymbol{R} \right\}.$$

(3) $\lambda = 2$ に対する固有空間は，同次方程式 $\begin{pmatrix} 1 & -2 & -1 \\ 1 & -2 & -1 \\ -2 & 4 & 2 \end{pmatrix} \boldsymbol{x} = \boldsymbol{0}$ を解いて，

$$W(A,2) = \left\{ c_1 \begin{pmatrix} 2 \\ 1 \\ 0 \end{pmatrix} + c_2 \begin{pmatrix} 1 \\ 0 \\ 1 \end{pmatrix} \;\middle|\; c_1,\, c_2 \in \boldsymbol{R} \right\}.$$

$W(A,1)$ と $W(A,2)$ に属する 3 個の固有ベクトル

$$\boldsymbol{p}_1 = \begin{pmatrix} -1/2 \\ -1/2 \\ 1 \end{pmatrix}, \quad \boldsymbol{p}_2 = \begin{pmatrix} 2 \\ 1 \\ 0 \end{pmatrix}, \quad \boldsymbol{p}_3 = \begin{pmatrix} 1 \\ 0 \\ 1 \end{pmatrix}$$

は 1 次独立であるから，定理 6.2.1 により A は対角化可能で，

$$P = \begin{pmatrix} \boldsymbol{p}_1 & \boldsymbol{p}_2 & \boldsymbol{p}_3 \end{pmatrix} = \begin{pmatrix} -1/2 & 2 & 1 \\ -1/2 & 1 & 0 \\ 1 & 0 & 1 \end{pmatrix}, \qquad P^{-1}AP = \begin{pmatrix} 1 & 0 & 0 \\ 0 & 2 & 0 \\ 0 & 0 & 2 \end{pmatrix}.$$

□

例題 6.2.2 行列 $A = \begin{pmatrix} 2 & -1 \\ 1 & 4 \end{pmatrix}$ は対角化可能ではないことを示せ．

解 A の固有多項式は

$$\begin{vmatrix} x-2 & 1 \\ -1 & x-4 \end{vmatrix} = (x-3)^2$$

であるから A の固有値は $\lambda = 3$（重根）のみである．$\lambda = 3$ に対する固有空間は，同次方程式 $\begin{pmatrix} 1 & 1 \\ -1 & -1 \end{pmatrix} \boldsymbol{x} = \boldsymbol{0}$ を解いて

$$W(A,3) = \left\{ c\begin{pmatrix} -1 \\ 1 \end{pmatrix} \middle| \, c \in \boldsymbol{R} \right\}.$$

したがって $\dim W(A,3) = 1 \neq 2$ となり，定理 6.2.3 により A は対角化できない．□

演習問題 6.2

1. 2次行列 $\begin{pmatrix} \cos\theta & -\sin\theta \\ \sin\theta & \cos\theta \end{pmatrix}$ $(\theta \in \boldsymbol{R})$ の固有値を求めよ．

2. 次の行列が対角化可能であることを利用して，その n 乗を求めよ．

(1) $\begin{pmatrix} 2 & 1 \\ 1 & 2 \end{pmatrix}$　　(2) $\begin{pmatrix} 3 & 3 \\ 2 & -2 \end{pmatrix}$

3. 次の行列は実数成分の対角行列には相似にならないが，複素数成分の対角行列に相似であることを示せ．またそのときの対角化行列を求めよ．

$$\begin{pmatrix} 0 & 1 \\ -1 & 0 \end{pmatrix}$$

4. 数列 $\{a_n\}$ を次の漸化式で定義する．

$$a_{n+2} = \frac{1}{2}(a_{n+1} + a_n), \quad a_1 = 0, \quad a_2 = 1$$

2次行列 A を用いて

$$\begin{pmatrix} a_{n+2} \\ a_{n+1} \end{pmatrix} = A \begin{pmatrix} a_{n+1} \\ a_n \end{pmatrix}$$

と表すとき，次の問いに答えよ．

(1) 2次行列 A を求めよ．
(2) A の固有値とそれに属する固有ベクトルを一つ求めよ．
(3) A^n を求め，$\displaystyle\lim_{n\to\infty} A^n$ と $\displaystyle\lim_{n\to\infty} a_n$ を求めよ．

6.3 内　積

複素数　本節でも複素ベクトル空間 $\boldsymbol{C}^n$ を考える．本節ではさらに複素数の共役を利用するので，複素数の基本的な性質について改めて復習しておこう．

i $(=\sqrt{-1})$ を虚数単位（すなわち $i^2=-1$ となる数）とする．複素数

$$z = x + iy \quad (x, y \in \boldsymbol{R})$$

に対して x を**実部**（real part），y を**虚部**（imaginary part）といい，$x = \mathrm{Re}\, z$，$y = \mathrm{Im}\, z$ と表す．実数でない複素数を**虚数**といい，特に $\mathrm{Re}\, z = 0$ である虚数を**純虚数**という．二つの複素数 z_1, z_2 が等しいとは，それらの実部と虚部が一致することである．

$$z_1 = z_2 \iff \mathrm{Re}\, z_1 = \mathrm{Re}\, z_2,\ \mathrm{Im}\, z_1 = \mathrm{Im}\, z_2$$

二つの複素数 $z_1 = x_1 + iy_1$, $z_2 = x_2 + iy_2$ に対して和と積が定義される．

$$z_1 + z_2 = (x_1 + x_2) + i(y_1 + y_2)$$
$$z_1 z_2 = (x_1 x_2 - y_1 y_2) + i(x_1 y_2 + x_2 y_1)$$

特に $y_1 = 0, y_2 = 0$ であれば

$$(x_1 + i0) + (x_2 + i0) = (x_1 + x_2) + i0$$
$$(x_1 + i0)(x_2 + i0) = x_1 x_2 + i0$$

であるから，対応 $\boldsymbol{R} \to \boldsymbol{C}; x \mapsto x + i0$ は実数の演算（和・積）を保存する．したがって，実数 x と複素数 $x + i0$ とを同一視しても差し支えない．その結果 $\boldsymbol{R} \subset \boldsymbol{C}$ と考えられる（演習問題 1.2 の **5** を参照）．

複素数 $z = x + iy$ を座標平面上の点 (x, y) に対応させれば，この対応は $\boldsymbol{C}$ と平面全体との間の 1 対 1 対応（全単射）となる．複素数を表すこの平面を**複素（数）平面**（complex (number) plane）または**ガウス平面**（Gaussian plane）とよぶ．点 (x, y) を複素数 $z = x + iy$ の表す**点**とよぶ．原点 O は 零 0 を表す．x 軸上の点は実数を表し，O と異なる y 軸上の点は純虚数を表す．このことから複素平面上の x 軸を**実軸**，y 軸を**虚軸**という．

複素数 $z = x + iy$ に対して，複素数

$$\overline{z} = x - iy$$

を z の共役複素数または共役 (conjugate) という．$\overline{z}$ は実軸に関して z と対称な位置にある複素数を表す．また実数

$$|z| = \sqrt{x^2 + y^2}$$

を z の**絶対値**という．絶対値は複素平面において原点と点 z との距離を表す．

次の定理は簡単な計算により確かめられる．

定理 6.3.1　複素数 z, z_1, z_2 について次が成り立つ．

(1)　z が実数 $\iff \overline{z} = z$

(2)　$\overline{\overline{z}} = z, \quad z\overline{z} = |z|^2, \quad \mathrm{Re}\, z = \dfrac{1}{2}(z + \overline{z}), \quad \mathrm{Im}\, z = \dfrac{1}{2i}(z - \overline{z})$

(3)　$\overline{z_1 \pm z_2} = \overline{z_1} \pm \overline{z_2}, \quad \overline{z_1 z_2} = \overline{z_1}\ \overline{z_2}, \quad \overline{\left(\dfrac{z_1}{z_2}\right)} = \dfrac{\overline{z_1}}{\overline{z_2}}$

複素行列　複素行列 $A = (a_{ij})$ に対して $\overline{A} = (\overline{a_{ij}})$ を A の**共役行列**という．$\boldsymbol{x} \in \boldsymbol{C}^n$ の ($n \times 1$ 行列としての) 共役を $\boldsymbol{x}$ の**共役ベクトル**という．複素行列 A, B と複素数 c について定理 6.3.1 により次が成り立つ．

$$(1)\ \overline{A \pm B} = \overline{A} \pm \overline{B}, \quad (2)\ \overline{AB} = \overline{A}\,\overline{B}, \quad (3)\ \overline{cA} = \overline{c}\overline{A}, \quad (4)\ \overline{\overline{A}} = A$$

実ベクトル空間における内積　$\boldsymbol{R}^2$ や $\boldsymbol{R}^3$ における内積はすでに定義した (4.2 節)．ここではより一般に $\boldsymbol{R}^n$ の任意の部分空間における内積を定義しよう．

$$\boldsymbol{x} = \begin{pmatrix} x_1 \\ \vdots \\ x_n \end{pmatrix}, \ \boldsymbol{y} = \begin{pmatrix} y_1 \\ \vdots \\ y_n \end{pmatrix} \in \boldsymbol{R}^n$$ に対して，スカラー (実数)

$$^t\boldsymbol{x}\,\boldsymbol{y} = x_1 y_1 + \cdots + x_n y_n \tag{6.11}$$

を $(\boldsymbol{x}, \boldsymbol{y})$ と表し，$\boldsymbol{x}$ と $\boldsymbol{y}$ の(標準)**内積**または**スカラー積**という．

V を $\boldsymbol{R}^n$ の部分空間とすると，内積は V の任意の二つの元 $\boldsymbol{x}, \boldsymbol{y}$ に実数 $(\boldsymbol{x}, \boldsymbol{y})$ を定める写像とみることができ，これは次の性質をもつ．

任意の $\boldsymbol{x}, \boldsymbol{y}, \boldsymbol{x}_1, \boldsymbol{x}_2, \boldsymbol{y}_1, \boldsymbol{y}_2 \in V, c \in \boldsymbol{R}$ に対して

(1) （双線形性）
$$(\boldsymbol{x}_1+\boldsymbol{x}_2,\boldsymbol{y})=(\boldsymbol{x}_1,\boldsymbol{y})+(\boldsymbol{x}_2,\boldsymbol{y})$$
$$(\boldsymbol{x},\boldsymbol{y}_1+\boldsymbol{y}_2)=(\boldsymbol{x},\boldsymbol{y}_1)+(\boldsymbol{x},\boldsymbol{y}_2)$$
$$(c\boldsymbol{x},\boldsymbol{y})=c(\boldsymbol{x},\boldsymbol{y}),\quad (\boldsymbol{x},c\boldsymbol{y})=c(\boldsymbol{x},\boldsymbol{y})$$

(2) （対称性）
$$(\boldsymbol{x},\boldsymbol{y})=(\boldsymbol{y},\boldsymbol{x})$$

(3) （正定値性）
$$(\boldsymbol{x},\boldsymbol{x})\geqq 0,$$
また　$(\boldsymbol{x},\boldsymbol{x})=0 \Longleftrightarrow \boldsymbol{x}=\boldsymbol{0}$

確かめるのはいずれも容易なので省略する．$n=2$ のときが平面におけるベクトルの内積で，$n=3$ のときが空間におけるベクトルの内積である（4.2 節）．

(4)　　n 次実行列 A に対し，$(A\boldsymbol{x},\boldsymbol{y})=(\boldsymbol{x},{}^tA\boldsymbol{y})$

実際 $(A\boldsymbol{x},\boldsymbol{y})={}^t(A\boldsymbol{x})\boldsymbol{y}={}^t\boldsymbol{x}{}^tA\boldsymbol{y}=(\boldsymbol{x},{}^tA\boldsymbol{y})$ である．

複素ベクトル空間における内積　$\boldsymbol{x}=\begin{pmatrix}x_1\\ \vdots\\ x_n\end{pmatrix}$，$\boldsymbol{y}=\begin{pmatrix}y_1\\ \vdots\\ y_n\end{pmatrix}\in \boldsymbol{C}^n$ に対してスカラー（複素数）

$$^t\boldsymbol{x}\overline{\boldsymbol{y}}=x_1\overline{y_1}+\cdots+x_n\overline{y_n} \tag{6.12}$$

を $\boldsymbol{x}$ と $\boldsymbol{y}$ の（標準）**エルミート内積**（Hermitian inner product）または**エルミートスカラー積**（Hermitian scalar product）といい，再び $(\boldsymbol{x},\boldsymbol{y})$ で表す．

$\boldsymbol{x}\in \boldsymbol{R}^n$ であれば $\overline{\boldsymbol{x}}=\boldsymbol{x}$ であるから，$\boldsymbol{x}$, $\boldsymbol{y}\in \boldsymbol{R}^n$ のエルミート内積 $(\boldsymbol{x},\boldsymbol{y})$ は実ベクトルとしての標準内積と一致する．

V を $\boldsymbol{C}^n$ の部分空間とすると，エルミート内積は V の任意の二つの元 $\boldsymbol{x}$, $\boldsymbol{y}$ に複素数 $(\boldsymbol{x},\boldsymbol{y})$ を定める写像と見ることができ，$\boldsymbol{R}^n$ の部分空間における内積と類似の次の性質をもつ．

任意の $\boldsymbol{x}$, $\boldsymbol{y}$, $\boldsymbol{x}_1$, $\boldsymbol{x}_2$, $\boldsymbol{y}_1$, $\boldsymbol{y}_2\in V$, $c\in \boldsymbol{C}$ に対して

(1)
$$(\boldsymbol{x}_1+\boldsymbol{x}_2,\boldsymbol{y})=(\boldsymbol{x}_1,\boldsymbol{y})+(\boldsymbol{x}_2,\boldsymbol{y})$$
$$(\boldsymbol{x},\boldsymbol{y}_1+\boldsymbol{y}_2)=(\boldsymbol{x},\boldsymbol{y}_1)+(\boldsymbol{x},\boldsymbol{y}_2)$$
$$(c\boldsymbol{x},\boldsymbol{y})=c(\boldsymbol{x},\boldsymbol{y}),\quad (\boldsymbol{x},c\boldsymbol{y})=\overline{c}(\boldsymbol{x},\boldsymbol{y})$$

(2)
$$(\boldsymbol{x},\boldsymbol{y})=\overline{(\boldsymbol{y},\boldsymbol{x})}$$

(3)
$$(\boldsymbol{x}, \boldsymbol{x}) \geqq 0,$$
$$(\boldsymbol{x}, \boldsymbol{x}) = 0 \iff \boldsymbol{x} = \boldsymbol{0}$$

(3) は $(\boldsymbol{x}, \boldsymbol{x}) = x_1\overline{x_1} + \cdots + x_n\overline{x_n} = |x_1|^2 + \cdots + |x_n|^2 \geqq 0$ であることと，これが 0 になるのは $x_1 = \cdots = x_n = 0$ の場合に限ることによる．

実ベクトルのときの性質 (4) の類似として次の等式を得る．

(4)　　n 次複素行列 A に対し，$(A\boldsymbol{x}, \boldsymbol{y}) = (\boldsymbol{x}, {}^t(\overline{A})\boldsymbol{y})$

なぜなら，${}^t(\overline{A}) = \overline{{}^tA}$ を用いて

$$(A\boldsymbol{x}, \boldsymbol{y}) = {}^t(A\boldsymbol{x})\overline{\boldsymbol{y}} = {}^t\boldsymbol{x}\,{}^tA\,\overline{\boldsymbol{y}} = (\boldsymbol{x}, {}^t(\overline{A})\boldsymbol{y}).$$

以下では内積 (,) によって，$\boldsymbol{R}^n$ の部分空間については標準内積を，$\boldsymbol{C}^n$ の部分空間についてはエルミート内積を考える．

ベクトルの長さ　実または複素ベクトル $\boldsymbol{x}$ に対し $(\boldsymbol{x}, \boldsymbol{x}) \geqq 0$ であるから，その平方根を $\|\boldsymbol{x}\|$ とあらわし，これを $\boldsymbol{x}$ の**長さ** (length) または**ノルム** (norm) という．

$$\|\boldsymbol{x}\| = \sqrt{(\boldsymbol{x}, \boldsymbol{x})}$$

定理 6.3.2　実または複素ベクトル $\boldsymbol{x}, \boldsymbol{y}$ とスカラー c について次が成り立つ．ただし，c は実ベクトルを考えるときは実数であり，複素ベクトルを考えるときは複素数であるとする．

(1)　$\|\boldsymbol{x}\| \geqq 0$．また $\|\boldsymbol{x}\| = 0 \iff \boldsymbol{x} = \boldsymbol{0}$

(2)　$\|c\boldsymbol{x}\| = |c|\,\|\boldsymbol{x}\|$

(3)　(コーシー・シュヴァルツの不等式)　$|(\boldsymbol{x},\ \boldsymbol{y})| \leqq \|\boldsymbol{x}\|\,\|\boldsymbol{y}\|$

(4)　(三角不等式)　$\|\boldsymbol{x} + \boldsymbol{y}\| \leqq \|\boldsymbol{x}\| + \|\boldsymbol{y}\|$

証明　複素ベクトルに対して示せばよい．(1) は内積の性質 (3) により得られる．

(2)　　$\|c\boldsymbol{x}\|^2 = (c\boldsymbol{x}, c\boldsymbol{x}) = c\bar{c}(\boldsymbol{x}, \boldsymbol{x}) = |c|^2(\boldsymbol{x}, \boldsymbol{x}) = |c|^2\|\boldsymbol{x}\|^2$

であるから，両辺の平方根をとればよい．

(3) $\boldsymbol{x}=\boldsymbol{0}$ のときは明らかに成立するので，$\boldsymbol{x}\neq\boldsymbol{0}$ のときに示す．任意の複素数 t に対して

$$\begin{aligned} 0 \leqq (t\boldsymbol{x}+\boldsymbol{y}, t\boldsymbol{x}+\boldsymbol{y}) &= t\bar{t}\,\|\boldsymbol{x}\|^2 + t\,(\boldsymbol{x},\boldsymbol{y}) + \bar{t}\,(\boldsymbol{y},\boldsymbol{x}) + \|\boldsymbol{y}\|^2 \\ &= t\bar{t}\,\|\boldsymbol{x}\|^2 + t\,(\boldsymbol{x},\boldsymbol{y}) + \bar{t}\,\overline{(\boldsymbol{x},\boldsymbol{y})} + \|\boldsymbol{y}\|^2. \qquad (6.13) \end{aligned}$$

ここで $t=-\dfrac{\overline{(\boldsymbol{x},\boldsymbol{y})}}{\|\boldsymbol{x}\|^2}$ とおく．$\bar{t}=-\dfrac{(\boldsymbol{x},\boldsymbol{y})}{\|\boldsymbol{x}\|^2}$ であるから，$t,\bar{t}$ を (6.13) の式に代入して整理すると $\|\boldsymbol{x}\|^2\,\|\boldsymbol{y}\|^2-|(\boldsymbol{x},\boldsymbol{y})|^2\geqq 0$ を得る．

(4) (6.13) において $t=1$ とおけば

$$\|\boldsymbol{x}+\boldsymbol{y}\|^2 = \|\boldsymbol{x}\|^2 + (\boldsymbol{x},\boldsymbol{y}) + \overline{(\boldsymbol{x},\boldsymbol{y})} + \|\boldsymbol{y}\|^2 = \|\boldsymbol{x}\|^2 + 2\mathrm{Re}(\boldsymbol{x},\boldsymbol{y}) + \|\boldsymbol{y}\|^2.$$

よって，(3) により $\mathrm{Re}(\boldsymbol{x},\boldsymbol{y})\leqq|(\boldsymbol{x},\boldsymbol{y})|\leqq\|\boldsymbol{x}\|\|\boldsymbol{y}\|$ であるから次を得る．

$$\|\boldsymbol{x}+\boldsymbol{y}\|^2 \leqq \|\boldsymbol{x}\|^2 + 2\|\boldsymbol{x}\|\|\boldsymbol{y}\| + \|\boldsymbol{y}\|^2 = (\|\boldsymbol{x}\|+\|\boldsymbol{y}\|)^2 \qquad \square$$

ベクトルの直交　$\boldsymbol{x},\boldsymbol{y}\in\boldsymbol{R}^n$ $(\boldsymbol{x}\neq\boldsymbol{0},\ \boldsymbol{y}\neq\boldsymbol{0})$ とする．$(\boldsymbol{x},\boldsymbol{y})$ は実数であるからコーシー・シュヴァルツの不等式により

$$-1 \leqq \frac{(\boldsymbol{x},\boldsymbol{y})}{\|\boldsymbol{x}\|\,\|\boldsymbol{y}\|} \leqq 1$$

が成り立ち，

$$\cos\theta = \frac{(\boldsymbol{x},\boldsymbol{y})}{\|\boldsymbol{x}\|\,\|\boldsymbol{y}\|}$$

を満たす $0\leqq\theta\leqq\pi$ がただ一つ定まる．この θ を $\boldsymbol{x}$ と $\boldsymbol{y}$ の**なす角**という．特に $(\boldsymbol{x},\boldsymbol{y})=0$ が成り立つのは $\cos\theta=0$ のときで，$\theta=\pi/2$ である（4.2 節の式 (4.1) 参照）．

一般に複素ベクトル空間 $\boldsymbol{C}^n$ においては二つのベクトルのなす角は定義されないが，$\boldsymbol{x},\ \boldsymbol{y}\in\boldsymbol{C}^n$ が $(\boldsymbol{x},\boldsymbol{y})=0$ であれば（$\boldsymbol{x}=\boldsymbol{0}$ または $\boldsymbol{y}=\boldsymbol{0}$ であっても），$\boldsymbol{x}$ と $\boldsymbol{y}$ は**直交する**（orthogonal）という．

定理 6.3.3　互いに直交する零と異なる実または複素ベクトル $\boldsymbol{x}_1,\ \ldots,\ \boldsymbol{x}_r$ は 1 次独立である．

証明　$\boldsymbol{x} = c_1\boldsymbol{x}_1 + \cdots + c_r\boldsymbol{x}_r = \boldsymbol{0}$ $(c_i \in \boldsymbol{C})$ と仮定して $c_1 = 0,\ \ldots,\ c_r = 0$ を示す．任意の i に対して内積 $(\boldsymbol{x}, \boldsymbol{x}_i)$ をとると，内積の双線形性 (1) により

$$c_1(\boldsymbol{x}_1, \boldsymbol{x}_i) + \cdots + c_i(\boldsymbol{x}_i, \boldsymbol{x}_i) + \cdots + c_r(\boldsymbol{x}_r, \boldsymbol{x}_i) = 0. \tag{6.14}$$

ここで仮定により $(\boldsymbol{x}_j, \boldsymbol{x}_i) = 0$ $(i \neq j)$ であるから，式 (6.14) は $c_i(\boldsymbol{x}_i, \boldsymbol{x}_i) = 0$ となる．したがって，仮定により $(\boldsymbol{x}_i, \boldsymbol{x}_i) \neq \boldsymbol{0}$ であるから，$c_i = 0$ を得る．□

演習問題 6.3

1.　複素数 $z_1 = 3-4i$, $z_2 = 2+i$ について，次の複素数 α, β を $a+bi$ $(a, b \in \boldsymbol{R})$ の形に表せ．

$$\alpha = z_1 z_2, \qquad \beta = \overline{\left(\frac{z_1 + z_2}{z_2 - \overline{z_1}}\right)}$$

2.　$\boldsymbol{C}^2$ のベクトル $\begin{pmatrix} 1+i \\ 3-i \end{pmatrix}$ と $\begin{pmatrix} 2+i \\ 1+i \end{pmatrix}$ の内積を求めよ．

3.　$\boldsymbol{R}^n$ のベクトルについて次の等式を証明せよ（θ は $\boldsymbol{x}$, $\boldsymbol{y}$ のなす角）．

(1)　（**中線定理**）$\|\boldsymbol{x}+\boldsymbol{y}\|^2 + \|\boldsymbol{x}-\boldsymbol{y}\|^2 = 2(\|\boldsymbol{x}\|^2 + \|\boldsymbol{y}\|^2)$

(2)　（**余弦定理**）$\|\boldsymbol{x}\|^2 + \|\boldsymbol{y}\|^2 - \|\boldsymbol{x}-\boldsymbol{y}\|^2 = 2\|\boldsymbol{x}\|\|\boldsymbol{y}\|\cos\theta$

4.　次の等式は $\boldsymbol{R}^n$ のベクトルについて成り立つが，$\boldsymbol{C}^n$ でのエルミート内積に対しては必ずしも成り立たないことを示せ．

$$4(\boldsymbol{x}, \boldsymbol{y}) = \|\boldsymbol{x}+\boldsymbol{y}\|^2 - \|\boldsymbol{x}-\boldsymbol{y}\|^2$$

5.　$K = \boldsymbol{R}$ または $\boldsymbol{C}$ とおく．K の元を成分とする $m \times n$ 行列全体の集合 $M_{m,n}(K)$ は行列の演算によって K 上のベクトル空間になる．

(1)　$\dim M_{m,n}(K) = mn$ であることを示せ．

(2)　任意の $X, Y \in M_{m,n}(K)$ に対して $(X, Y) = \mathrm{tr}\,({}^t X \overline{Y})$ とおけば，これは内積（$K = \boldsymbol{C}$ のときはエルミート内積）の性質 (1) (2) (3) を満たすことを示せ．

6.4　正規直交基底と直交行列

この節では V は $\boldsymbol{R}^n$ または $\boldsymbol{C}^n$ の部分空間であるとする．$\boldsymbol{C}^n$ の部分空間であるときは，内積はエルミート内積を考える．

正規直交基底　V のベクトル $\boldsymbol{v}_1, \ldots, \boldsymbol{v}_r$ が

$$(\boldsymbol{v}_i, \boldsymbol{v}_j) = \delta_{ij} \quad (1 \leqq i,\, j \leqq r) \tag{6.15}$$

を満たすとき，$\{\boldsymbol{v}_1, \ldots, \boldsymbol{v}_r\}$ を**正規直交系**（orthonormal system）という．ここで δ_{ij} はクロネッカーのデルタである（1.1 節）．特に正規直交系である基底を**正規直交基底**（orthonormal basis）という．正規直交系をなすベクトルは 1 次独立である（定理 6.3.3）．

注 1　（エルミート）内積の性質 (2) により，$(\boldsymbol{v}_i, \boldsymbol{v}_j) = 0 \Longleftrightarrow (\boldsymbol{v}_j, \boldsymbol{v}_i) = 0$.

例 1　$V = \boldsymbol{R}^n, \boldsymbol{C}^n$ の標準基底 $\{\boldsymbol{e}_1, \ldots, \boldsymbol{e}_r\}$ は正規直交基底である．

例 2　$\boldsymbol{R}^2$ のベクトルの組 $\left\{ \begin{pmatrix} \cos\theta \\ \sin\theta \end{pmatrix}, \begin{pmatrix} -\sin\theta \\ \cos\theta \end{pmatrix} \right\}$ は正規直交基底である．

次の定理は与えられた基底を利用して正規直交基底を構成する方法を示すもので，その構成法は**シュミットの直交化法**（Schmidt orthogonalization process）または**グラム・シュミット**（Gram-Schmidt）**の直交化法**とよばれる．

定理 6.4.1　$\{\boldsymbol{v}_1, \ldots, \boldsymbol{v}_n\}$ を V の基底とする．$\{\boldsymbol{u}_1, \ldots, \boldsymbol{u}_r\}$ が部分空間 $V_r = \langle \boldsymbol{v}_1, \ldots, \boldsymbol{v}_r \rangle$ の正規直交基底であるとき，ベクトル $\boldsymbol{u}_{r+1}$ を

$$\boldsymbol{u}_{r+1} = \frac{1}{\|\boldsymbol{v}\|}\boldsymbol{v}$$

によって定める．ただし $\boldsymbol{v}$ は次のようにおく．

$$\boldsymbol{v} = \boldsymbol{v}_{r+1} - \sum_{i=1}^{r} (\boldsymbol{v}_{r+1}, \boldsymbol{u}_i)\boldsymbol{u}_i$$

このとき $\{\boldsymbol{u}_1, \ldots, \boldsymbol{u}_r, \boldsymbol{u}_{r+1}\}$ は部分空間 $V_{r+1} = \langle \boldsymbol{v}_1, \ldots, \boldsymbol{v}_r, \boldsymbol{v}_{r+1} \rangle$ の正規直交基底になる．

証明 各 $1 \leqq i \leqq n$ に対して $V_i = \langle \boldsymbol{v}_1, \ldots, \boldsymbol{v}_i \rangle$ とおく.

(1) まず $\{\boldsymbol{u}_1, \ldots, \boldsymbol{u}_{r+1}\}$ が正規直交系であることを示す. このためには, 仮定により $\{\boldsymbol{u}_1, \ldots, \boldsymbol{u}_r\}$ がすでに正規直交系であるから, 次の (i) (ii) を示せばよい (注 1 参照).

$$\text{(i)}\ \|\boldsymbol{u}_{r+1}\| = 1, \qquad \text{(ii)}\ (\boldsymbol{u}_{r+1}, \boldsymbol{u}_j) = 0\ (1 \leqq j \leqq r)$$

(i) $\boldsymbol{v}_{r+1} \notin V_r = \langle \boldsymbol{v}_1, \ldots, \boldsymbol{v}_r \rangle = \langle \boldsymbol{u}_1, \ldots, \boldsymbol{u}_r \rangle$ であるから $\boldsymbol{v}$ の定義により明らかに $\boldsymbol{v} \neq \boldsymbol{0}$, すなわち $\|\boldsymbol{v}\| \neq 0$. よって $\boldsymbol{u}_{r+1} = \dfrac{1}{\|\boldsymbol{v}\|}\boldsymbol{v}$ が定義できて,

$$(\boldsymbol{u}_{r+1}, \boldsymbol{u}_{r+1}) = \frac{1}{\|\boldsymbol{v}\|^2}(\boldsymbol{v}, \boldsymbol{v}) = 1.$$

(ii) $\boldsymbol{v}$ は $\boldsymbol{u}_{r+1}$ のスカラー倍であるから, $(\boldsymbol{u}_{r+1}, \boldsymbol{u}_j) = 0$ を示すには $(\boldsymbol{v}, \boldsymbol{u}_j) = 0$ を示せば十分で, これは次の式により得られる.

$$\begin{aligned}
(\boldsymbol{v}, \boldsymbol{u}_j) &= (\boldsymbol{v}_{r+1} - \sum_{i=1}^{r}(\boldsymbol{v}_{r+1}, \boldsymbol{u}_i)\boldsymbol{u}_i, \boldsymbol{u}_j) \\
&= (\boldsymbol{v}_{r+1}, \boldsymbol{u}_j) - \sum_{i=1}^{r}(\boldsymbol{v}_{r+1}, \boldsymbol{u}_i)(\boldsymbol{u}_i, \boldsymbol{u}_j) \\
&= (\boldsymbol{v}_{r+1}, \boldsymbol{u}_j) - (\boldsymbol{v}_{r+1}, \boldsymbol{u}_j) = 0
\end{aligned}$$

(2) 次に $V_{r+1} = \langle \boldsymbol{u}_1, \ldots, \boldsymbol{u}_{r+1} \rangle$ を示す.

明らかに $\langle \boldsymbol{u}_1, \ldots, \boldsymbol{u}_r \rangle = V_r \subseteqq V_{r+1}$ でまた $\boldsymbol{u}_{r+1}$ の定義により $\boldsymbol{u}_{r+1} \in V_{r+1}$ であるから, $\langle \boldsymbol{u}_1, \ldots, \boldsymbol{u}_{r+1} \rangle \subseteqq V_{r+1}$.

一方 $\qquad \langle \boldsymbol{v}_1, \ldots, \boldsymbol{v}_r \rangle = V_r \subseteqq \langle \boldsymbol{u}_1, \ldots, \boldsymbol{u}_r\, \boldsymbol{u}_{r+1} \rangle,$

$$\boldsymbol{v}_{r+1} = \|\boldsymbol{v}\|\boldsymbol{u}_{r+1} + \sum_{i=1}^{r}(\boldsymbol{v}_{r+1}, \boldsymbol{u}_i)\boldsymbol{u}_i \in \langle \boldsymbol{u}_1, \ldots, \boldsymbol{u}_{r+1} \rangle.$$

よって $V_{r+1} = \langle \boldsymbol{v}_1, \ldots, \boldsymbol{v}_{r+1} \rangle \subseteqq \langle \boldsymbol{u}_1, \ldots, \boldsymbol{u}_r\, \boldsymbol{u}_{r+1} \rangle$ を得る.

以上により $V_{r+1} = \langle \boldsymbol{u}_1, \ldots, \boldsymbol{u}_{r+1} \rangle$ が成り立つ. □

与えられた基底 $\{\boldsymbol{v}_1, \ldots, \boldsymbol{v}_n\}$ をもとに正規直交基底 $\{\boldsymbol{u}_1, \ldots, \boldsymbol{u}_n\}$ を構成するには, シュミットの直交化法に従って次のように順次 $\boldsymbol{u}_1, \boldsymbol{u}_2, \ldots$ を定めればよい.

$$\begin{aligned}
\boldsymbol{u}_1 &= \frac{1}{\|\boldsymbol{v}_1\|}\boldsymbol{v}_1, & \boldsymbol{v}_2' &= \boldsymbol{v}_2 - (\boldsymbol{v}_2, \boldsymbol{u}_1)\boldsymbol{u}_1 \\
\boldsymbol{u}_2 &= \frac{1}{\|\boldsymbol{v}_2'\|}\boldsymbol{v}_2', & \boldsymbol{v}_3' &= \boldsymbol{v}_3 - (\boldsymbol{v}_3, \boldsymbol{u}_1)\boldsymbol{u}_1 - (\boldsymbol{v}_3, \boldsymbol{u}_2)\boldsymbol{u}_2 \\
\boldsymbol{u}_3 &= \frac{1}{\|\boldsymbol{v}_3'\|}\boldsymbol{v}_3', & \boldsymbol{v}_4' &= \boldsymbol{v}_4 - (\boldsymbol{v}_4, \boldsymbol{u}_1)\boldsymbol{u}_1 - (\boldsymbol{v}_4, \boldsymbol{u}_2)\boldsymbol{u}_2 - (\boldsymbol{v}_4, \boldsymbol{u}_3)\boldsymbol{u}_3 \\
&\cdots & &\cdots
\end{aligned}$$

ここで $\boldsymbol{v}_1, \ldots, \boldsymbol{v}_n$ がすべて $\boldsymbol{R}^n$ に属すれば，シュミットの直交化法で得られるベクトル $\boldsymbol{u}_1, \ldots, \boldsymbol{u}_n$ も $\boldsymbol{R}^n$ に属することに注意しよう．

例題 6.4.1　シュミットの直交化法を使って，$\boldsymbol{R}^3$ の次の基底 $\{\boldsymbol{v}_1,\ \boldsymbol{v}_2,\ \boldsymbol{v}_3\}$ から正規直交基底を求めよ．

$$\boldsymbol{v}_1 = \begin{pmatrix} 0 \\ 1 \\ 1 \end{pmatrix}, \quad \boldsymbol{v}_2 = \begin{pmatrix} 1 \\ 0 \\ 1 \end{pmatrix}, \quad \boldsymbol{v}_3 = \begin{pmatrix} 1 \\ 1 \\ 0 \end{pmatrix}$$

解　$\|\boldsymbol{v}_1\| = \sqrt{2}$ により $\boldsymbol{u}_1 = \dfrac{1}{\sqrt{2}}\begin{pmatrix} 0 \\ 1 \\ 1 \end{pmatrix}$. 次に $(\boldsymbol{v}_2, \boldsymbol{u}_1) = \dfrac{1}{\sqrt{2}}$ により，

$$\boldsymbol{v}_2' = \boldsymbol{v}_2 - (\boldsymbol{v}_2, \boldsymbol{u}_1)\boldsymbol{u}_1 = \begin{pmatrix} 1 \\ 0 \\ 1 \end{pmatrix} - \frac{1}{\sqrt{2}} \cdot \frac{1}{\sqrt{2}}\begin{pmatrix} 0 \\ 1 \\ 1 \end{pmatrix} = \frac{1}{2}\begin{pmatrix} 2 \\ -1 \\ 1 \end{pmatrix},$$

$$\boldsymbol{u}_2 = \frac{1}{\|\boldsymbol{v}_2'\|}\boldsymbol{v}_2' = \frac{1}{\sqrt{6}}\begin{pmatrix} 2 \\ -1 \\ 1 \end{pmatrix}.$$

さらに $(\boldsymbol{v}_3, \boldsymbol{u}_1) = \dfrac{1}{\sqrt{2}}$，$(\boldsymbol{v}_3, \boldsymbol{u}_2) = \dfrac{1}{\sqrt{6}}$ により

$$\begin{aligned}
\boldsymbol{v}_3' &= \boldsymbol{v}_3 - (\boldsymbol{v}_3, \boldsymbol{u}_1)\boldsymbol{u}_1 - (\boldsymbol{v}_3, \boldsymbol{u}_2)\boldsymbol{u}_2 \\
&= \begin{pmatrix} 1 \\ 1 \\ 0 \end{pmatrix} - \frac{1}{\sqrt{2}} \cdot \frac{1}{\sqrt{2}}\begin{pmatrix} 0 \\ 1 \\ 1 \end{pmatrix} - \frac{1}{\sqrt{6}} \cdot \frac{1}{\sqrt{6}}\begin{pmatrix} 2 \\ -1 \\ 1 \end{pmatrix} = \frac{2}{3}\begin{pmatrix} 1 \\ 1 \\ -1 \end{pmatrix}.
\end{aligned}$$

よって $\boldsymbol{u}_3 = \dfrac{1}{\|\boldsymbol{v}_3'\|}\boldsymbol{v}_3' = \dfrac{1}{\sqrt{3}}\begin{pmatrix} 1 \\ 1 \\ -1 \end{pmatrix}$ となり，正規直交基底 $\{\boldsymbol{u}_1,\ \boldsymbol{u}_2,\ \boldsymbol{u}_3\}$ を得る．□

定理 6.4.2 $\dim V = n > 0$ とする．$\{\boldsymbol{u}_1, \ldots, \boldsymbol{u}_r\}$ が V の正規直交系であれば，これを含む正規直交基底 $\{\boldsymbol{u}_1, \ldots, \boldsymbol{u}_r, \boldsymbol{u}_{r+1}, \ldots, \boldsymbol{u}_n\}$ が存在する．特に V に正規直交基底が存在する．

証明 $\boldsymbol{u}_1$, …, $\boldsymbol{u}_r$ は1次独立であるから，定理 5.4.3 によりこれを含む V の基底

$$\{\boldsymbol{v}_1, \ \ldots, \boldsymbol{v}_r, \boldsymbol{v}_{r+1}, \ \ldots, \boldsymbol{v}_n\}$$

（ただし $\boldsymbol{v}_i = \boldsymbol{u}_i$, $1 \leqq i \leqq r$）が存在する．そこで部分空間 $V_r = \langle \boldsymbol{v}_1, \ \ldots, \ \boldsymbol{v}_r \rangle$ の正規直交基底 $\{\boldsymbol{u}_1, \ \ldots, \ \boldsymbol{u}_r\}$ にシュミットの直交化法を適用し順次

$$\boldsymbol{u}_{r+1}, \ \ldots, \ \boldsymbol{u}_n$$

を定めれば，$V = \langle \boldsymbol{v}_1, \ \ldots, \ \boldsymbol{v}_n \rangle$ の正規直交基底 $\{\boldsymbol{u}_1, \ldots, \boldsymbol{u}_r, \boldsymbol{u}_{r+1}, \ldots, \boldsymbol{u}_n\}$ が得られる．

後半は，任意にベクトル $\boldsymbol{v}_1$ $(\neq \boldsymbol{0})$ を一つとり

$$\boldsymbol{u}_1 = \frac{1}{\|\boldsymbol{v}_1\|}\boldsymbol{v}_1$$

とおけば $\{\boldsymbol{u}_1\}$ は正規直交系であるから，前半の主張により $\boldsymbol{u}_1$ を含む正規直交基底が存在する． □

この定理によって $\boldsymbol{R}^n$ または $\boldsymbol{C}^n$ の任意の部分空間（$\neq \{\boldsymbol{0}\}$）に正規直交基底が存在することがわかる．

直交行列 n 次実行列 P が

$${}^tPP = P\,{}^tP = E$$

を満たすとき，P を**直交行列**（orthogonal matrix）という．言い換えれば，P は正則でその逆行列が ${}^tP$ となる行列である．P が直交行列ならば，$|P|^2 = |{}^tPP| = 1$ であるから，$|P| = \pm 1$ である．

例 3 次の行列はいずれも直交行列である（$\theta \in \boldsymbol{R}$）（演習問題 **6** 参照）．

$$E_n, \quad -E_n\ ; \quad \begin{pmatrix} \cos\theta & -\sin\theta \\ \sin\theta & \cos\theta \end{pmatrix}, \quad \begin{pmatrix} \cos\theta & \sin\theta \\ \sin\theta & -\cos\theta \end{pmatrix}$$

定理 6.4.3 n 次実行列 $P = \begin{pmatrix} \boldsymbol{p}_1 & \cdots & \boldsymbol{p}_n \end{pmatrix}$ に対して，次の条件は同値である．

(1) P は直交行列である．

(2) 任意の $\boldsymbol{x} \in \boldsymbol{R}^n$ に対し，$\|P\boldsymbol{x}\| = \|\boldsymbol{x}\|$ が成り立つ．

(3) 任意の $\boldsymbol{x}, \boldsymbol{y} \in \boldsymbol{R}^n$ に対し，$(P\boldsymbol{x}, P\boldsymbol{y}) = (\boldsymbol{x}, \boldsymbol{y})$ が成り立つ．

(4) $\{\boldsymbol{p}_1, \ldots, \boldsymbol{p}_n\}$ は $\boldsymbol{R}^n$ の正規直交基底である．

証明 一般に n 次実行列 $P = \begin{pmatrix} \boldsymbol{p}_1 & \cdots & \boldsymbol{p}_n \end{pmatrix}$ に対して，n 次行列 ${}^tPP$ の (i, j) 成分は内積 $(\boldsymbol{p}_i, \boldsymbol{p}_j)$ $(= {}^t\boldsymbol{p}_i\boldsymbol{p}_j)$ に一致する（(1.7) 15 頁）．したがって

$$ {}^tPP = E \iff (\boldsymbol{p}_i, \boldsymbol{p}_j) = \delta_{ij}. $$

これは (1) と (4) が同値であることを示す．

(1) ⇒ (2) 内積の性質 (4)（121 頁）により，任意の $\boldsymbol{x} \in \boldsymbol{R}^n$ に対して

$$ \|P\boldsymbol{x}\|^2 = (P\boldsymbol{x}, P\boldsymbol{x}) = (\boldsymbol{x}, {}^tPP\boldsymbol{x}) = (\boldsymbol{x}, E\boldsymbol{x}) = (\boldsymbol{x}, \boldsymbol{x}) = \|\boldsymbol{x}\|^2. $$

(2) ⇒ (3) 任意の $\boldsymbol{x}, \boldsymbol{y} \in \boldsymbol{R}^n$ に対して内積の性質 (1) (2) により

$$ (P(\boldsymbol{x}+\boldsymbol{y}), P(\boldsymbol{x}+\boldsymbol{y})) = \|P\boldsymbol{x}\|^2 + 2(P\boldsymbol{x}, P\boldsymbol{y}) + \|P\boldsymbol{y}\|^2, $$
$$ (\boldsymbol{x}+\boldsymbol{y}, \boldsymbol{x}+\boldsymbol{y}) = \|\boldsymbol{x}\|^2 + 2(\boldsymbol{x}, \boldsymbol{y}) + \|\boldsymbol{y}\|^2. $$

この二式の左辺は等しいから右辺を比較して $(P\boldsymbol{x}, P\boldsymbol{y}) = (\boldsymbol{x}, \boldsymbol{y})$ を得る．

(3) ⇒ (4) $P\boldsymbol{e}_i = \boldsymbol{p}_i$，$P\boldsymbol{e}_j = \boldsymbol{p}_j$ であるから，

$$ (\boldsymbol{p}_i, \boldsymbol{p}_j) = (P\boldsymbol{e}_i, P\boldsymbol{e}_j) = (\boldsymbol{e}_i, \boldsymbol{e}_j) = \delta_{ij}. $$ □

直交行列によって定まる線形変換を**直交変換**（orthogonal transformation）という．定理 6.4.3 により，直交変換は正規直交系を正規直交系に移す．平面や空間の場合では，直交座標系を直交座標系に移す線形変換に相当する．

例 4 次の行列 P は直交行列である．

$$ P = \begin{pmatrix} 0 & 2/\sqrt{6} & 1/\sqrt{3} \\ 1/\sqrt{2} & -1/\sqrt{6} & 1/\sqrt{3} \\ 1/\sqrt{2} & 1/\sqrt{6} & -1/\sqrt{3} \end{pmatrix} $$

これは ${}^tPP$ を計算すれば明らかであるが，例題 6.4.1 で得られた $\boldsymbol{R}^3$ の正規直交基底 $\boldsymbol{u}_1, \boldsymbol{u}_2, \boldsymbol{u}_3$ をとれば $P = \begin{pmatrix}\boldsymbol{u}_1 & \boldsymbol{u}_2 & \boldsymbol{u}_3\end{pmatrix}$ であるから，定理 6.4.3 によって P は直交行列である．

エルミート行列とユニタリ行列　複素行列 $A = (a_{ij})$ に対し，

$$A^* = {}^t(\overline{A})$$

とおく．$A, B \in M_n(\boldsymbol{C})$，$\boldsymbol{x}, \boldsymbol{y} \in \boldsymbol{C}^n$，$c, d \in \boldsymbol{C}$ に対して次の関係が成り立つ．

(1) $$(cA + dB)^* = \overline{c}A^* + \overline{d}B^*$$

(2) $$(AB)^* = B^*A^*$$

(3) $$(A)^{**} = A$$

(4) $$(A\boldsymbol{x}, \boldsymbol{y}) = (\boldsymbol{x}, A^*\boldsymbol{y}), \quad (\boldsymbol{x}, A\boldsymbol{y}) = (A^*\boldsymbol{x}, \boldsymbol{y})$$

n 次複素行列 $A = (a_{ij})$ が

$$A^* = A, \quad \text{すなわち} \quad \overline{a_{ij}} = a_{ji} \quad (1 \leqq i, j \leqq n)$$

を満たすとき，A を**エルミート行列**（Hermitian matrix）という．A がエルミート行列であれば，$\overline{a_{ii}} = a_{ii}$ により，対角成分はすべて実数である．実行列がエルミート行列であることはそれが対称行列であることに他ならない．

例 5　2 次複素行列 $A = \begin{pmatrix} 0 & -i \\ i & 0 \end{pmatrix}$ はエルミート行列である．

n 次複素行列 U が正則で $U^{-1} = U^*$ であるとき，すなわち

$$U^*U = UU^* = E$$

を満たすとき，U を**ユニタリ行列**（unitary matrix）という．このとき $\det U$ は絶対値 1 の複素数である．$U = (\boldsymbol{u}_1 \cdots \boldsymbol{u}_n)$ とおけば，一般に

$$(U\boldsymbol{x}, U\boldsymbol{y}) = (\boldsymbol{x}, U^*U\boldsymbol{y})$$
$$U^*U \text{ の } (i, j) \text{ 成分} = {}^t\overline{\boldsymbol{u}_i}\,\boldsymbol{u}_j = \overline{{}^t\boldsymbol{u}_i\,\overline{\boldsymbol{u}_j}} = \overline{(\boldsymbol{u}_i, \boldsymbol{u}_j)} = (\boldsymbol{u}_j, \boldsymbol{u}_i)$$

が成り立つので，定理 6.4.3 と同様に次の定理を得る．

定理 6.4.4 n 次複素行列 $U = \begin{pmatrix} \boldsymbol{u}_1 & \cdots & \boldsymbol{u}_n \end{pmatrix}$ に対して次の条件は同値である．

(1) U はユニタリ行列である．

(2) 任意の $\boldsymbol{x} \in \boldsymbol{C}^n$ に対し，$\|U\boldsymbol{x}\| = \|\boldsymbol{x}\|$ が成り立つ．

(3) 任意の $\boldsymbol{x}, \boldsymbol{y} \in \boldsymbol{C}^n$ に対し，$(U\boldsymbol{x}, U\boldsymbol{y}) = (\boldsymbol{x}, \boldsymbol{y})$ が成り立つ．

(4) $\{\boldsymbol{u}_1, \ldots, \boldsymbol{u}_n\}$ は $\boldsymbol{C}^n$ の正規直交基底である．

行列の三角化 正方行列 A に対して，$P^{-1}AP$ が三角行列であるような正則行列 P が存在するとき，A は**三角化可能**であるという．

定理 6.4.5 任意の n 次行列 A はユニタリ行列によって三角化可能である．すなわち

$$U^{-1}AU = \begin{pmatrix} \lambda_1 & * & \cdots & * \\ 0 & \lambda_2 & \ddots & \vdots \\ \vdots & \ddots & \ddots & * \\ 0 & \cdots & 0 & \lambda_n \end{pmatrix}$$

となるユニタリ行列 U が存在する．このとき右辺の対角成分 $\lambda_1, \ldots, \lambda_n$ は A の固有値である．

証明 n 次複素行列に対して n に関する帰納法で証明する．

$n=1$ のときは $U = E_1 = (1)$ をとればよい．

$n>1$ とする．$n-1$ 次行列は $n-1$ 次ユニタリ行列によって三角化可能であると仮定する．λ_1 を A の固有値，$\boldsymbol{v}_1$ を λ_1 に属する A の固有ベクトルで長さ 1 のものとする．例えば λ_1 に属する固有ベクトル $\boldsymbol{x}$ を一つとり

$$\boldsymbol{v}_1 = \frac{1}{\|\boldsymbol{x}\|}\boldsymbol{x}$$

とおけばよい．このとき $\boldsymbol{v}_1$ を含む $\boldsymbol{C}^n$ の正規直交基底 $\{\boldsymbol{v}_1, \ldots, \boldsymbol{v}_n\}$ がとれる（定理 6.4.2）．

$$A\boldsymbol{v}_1 = \lambda_1 \boldsymbol{v}_1$$

であるから，$A\boldsymbol{v}_i \ (2 \leqq i \leqq n)$ を基底 $\{\boldsymbol{v}_1, \ \ldots, \ \boldsymbol{v}_n\}$ の1次結合で表すと，ある $n-1$ 次複素行列 B と n 次行列 $V = \begin{pmatrix}\boldsymbol{v}_1 & \cdots & \boldsymbol{v}_n\end{pmatrix}$ を用いて

$$AV = \begin{pmatrix}A\boldsymbol{v}_1 & \cdots & A\boldsymbol{v}_n\end{pmatrix} = V \left(\begin{array}{c|c} \lambda_1 & \cdots\cdots \\ \hline 0 & \\ \vdots & B \\ 0 & \end{array}\right)$$

という形に表せる．B は $n-1$ 次行列であるから帰納法の仮定により，あるユニタリ行列 W によって $W^{-1}BW$ が上三角行列になる．V はユニタリ行列である (定理 6.4.4 (1) ⇔ (4)) から

$$U = V \left(\begin{array}{c|c} 1 & O \\ \hline O & W \end{array}\right)$$

とおくと U もユニタリ行列になる．さらに次の等式が成り立つので，A はユニタリ行列によって三角化される．

$$\begin{aligned} U^{-1}AU &= \left(\begin{array}{c|c} 1 & O \\ \hline O & W^{-1} \end{array}\right) \left(\begin{array}{c|c} \lambda_1 & * \\ \hline O & B \end{array}\right) \left(\begin{array}{c|c} 1 & O \\ \hline O & W \end{array}\right) \\ &= \left(\begin{array}{c|c} \lambda_1 & * \\ \hline O & W^{-1}BW \end{array}\right) \end{aligned}$$

最後に，$\lambda_1, \ \ldots, \ \lambda_n$ を $U^{-1}AU$ の対角成分とすればこれらは明らかに $U^{-1}AU$ の固有値で，したがって A の固有値でもある（定理 6.1.2）．　□

定理 6.4.6　n 次実行列 A の固有値がすべて実数であれば，適当な直交行列 P によって

$$P^{-1}AP = \begin{pmatrix} \lambda_1 & * & \cdots & * \\ 0 & \lambda_2 & \ddots & \vdots \\ \vdots & \ddots & \ddots & * \\ 0 & \cdots & 0 & \lambda_n \end{pmatrix}$$

とできる．このとき対角成分 $\lambda_1, \ldots, \lambda_n$ は A の固有値である．また P は $\det(P) = 1$ を満たすようにとることができる．

証明　A の固有値がすべて実数であるから，固有値 λ_1 に属する固有ベクトル $\boldsymbol{q}_1$ として長さ 1 の実ベクトルをとることができて，それを含むような $\boldsymbol{R}^n$ の正規直交基底 $\{\boldsymbol{q}_1, \ldots, \boldsymbol{q}_n\}$ が存在する．定理 6.4.5 の証明における行列 V として

$$(\boldsymbol{q}_1 \ \cdots \ \boldsymbol{q}_n)$$

をとれば，定理 6.4.3 により V は直交行列（実行列）となる．したがって定理 6.4.5 の証明は，複素行列，ユニタリ行列，$\boldsymbol{C}^n$ 等をそれぞれ実行列，直交行列，$\boldsymbol{R}^n$ に読み換えて成立することがわかり，$P = U$ とおけばよい．

また U は直交行列であるから $|U| = \pm 1$ である．$|U| = -1$ の場合には，$\boldsymbol{q}_1$ を $-\boldsymbol{q}_1$ に置き換えた行列 $\left(-\boldsymbol{q}_1 \ \cdots \ \boldsymbol{q}_n\right)$ を V とおけば $|P| = 1$ となる．□

例題 6.4.2 行列 $\begin{pmatrix} 1 & 1 \\ -1 & 3 \end{pmatrix}$ を直交行列によって三角化せよ．

解　与えられた行列を A とおく．その固有多項式は

$$|xE - A| = (x-2)^2$$

であるから固有値は 2（重根）のみ．そこで 2 に対応する固有空間を求めると

$$W(A, 2) = \left\{ c \begin{pmatrix} 1 \\ 1 \end{pmatrix} \,\middle|\, c \in \boldsymbol{R} \right\}.$$

$\dim W(A,2) = 1 < 2$ であるから A は対角化されない（定理 6.2.3）．しかし固有値が実数のみであるから A は直交行列によって三角化される．そこで定理 6.4.5 の証明を $\boldsymbol{R}^2$ において順にたどってみよう．

$W(A,2)$ に属する長さ 1 の固有ベクトル $\boldsymbol{v}_1$ をとる：

$$\boldsymbol{v}_1 = \frac{1}{\sqrt{2}} \begin{pmatrix} 1 \\ 1 \end{pmatrix}, \qquad A\boldsymbol{v}_1 = 2\boldsymbol{v}_1.$$

$\boldsymbol{R}^2$ の正規直交基底 $\{\boldsymbol{v}_1, \boldsymbol{v}_2\}$ として

$$\boldsymbol{v}_2 = \frac{1}{\sqrt{2}} \begin{pmatrix} 1 \\ -1 \end{pmatrix}$$

をとれば，

$$A\boldsymbol{v}_2 = -2\boldsymbol{v}_1 + 2\boldsymbol{v}_2$$

が成り立つ．よって

$$A(\boldsymbol{v}_1 \ \boldsymbol{v}_2) = (\boldsymbol{v}_1 \ \boldsymbol{v}_2) \left(\begin{array}{c|c} 2 & -2 \\ \hline 0 & 2 \end{array} \right).$$

ここで $\begin{pmatrix} 2 & -2 \\ 0 & 2 \end{pmatrix}$ は三角行列で $P=(\boldsymbol{v}_1\ \ \boldsymbol{v}_2)$ は直交行列であるから

$$P=\frac{1}{\sqrt{2}}\begin{pmatrix} 1 & 1 \\ 1 & -1 \end{pmatrix}, \qquad P^{-1}AP=\begin{pmatrix} 2 & -2 \\ 0 & 2 \end{pmatrix}$$

として A の三角化が得られた. □

演習問題 6.4

1.　シュミットの直交化法を用いて次の三個の数ベクトルから $\boldsymbol{R}^3$ の正規直交基底をつくれ.

$$\begin{pmatrix} 1 \\ 0 \\ 1 \end{pmatrix}, \qquad \begin{pmatrix} 1 \\ 1 \\ 2 \end{pmatrix}, \qquad \begin{pmatrix} -1 \\ -1 \\ 1 \end{pmatrix}$$

2.　二つのベクトル $\boldsymbol{v}_1=\begin{pmatrix} 1 \\ -1 \\ 1 \end{pmatrix}, \boldsymbol{v}_2=\begin{pmatrix} 1 \\ 0 \\ 1 \end{pmatrix} \in \boldsymbol{R}^3$ について,

(1)　$\langle \boldsymbol{u}_1, \boldsymbol{u}_2 \rangle = \langle \boldsymbol{v}_1, \boldsymbol{v}_2 \rangle$ を満たす正規直交系 $\{\boldsymbol{u}_1, \boldsymbol{u}_2\}$ をシュミットの直交化法を用いて求めよ.

(2)　$\{\boldsymbol{u}_1, \boldsymbol{u}_2\}$ を含む $\boldsymbol{R}^3$ の正規直交基底を一つ求めよ.

3.　$K=\boldsymbol{R}$ または $\boldsymbol{C}$ とする. V は数ベクトル空間 K^n の m 次元部分空間とする. V の正規直交基底 $\{\boldsymbol{v}_1, \ldots, \boldsymbol{v}_m\}$ を一つとり, 任意の $\boldsymbol{x} \in V$ に対して

$$\boldsymbol{x}=x_1\boldsymbol{v}_1+\cdots+x_m\boldsymbol{v}_m, \qquad \boldsymbol{x}'=\begin{pmatrix} x_1 \\ \vdots \\ x_m \end{pmatrix} \in K^m$$

とおく. このとき, 任意のベクトル $\boldsymbol{x}, \boldsymbol{y} \in V$ の V における内積は $\boldsymbol{x}', \boldsymbol{y}' \in K^m$ の K^m における標準（エルミート）内積に一致することを示せ.

$$(\boldsymbol{x}, \boldsymbol{y}) = x_1\overline{y_1}+\cdots+x_m\overline{y_m}=(\boldsymbol{x}', \boldsymbol{y}')$$

4. 置換行列は直交行列であることを示せ（演習問題 1.1, **2**）.

5. 次の行列は対角化できないことを確認し，直交行列によって三角化せよ．

$$\begin{pmatrix} -1 & 3 \\ -3 & 5 \end{pmatrix}$$

6. $P = \begin{pmatrix} a & b \\ c & d \end{pmatrix} \in M_2(\boldsymbol{R})$ とする．

(1) P が直交行列であるための必要十分条件は次の関係式で与えられることを示せ．

$$a^2 + c^2 = 1, \quad b^2 + d^2 = 1, \quad ab + cd = 0$$

(2) P が直交行列であれば，P は次のいずれかの形になる．

$$\begin{pmatrix} \cos\theta & -\sin\theta \\ \sin\theta & \cos\theta \end{pmatrix}, \qquad \begin{pmatrix} \cos\theta & \sin\theta \\ \sin\theta & -\cos\theta \end{pmatrix}$$

以下 O-xy を直交座標系とする座標平面で考える．

(3) $P = \begin{pmatrix} 1 & 0 \\ 0 & -1 \end{pmatrix}$ であれば 1 次変換 $f_P : \boldsymbol{R}^2 \to \boldsymbol{R}^2$ は任意の点を x 軸に関して対称な位置に移すことを示せ．

(4) ℓ は原点を通る直線であるとし，ℓ と x 軸とのなす角を θ とする．ベクトル $\boldsymbol{a}$ を ℓ に関して線対称の位置にあるベクトル $\ell(\boldsymbol{a})$ に移す写像

$$\ell : \boldsymbol{R}^2 \to \boldsymbol{R}^2$$

は線形写像であることを示し，標準基底に関する ℓ の表現行列 L は次のようになることを示せ．

$$L = \begin{pmatrix} \cos 2\theta & \sin 2\theta \\ \sin 2\theta & -\cos 2\theta \end{pmatrix}$$

写像 ℓ を**鏡映**（reflection）とよぶ．

(5) 直交行列による線形変換は原点の周りの回転または鏡映のいずれかであることを示せ．

6.5 実対称行列の対角化と2次形式

実対称行列が直交行列により対角化可能であることを示し，応用として2次形式の標準形について学ぶ．

定理 6.5.1 実対称行列 A について次のことが成り立つ．

(1) A の固有値はすべて実数である．

(2) A の異なる固有値に属する固有ベクトルは直交する．

証明 λ, μ を A の任意の固有値とし，それぞれに属する固有ベクトル $\boldsymbol{x}, \boldsymbol{y} \in \boldsymbol{C}^n$ $(\boldsymbol{x}, \boldsymbol{y} \neq \boldsymbol{0})$ をとる．A が実対称行列なので $A^* = A$ であることに注意すると，エルミート内積に関する次の等式を得る．

$$(A\boldsymbol{x}, \boldsymbol{y}) = (\lambda\boldsymbol{x}, \boldsymbol{y}) = \lambda(\boldsymbol{x}, \boldsymbol{y})$$

$$(A\boldsymbol{x}, \boldsymbol{y}) = (\boldsymbol{x}, A^*\boldsymbol{y}) = (\boldsymbol{x}, A\boldsymbol{y}) = (\boldsymbol{x}, \mu\boldsymbol{y}) = \overline{\mu}(\boldsymbol{x}, \boldsymbol{y})$$

ゆえに

$$(\lambda - \overline{\mu})(\boldsymbol{x}, \boldsymbol{y}) = 0. \tag{6.16}$$

(1) $\lambda = \mu$ とし $\boldsymbol{x} = \boldsymbol{y}$ とすると，$(\boldsymbol{x}, \boldsymbol{x}) \neq 0$ であるから (6.16) により $\lambda - \overline{\lambda} = 0$，$\lambda = \overline{\lambda}$．これは任意の固有値 λ が実数であることを示す．

(2) $\lambda \neq \mu$ として $(\boldsymbol{x}, \boldsymbol{y}) = 0$ を示せばよい．実際，(1) によって $\mu = \overline{\mu}$ であるから式 (6.16) は $(\lambda - \mu)(\boldsymbol{x}, \boldsymbol{y}) = 0$ となり $(\boldsymbol{x}, \boldsymbol{y}) = 0$ を得る． □

定理 6.5.2 A が n 次実対称行列ならば，適当な直交行列 P をとって

$$P^{-1}AP = \begin{pmatrix} \lambda_1 & 0 & \cdots & 0 \\ 0 & \lambda_2 & \ddots & \vdots \\ \vdots & \ddots & \ddots & 0 \\ 0 & \cdots & 0 & \lambda_n \end{pmatrix}$$

とできる．このとき対角成分 $\lambda_1, \ldots, \lambda_n$ は A の固有値である．また P は $\det(P) = 1$ を満たすようにとることができる．

証明　定理 6.5.1 により A の固有値はすべて実数である．したがって定理 6.4.6 により，$|P|=1$ を満たすある直交行列 P によって A は三角化される．

$$P^{-1}AP = \begin{pmatrix} \lambda_1 & * & \cdots & * \\ 0 & \lambda_2 & \ddots & \vdots \\ \vdots & \ddots & \ddots & * \\ 0 & \cdots & 0 & \lambda_n \end{pmatrix} \tag{6.17}$$

一方，転置行列について ${}^t({}^tPAP) = {}^tP\,{}^tA\,{}^t({}^tP) = {}^tPAP$，また P は直交行列であるから，定義により $P^{-1} = {}^tP$ である．したがって

$${}^t(P^{-1}AP) = P^{-1}AP$$

が成り立ち $P^{-1}AP$ は対称行列である．よって，式 (6.17) の右辺も対称行列となり

$$P^{-1}AP = \begin{pmatrix} \lambda_1 & 0 & \cdots & 0 \\ 0 & \lambda_2 & \ddots & \vdots \\ \vdots & \ddots & \ddots & 0 \\ 0 & \cdots & 0 & \lambda_n \end{pmatrix}.$$

ここで明らかに $\lambda_1, \ldots, \lambda_n$ は $P^{-1}AP$ の，したがって A の固有値である．□

定理 6.5.1(1) により，実対称行列 A の対角化 $P^{-1}AP$ を考えるには固有ベクトルや固有空間，直交行列 P などは $M_n(\boldsymbol{R})$ や $\boldsymbol{R}^n$ で考えれば十分である（6.2 節（117 頁）参照）．ここで，直交行列によって対角化される実正方行列は対称行列に限ることに注意しよう（なぜか?）

例題 6.5.1　実対称行列 $A = \begin{pmatrix} 1 & 2 & 2 \\ 2 & 1 & 2 \\ 2 & 2 & 1 \end{pmatrix}$ を直交行列によって対角化せよ．

解　(1) $g_A(x) = (x-5)(x+1)^2$ により A の相異なる固有値は $\lambda = 5,\ -1$ である．

(i)　$\lambda = 5$ の固有空間を求める．$5E - A$ を簡約化すると

$$5E - A = \begin{pmatrix} 4 & -2 & -2 \\ -2 & 4 & -2 \\ -2 & -2 & 4 \end{pmatrix} \longrightarrow \begin{pmatrix} \mathbf{1} & 0 & -1 \\ 0 & \mathbf{1} & -1 \\ 0 & 0 & 0 \end{pmatrix}$$

を得る．よって $\dim W(A,5)=3-2=1$ で

$$W(A,5)=\left\{c\boldsymbol{v}_1 \;\middle|\; \boldsymbol{v}_1=\begin{pmatrix}1\\1\\1\end{pmatrix},\ c\in\boldsymbol{R}\right\}.$$

(ii)　$\lambda=-1$ の固有空間を求める．$(-1)E-A$ を簡約化すると

$$(-1)E-A=\begin{pmatrix}-2&-2&-2\\-2&-2&-2\\-2&-2&-2\end{pmatrix}\longrightarrow\begin{pmatrix}\mathbf{1}&1&1\\0&0&0\\0&0&0\end{pmatrix}$$

であるから，$\dim W(A,-1)=3-1=2$ で

$$W(A,-1)=\left\{c_2\boldsymbol{v}_2+c_3\boldsymbol{v}_3 \;\middle|\; \boldsymbol{v}_2=\begin{pmatrix}-1\\1\\0\end{pmatrix},\ \boldsymbol{v}_3=\begin{pmatrix}-1\\0\\1\end{pmatrix},\ c_1,\ c_2\in\boldsymbol{R}\right\}.$$

(2)　$\boldsymbol{R}^2$ の正規直交基底を求めるには，$W(A,5)$ と $W(A,-1)$ それぞれの正規直交基底を求めればよい（定理 6.5.1（2））．

$W(A,5)$ に属する次のベクトルは長さ 1 で $W(A,5)$ の基底である（$\dim W(A,5)=1$ に注意）．

$$\boldsymbol{p}_1=\frac{1}{\|\boldsymbol{v}_1\|}\boldsymbol{v}_1=\frac{1}{\sqrt{3}}\begin{pmatrix}1\\1\\1\end{pmatrix}$$

またシュミットの直交化法によって $W(A,-1)$ の基底 $\boldsymbol{v}_2$，$\boldsymbol{v}_3$ から正規直交基底 $\{\boldsymbol{p}_2,\boldsymbol{p}_3\}$ を求めると

$$\boldsymbol{p}_2=\frac{1}{\sqrt{2}}\begin{pmatrix}-1\\1\\0\end{pmatrix},\quad \boldsymbol{p}_3=\frac{1}{\sqrt{6}}\begin{pmatrix}-1\\-1\\2\end{pmatrix}.$$

よって次のベクトルの組は A の固有ベクトルからなる $\boldsymbol{R}^3$ の正規直交基底となる．

$$\left\{\frac{1}{\sqrt{3}}\begin{pmatrix}1\\1\\1\end{pmatrix},\ \frac{1}{\sqrt{2}}\begin{pmatrix}-1\\1\\0\end{pmatrix},\ \frac{1}{\sqrt{6}}\begin{pmatrix}-1\\-1\\2\end{pmatrix}\right\} \tag{6.18}$$

したがって次のように求める対角化を得る．

$$P=\begin{pmatrix}1/\sqrt{3}&-1/\sqrt{2}&-1/\sqrt{6}\\1/\sqrt{3}&1/\sqrt{2}&-1/\sqrt{6}\\1/\sqrt{3}&0&2/\sqrt{6}\end{pmatrix}\qquad P^{-1}AP=\begin{pmatrix}5&0&0\\0&-1&0\\0&0&-1\end{pmatrix}$$

□

注 1　A がエルミート行列の場合も定理 6.5.2 と同様にして適当なユニタリ行列によって A は対角化される．

2 次形式　n 個の変数 $x_1, \ldots, x_n$ に関する実係数の 2 次の同次多項式

$$q(x_1, \ldots, x_n) = \sum_{i,j=1}^{n} c_{ij} x_i x_j \tag{6.19}$$

を実係数の **2 次形式**（quadratic form）または**実 2 次形式**という．例えば $x_1{}^2 + 2x_3{}^2$，$-x_1x_2 + 4x_2x_3$，$x_1{}^2 + 2x_3{}^2 - x_1x_2 + 4x_2x_3$ などは実 2 次形式である．

任意の i, j について $x_ix_j = x_jx_i$ であるから，

$$a_{ij} = \frac{c_{ij} + c_{ji}}{2}$$

とおけば，2 次形式（6.19）は次のように表すことができる．

$$q(x_1, \ldots, x_n) = \sum_{i=1}^{n} a_{ii} x_i{}^2 + 2\sum_{i<j} a_{ij} x_i x_j \tag{6.20}$$

ここで a_{ij} $(1 \leqq i \leqq n,\ 1 \leqq j \leqq n)$ を (i, j) 成分とする n 次行列を $A = \left(a_{ij}\right)$ とおけば A は実対称行列となる．A を 2 次形式 $q(\boldsymbol{x})$ の**行列**という．さらに

$${}^t\boldsymbol{x} = \begin{pmatrix} x_1 & \cdots & x_n \end{pmatrix}$$

とおくと，$q(\boldsymbol{x})$ は ${}^t\boldsymbol{x}A\boldsymbol{x}$ と表すことができる．これを $A[\boldsymbol{x}]$ で表す．

$$q(\boldsymbol{x}) = A[\boldsymbol{x}] = {}^t\boldsymbol{x}A\boldsymbol{x} \tag{6.21}$$

関係（6.21）によって実対称行列 A と実 2 次形式 q とは 1 対 1 に対応する．

例 1　多項式 $f(x, y) = ax^2 + by^2 + cxy + dyx$（$a, b, c, d \in \boldsymbol{R}$）は 2 次形式である．これは実対称行列を用いて次のように表される．ただし $c' = (c+d)/2$.

$$\begin{aligned} f(x, y) &= \begin{pmatrix} x & y \end{pmatrix} \begin{pmatrix} a & c \\ d & b \end{pmatrix} \begin{pmatrix} x \\ y \end{pmatrix} = ax^2 + by^2 + (c+d)xy \\ &= ax^2 + by^2 + 2c'xy = \begin{pmatrix} x & y \end{pmatrix} \begin{pmatrix} a & c' \\ c' & b \end{pmatrix} \begin{pmatrix} x \\ y \end{pmatrix} \end{aligned}$$

例 2　2 次形式 $q(\boldsymbol{x}) = 2x_1{}^2 + x_2{}^2 - 3x_3{}^2 - x_1x_2 + 4x_2x_3$ の行列は
$A = \begin{pmatrix} 2 & -1/2 & 0 \\ -1/2 & 1 & 2 \\ 0 & 2 & -3 \end{pmatrix}$ である．また行列 $B = \begin{pmatrix} 2 & -1 & 5/2 \\ -1 & 3 & 1 \\ 5/2 & 1 & 0 \end{pmatrix}$ で定まる 2 次形式は $B[\boldsymbol{x}] = 2x_1{}^2 + 3x_2{}^2 - 2x_1x_2 + 5x_1x_3 + 2x_2x_3$ である．

2次形式の標準形　2変数の（実係数の）2次曲線

$$f(x_1, x_2) = ax_1^2 + bx_1x_2 + cx_2^2 + d_1x_1 + d_2x_2 + e = 0 \tag{6.22}$$

が座標軸の回転や平行移動などによって得られる新しい座標軸上で次のような“標準形”で表示される方法を考えよう．

$$\begin{aligned} f(X_1, X_2) &= \alpha X_1^2 + \beta X_2^2 + \gamma = 0 \\ f(X_1, X_2) &= \alpha X_1^2 + \delta X_2 = 0 \end{aligned} \tag{6.23}$$

まず，ベクトル空間 $V = \boldsymbol{R}^n$ の基底の変換

$$\{\boldsymbol{e}_i\} \xrightarrow{P} \{\boldsymbol{p}_i\}$$

を行ったとき2次形式 $A[\boldsymbol{x}]$ の表示はどのように変わるかを調べてみる．

変数のベクトル $\boldsymbol{x} = {}^t(x_1 \ \cdots \ x_n)$ を新しい基底 $\{\boldsymbol{p}_i\}$ の1次結合として $\boldsymbol{x} = \sum_i x_i' \boldsymbol{p}_i$ と表したとき，ベクトル $\boldsymbol{x}' = {}^t(x_1' \ \cdots \ x_n')$（新しい変数ベクトル）は

$$\boldsymbol{x} = P\boldsymbol{x}'$$

を満たす（5.4節（5.7））．ここで $P = \begin{pmatrix}\boldsymbol{p}_1 & \cdots & \boldsymbol{p}_n\end{pmatrix}$ である．よって次の等式を得る．

$$A[\boldsymbol{x}] = {}^t\boldsymbol{x}A\boldsymbol{x} = {}^t(P\boldsymbol{x}')AP\boldsymbol{x}' = {}^t\boldsymbol{x}'\,({}^tPAP)\,\boldsymbol{x}' = ({}^tPAP)[\boldsymbol{x}']$$

ここで

$${}^t({}^tPAP) = {}^tP\,{}^tA\,{}^t({}^tP) = {}^tPAP$$

により ${}^tPAP$ は実対称行列である．

定理 6.5.3　（**主軸定理**（principal axis theorem））実2次形式 $q(\boldsymbol{x}) = A[\boldsymbol{x}]$ は，適当な直交行列 P による変数変換 $\boldsymbol{x} = P\boldsymbol{x}'$ によって

$$A[\boldsymbol{x}] = ({}^tPAP)[\boldsymbol{x}'] = \lambda_1 {x_1'}^2 + \cdots + \lambda_n {x_n'}^2$$

の形に変換される．ここで $\lambda_1, \ldots, \lambda_n$ は A の固有値である．

2次形式　$({}^tPAP)[\boldsymbol{x}'] = \lambda_1 {x_1'}^2 + \cdots + \lambda_n {x_n'}^2$　を $q(\boldsymbol{x})$ の**標準形**という．

証明 A が実対称行列であるから，A は適当な直交行列 P によって対角化さ

れる：$P^{-1}AP = \begin{pmatrix} \lambda_1 & \cdots & 0 \\ \vdots & \ddots & \vdots \\ 0 & \cdots & \lambda_n \end{pmatrix}$（定理 6.5.2）．よって変数の変換 $\boldsymbol{x} = P\boldsymbol{x}'$

を行えば，$P^{-1} = {}^tP$ に注意して，次のように求める 2 次形式を得る．

$$A[\boldsymbol{x}] = ({}^tPAP)[\boldsymbol{x}'] = {}^t\boldsymbol{x}'(P^{-1}AP)\boldsymbol{x}' = \lambda_1 {x'_1}^2 + \cdots + \lambda_n {x'_n}^2$$ □

2 次形式 $({}^tPAP)[\boldsymbol{x}']$ が $q(\boldsymbol{x})$ の標準形であるとき，P の列ベクトルからなる $\boldsymbol{R}^n$ の正規直交基底 $\{\boldsymbol{p}_1, \boldsymbol{p}_2, \ldots, \boldsymbol{p}_n\}$ を $q(\boldsymbol{x})$ の**主軸**（principal axes）といい，P による標準形への変換を 2 次形式 $q(\boldsymbol{x})$ の**主軸変換**という．

例題 6.5.2 次の 2 次形式の行列と標準形，主軸を求めよ（例題 6.5.1 を参照）．

$$q(\boldsymbol{x}) = {x_1}^2 + {x_2}^2 + {x_3}^2 + 4x_1x_2 + 4x_1x_3 + 4x_2x_3$$

解 $q(\boldsymbol{x})$ の行列は $A = \begin{pmatrix} 1 & 2 & 2 \\ 2 & 1 & 2 \\ 2 & 2 & 1 \end{pmatrix}$ である．例題 6.5.1 で求めた直交行列 P をとれば ${}^tPAP = \begin{pmatrix} 5 & 0 & 0 \\ 0 & -1 & 0 \\ 0 & 0 & -1 \end{pmatrix}$ であるから，$q(\boldsymbol{x})$ の標準形は

$$({}^tPAP)[\boldsymbol{x}'] = 5{x'_1}^2 - {x'_2}^2 - {x'_3}^2$$

となり，その主軸は P の列ベクトルから成る正規直交基底（6.18）である． □

一般に 2 次曲線 (6.22) は，その 2 次の項からなる 2 次形式

$$q(x_1, x_2) = ax_1^2 + bx_1x_2 + cx_2^2$$

を考え，座標系 O-xy の x 軸，y 軸上の単位ベクトル $\boldsymbol{e}_1, \boldsymbol{e}_2$（$O$-$xy$ の主軸）を $q(x_1, x_2)$ の主軸に変換し，さらにそれを平行移動して得られる新しい座標系上で 2 次曲線 (6.23) の形の式に直すことができる．このことを次の例によって確かめてみよう．

例 3 2 次曲線 $C : f(x, y) = x^2 - 2xy + y^2 + 2x - 6y = 0$ はどのような曲線であるかを調べる．

(1) 主軸変換 $q(x,y)=x^2-2xy+y^2=(x-y)^2$ であるから $C_0: q(x,y)=0$ は O-xy を直交座標系とする平面上の直線 $y=x$ を表す.

先ず $q(x,y)$ の主軸と標準形について調べる.

$q(x,y)$ の行列は $A=\begin{pmatrix} 1 & -1 \\ -1 & 1 \end{pmatrix}$ である. A の固有多項式は $g_A(t)=(t-2)t$ であるから, 実対称行列 A は異なる固有値 $\lambda=2, 0$ をもち, ある直交行列 P によって $P^{-1}AP=\begin{pmatrix} 2 & 0 \\ 0 & 0 \end{pmatrix}$ となる (定理 6.5.2). ここで, $\lambda=2$ と $\lambda=0$ に属する長さ 1 の固有ベクトル $\boldsymbol{p}_1, \boldsymbol{p}_2$ を選べば $\{\boldsymbol{p}_1, \boldsymbol{p}_2\}$ は正規直交基底となる (定理 6.5.1) から, $P=(\boldsymbol{p}_1\ \boldsymbol{p}_2)$ と定めることができる. たとえば,

$$\boldsymbol{p}_1=\begin{pmatrix} 1/\sqrt{2} \\ -1/\sqrt{2} \end{pmatrix}, \quad \boldsymbol{p}_2=\begin{pmatrix} 1/\sqrt{2} \\ 1/\sqrt{2} \end{pmatrix}.$$

そこで基底 (主軸) の変換 $\{\boldsymbol{e}_i\} \xrightarrow{P} \{\boldsymbol{p}_i\}$ を考えれば, 変数 (座標) 変換

$$\begin{pmatrix} x \\ y \end{pmatrix}=P\begin{pmatrix} x' \\ y' \end{pmatrix} \tag{6.24}$$

によって O-xy 座標系が O-$x'y'$ 座標系に変換され, $\boldsymbol{p}_1, \boldsymbol{p}_2$ はそれぞれ x' 軸と y' 軸上の単位ベクトルである.

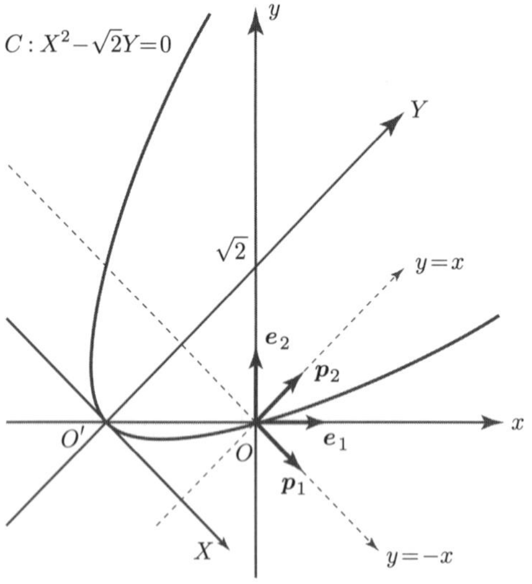

図 6.1

$\boldsymbol{p}_1$ が O-xy を直交座標系とする標平面上の直線 $y=-x$ の上にあるから $y=-x$ は O-$x'y'$ 座標系の x' 軸になり，$\boldsymbol{p}_2$ が $y=x$ 上にあるから $y=x$ は y' 軸になる．

$q(x,y)$ の標準形は

$$q(x,y)=({}^tPAP)[x',y']=2{x'}^2$$

であるから，C_0 は新しい座標系 O-$x'y'$ の y' 軸であることを示す．

(2) 平行移動　変数変換（6.24）によって，O-$x'y'$ の平面上で曲線 C は

$$2{x'}^2+2\left(\frac{1}{\sqrt{2}}x'+\frac{1}{\sqrt{2}}y'\right)-6\left(-\frac{1}{\sqrt{2}}x'+\frac{1}{\sqrt{2}}y'\right)=0 \tag{6.25}$$

となるから，これを整理して ${x'}^2+2\sqrt{2}x'-\sqrt{2}y'=0$ を得る．
よって $(x'+\sqrt{2})^2=\sqrt{2}(y'+\sqrt{2})$．ここで

$$X=x'+\sqrt{2},\qquad Y=y'+\sqrt{2} \tag{6.26}$$

とおいて式 (6.25) を平行移動すると

$$C:\ X^2-\sqrt{2}Y=0 \tag{6.27}$$

となり，これは O'-XY を直交座標系とする平面上での放物線の標準形である．こうして曲線 C は放物線を表すことがわかった．ここで O' は直交座標系 O-xy による平面上の座標が $(-2,0)$ の点を表す．

上の考察に現れた行列 P は，$\theta=-\dfrac{\pi}{4}$ とおくと

$$P=\begin{pmatrix}\cos\theta & -\sin\theta\\ \sin\theta & \cos\theta\end{pmatrix} \tag{6.28}$$

であるから，P による変換 (6.24)：O-$xy \longrightarrow O$-$x'y'$ は座標軸を原点の周りに $-\pi/4$ 回転させる．また変換 (6.26)：O-$x'y' \longrightarrow O'$-XY は x' 軸と y' 軸方向へ座標軸を $-\sqrt{2}$ 平行移動させる．したがって，座標軸 O-xy の回転と平行移動によって得られる新しい直交座標系の上で曲線 C の標準形 (6.27) を得た．

注 2　P の第 1 列，第 2 列としてそれぞれ $\lambda=2,\ 0$ の順に固有ベクトルをとった理由は P を回転の行列 (6.28) の形にするためである．$\lambda=0,\ 2$ の順にとった場合について調べてみよ（演習問題 6.4, **6** 参照）．

演習問題 6.5

1.　実行列について次を示せ.

(1)　交代行列の固有値は 0 または純虚数である.

(2)　A が交代行列であれば A は対角化可能で $E \pm A$ は正則である.

(3)　直交行列 P に対して $E+P$ や $E-P$ は必ずしも正則ではない. このような行列 P の例を一つ挙げよ.

2.　X は実正方行列で $E+X$ が正則であるとする. 行列 $C(X)$ を次の式により定める.

$$C(X) = (E-X)(E+X)^{-1}$$

このとき次を示せ.

(1)　$E+C(X)$ も正則となり, 次の等式が成り立つ.

$$(E+C(X))^{-1} = \frac{1}{2}(E+X), \qquad X = C(C(X))$$

(2)　$E+{}^tX$ も正則となり, ${}^tC(X) = C({}^tX)$ が成り立つ. また次の同値が成り立つ.

$$X \text{ は対称行列} \iff C(X) \text{ は対称行列}$$

(3)　$E-X$ が正則であれば $C(-X) = C(X)^{-1}$ が成り立つ. またこのとき次の同値が成り立つ.

$$X \text{ は交代行列} \iff C(X) \text{ は直交行列}$$

3.　次の対称行列を直交行列によって対角化せよ.

(1) $\begin{pmatrix} 1 & 0 & -1 \\ 0 & 1 & 0 \\ -1 & 0 & 1 \end{pmatrix}$　　(2) $\begin{pmatrix} 0 & 0 & 1 \\ 0 & 1 & 0 \\ 1 & 0 & 0 \end{pmatrix}$

4.　次の 2 次形式 $q(\boldsymbol{x})$ の行列と標準形, 主軸を求めよ.

(1)　$q(x_1, x_2) = x_1^2 - 6x_1x_2 + x_2^2$

(2)　$q(x_1, x_2, x_3) = x_2x_3 + x_3x_1 + x_1x_2$

(3)　$q(x_1, x_2, x_3) = x_1^2 + x_2^2 + x_3^2 + 2x_2x_3 + 2x_3x_1 - 2x_1x_2$

付録 A　補　　足

A.1　行列の簡約形の一意性

定理 A.1.1　行列の簡約形は簡約化する方法によらずにただ一つ定まる．

証明　M を任意の $m \times n$ 行列とし，$A = \big(a_{ij}\big) = \big(\boldsymbol{a}_1 \ \cdots \ \boldsymbol{a}_n\big)$（列ベクトル表示）をその簡約形とする．$A$ の主成分を含む列を次のようにおく．

$$\boldsymbol{a}_{i_1},\ \ldots,\ \boldsymbol{a}_{i_r} \quad (i_1 < i_2 < \cdots < i_r)$$

簡約行列の形から明らかなように，これらは次の二つの性質をもつ列ベクトルとして定まる．

(A1)　$\boldsymbol{a}_{i_1},\ \ldots,\ \boldsymbol{a}_{i_r}$ は 1 次独立である．

(A2)　任意の列ベクトル $\boldsymbol{a}_j$ は $\boldsymbol{a}_{i_1},\ \ldots,\ \boldsymbol{a}_{i_k}$ $(i_k \leqq j)$ の 1 次結合である．

$$\boldsymbol{a}_j = c_{i_1 j}\boldsymbol{a}_{i_1} + \cdots + c_{i_k j}\boldsymbol{a}_{i_k} \ \ (i_k \leqq j,\ c_{ij} \in \boldsymbol{R})$$

このとき $\boldsymbol{a}_{i_j} = \boldsymbol{e}_j$ である．いま M の任意の簡約形 $B = \big(\boldsymbol{b}_1 \ \cdots \ \boldsymbol{b}_n\big)$ に対して $A = B$ が成り立つことを示すためには，各 $1 \leqq j \leqq n$ について $\boldsymbol{a}_j = \boldsymbol{b}_j$ であることを示せばよい．

そこで，スカラー $c_1,\ \ldots,\ c_n$ に対して

$$c_1\boldsymbol{a}_1 + \cdots + c_n\boldsymbol{a}_n = \boldsymbol{0} \Longleftrightarrow c_1\boldsymbol{b}_1 + \cdots + c_n\boldsymbol{b}_n = \boldsymbol{0}$$

が成り立つことに注意すると（(5.8) を参照），$\boldsymbol{a}_1,\ \ldots,\ \boldsymbol{a}_n$ の間の 1 次独立性や 1 次従属性は，同じ添え字を持つ B の列ベクトル $\boldsymbol{b}_1,\ \ldots,\ \boldsymbol{b}_n$ の間に対してもそのまま成立する．したがって，(A1) (A2) において，各 $\boldsymbol{a}_i$ を $\boldsymbol{b}_i$ に置き換えた性質 (B1) (B2) が成り立つ．よって $\boldsymbol{b}_{i_1},\ \ldots,\ \boldsymbol{b}_{i_r}$ は B の主成分を含む列ベクトルであり，

$$\boldsymbol{b}_{i_1} = \boldsymbol{e}_1 = \boldsymbol{a}_{i_1}, \quad \ldots, \quad \boldsymbol{b}_{i_r} = \boldsymbol{e}_r = \boldsymbol{a}_{i_r}$$

となるから，任意の $1 \leqq j \leqq n$ に対して

$$\begin{aligned}\boldsymbol{a}_j &= c_{i_1 j}\boldsymbol{a}_{i_1} + \cdots + c_{i_r j}\boldsymbol{a}_{i_r} = c_{i_1 j}\boldsymbol{e}_1 + \cdots + c_{i_r j}\boldsymbol{e}_r \\ &= c_{i_1 j}\boldsymbol{b}_{i_1} + \cdots + c_{i_r j}\boldsymbol{b}_{i_r} = \boldsymbol{b}_j.\end{aligned}$$

□

A.2 行列の三角化の応用

A.2.1 三角型分割行列の行列式

例題 A.2.1 二つの正方行列 A, D に対して次が成り立つ.

$$\det\begin{pmatrix} A & B \\ O & D \end{pmatrix} = \det\begin{pmatrix} A & O \\ C & D \end{pmatrix} = \det A \cdot \det D$$

証明 初めの行列式について証明する. A を n 次行列, D を m 次行列とする. 定理 6.4.5 によって, 正則行列 P, Q が存在して A と D は次のような上三角行列に相似になる.

$$P^{-1}AP = \begin{pmatrix} \lambda_1 & \cdots & * \\ & \ddots & \vdots \\ & & \lambda_n \end{pmatrix}, \qquad Q^{-1}DQ = \begin{pmatrix} \mu_1 & \cdots & * \\ & \ddots & \vdots \\ & & \mu_m \end{pmatrix} \tag{A.1}$$

このとき

$$|P^{-1}AP| = \lambda_1 \cdots \lambda_n, \quad |Q^{-1}DQ| = \mu_1 \cdots \mu_n.$$

また

$$\begin{pmatrix} P^{-1} & O \\ O & Q^{-1} \end{pmatrix}\begin{pmatrix} A & B \\ O & D \end{pmatrix}\begin{pmatrix} P & O \\ O & Q \end{pmatrix} = \begin{pmatrix} P^{-1}AP & P^{-1}BQ \\ O & Q^{-1}DQ \end{pmatrix}. \tag{A.2}$$

ここで

$$\begin{pmatrix} P^{-1} & O \\ O & Q^{-1} \end{pmatrix} = \begin{pmatrix} P & O \\ O & Q \end{pmatrix}^{-1}$$

であるから式 (A.2) の左辺の行列式は $\begin{pmatrix} A & B \\ O & D \end{pmatrix}$ の行列式に等しい. 一方右辺は式 (A.1) により上三角行列であるから, その行列式は対角成分の積 $(\lambda_1 \cdots \lambda_n)(\mu_1 \cdots \mu_m)$ となり, したがって $|P^{-1}AP| = |A|$ と $|Q^{-1}DQ| = |D|$ との積に一致する. □

A.2.2 フロベニウスの定理

定理 A.2.1 n 次行列 A の（重複も許した）n 個の固有値を $\lambda_1, \ldots, \lambda_n$ とする. このとき任意の（複素係数の）多項式 $f(x)$ に対して, n 次行列 $f(A)$ の固有値は（重複も込めて）$f(\lambda_1), \ldots, f(\lambda_n)$ で与えられる.

証明 A.2.1 におけるように，正則行列 P によって $P^{-1}AP$ を上三角行列とすれば，任意の自然数 r に対して

$$(P^{-1}AP)^r = P^{-1}A^rP = \begin{pmatrix} \lambda_1^r & \cdots & * \\ & \ddots & \vdots \\ & & \lambda_n^r \end{pmatrix}.$$

よって $f(x) = c_0x^m + c_1x^{m-1} + \cdots + c_{m-1}x + c_m$ とおくと

$$\begin{aligned} P^{-1}f(A)P &= P^{-1}(c_0A^m + c_1A^{m-1} + \cdots + c_{m-1}A + c_mE_n)P \\ &= c_0(P^{-1}AP)^m + \cdots + c_{m-1}(P^{-1}AP) + c_mE_n \\ &= \begin{pmatrix} f(\lambda_1) & \cdots & * \\ & \ddots & \vdots \\ & & f(\lambda_n) \end{pmatrix}. \end{aligned}$$

このことから $f(\lambda_i)$ $(1 \leqq i \leqq n)$ が $P^{-1}f(A)P$ の固有値となり，したがって $f(A)$ の固有値でもある (6.1.2). □

A.2.3 ケーリー・ハミルトンの定理

ケーリー・ハミルトンの定理の証明はいろいろあるが，ここではユニタリ行列による三角化を用いて証明する．

定理 A.2.2 n 次行列 A の固有多項式 $g_A(x)$ に対して，次の等式が成り立つ．

$$g_A(A) = O$$

証明 (1) まず A が上三角行列である場合に示す．

A の対角成分を λ_1，$\cdots$，λ_n とおくと

$$g_A(x) = (x-\lambda_1)\cdots(x-\lambda_n).$$

よって

$$g_A(A) = (A-\lambda_1E)\cdots(A-\lambda_nE).$$

ここで各行列 $A-\lambda_iE$ は第 (i,i) 成分が 0 である上三角行列であるから，行列の積を順に計算すればわかるように，$A-\lambda_1E$ の第 1 列は $\mathbf{0}$，$(A-\lambda_1E)(A-\lambda_2E)$ の第 1 列，第 2 列は $\mathbf{0}$，... となり，$(A-\lambda_1E)(A-\lambda_2E)\cdots(A-\lambda_nE)$ は第 1 列から第 n 列がすべて $\mathbf{0}$，すなわち $g_A(A) = O$ を得る．

(2) 任意の n 次行列 A に対して，A.2.1におけるように正則行列 P によって $P^{-1}AP$ を上三角行列にできる．このとき (1) により $g_{P^{-1}AP}(P^{-1}AP) = O$ ．よって

$$g_{P^{-1}AP}(P^{-1}AP) = P^{-1}g_{P^{-1}AP}(A)P$$

により $g_{P^{-1}AP}(A) = O$ となる．一方 $g_{P^{-1}AP}(x) = g_A(x)$ であるから，$g_{P^{-1}AP}(A) = g_A(A)$．以上により $g_A(A) = O$ を得る． □

A.3 階数・退化次数の定理

定理 A.3.1 有限次元のベクトル空間 U から V への線形写像 f に対して次の等式が成り立つ．

$$\dim(\mathrm{Ker}\, f) + \dim(\mathrm{Im}\, f) = \dim U$$

証明 $\dim(\mathrm{Ker}\, f) = r$，$\dim(\mathrm{Im}\, f) = s$ とおく．

$\boldsymbol{u}_1$，...，$\boldsymbol{u}_r$ を $\mathrm{Ker}\, f$ の基底，$\boldsymbol{v}_1$，...，$\boldsymbol{v}_s$ を $\mathrm{Im}\, f$ の基底とする．各 $\boldsymbol{v}_i$ は f の像の元であるから，$f(\boldsymbol{u}_{r+1}) = \boldsymbol{v}_1, \ldots, f(\boldsymbol{u}_{r+s}) = \boldsymbol{v}_s$ を満たす U のベクトル $\boldsymbol{u}_{r+1}, \ldots, \boldsymbol{u}_{r+s}$ が存在する．$\{\boldsymbol{u}_1, \ldots, \boldsymbol{u}_r, \boldsymbol{u}_{r+1}, \ldots, \boldsymbol{u}_{r+s}\}$ が U の基底となることを示せばよい．

(1) 1次独立性の証明．

$c_1\boldsymbol{u}_1 + \cdots + c_{r+s}\boldsymbol{u}_{r+s} = \boldsymbol{0}$ に対して $c_i = 0$ $(1 \leqq i \leqq r+s)$ を示す．この式の f による像を考えると，$f(\boldsymbol{u}_i) = \boldsymbol{0}$ $(1 \leqq i \leqq r)$ により $c_{r+1}f(\boldsymbol{u}_{r+1}) + \cdots + c_{r+s}f(\boldsymbol{u}_{r+s}) = \boldsymbol{0}$，すなわち

$$c_{r+1}\boldsymbol{v}_1 + \cdots + c_{r+s}\boldsymbol{v}_s = \boldsymbol{0}$$

が成り立つ．よって，$\boldsymbol{v}_1, \ldots, \boldsymbol{v}_s$ が1次独立であることから $c_{r+1} = \cdots = c_{r+s} = 0$ を得る．このとき $c_1\boldsymbol{u}_1 + \cdots + c_r\boldsymbol{u}_r = \boldsymbol{0}$ となるから $c_1 = \cdots = c_r = 0$ も得られる．

(2) U の生成系であることの証明．

任意の $\boldsymbol{u} \in U$ が $\boldsymbol{u}_i$ $(1 \leqq i \leqq r+s)$ の1次結合として表されることを示す．

$f(\boldsymbol{u}) = a_1\boldsymbol{v}_1 + \cdots + a_s\boldsymbol{v}_s \in \mathrm{Im}\, f$ （a_i はスカラー）と書ける．このとき

$$\begin{aligned} f(\boldsymbol{u} - a_1\boldsymbol{u}_{r+1} - \cdots - a_s\boldsymbol{u}_{r+s}) &= f(\boldsymbol{u}) - a_1 f(\boldsymbol{u}_{r+1}) - \cdots - a_s f(\boldsymbol{u}_{r+s}) \\ &= a_1\boldsymbol{v}_1 + \cdots + a_s\boldsymbol{v}_s - (a_1\boldsymbol{v}_1 + \cdots + a_s\boldsymbol{v}_s) = \boldsymbol{0} \end{aligned}$$

であるから，$\boldsymbol{u} - a_1\boldsymbol{u}_{r+1} - \cdots - a_s\boldsymbol{u}_{r+s} \in \mathrm{Ker}\, f$ である．$\boldsymbol{u}_1$，...，$\boldsymbol{u}_r$ は $\mathrm{Ker}\, f$ の生成系であるから，あるスカラー b_j $(1 \leqq j \leqq r)$ によって

$$\boldsymbol{u} - a_1\boldsymbol{u}_{r+1} - \cdots - a_s\boldsymbol{u}_{r+s} = b_1\boldsymbol{u}_1 + \cdots + b_r\boldsymbol{u}_r$$

とおける．したがって，$\boldsymbol{u} = b_1\boldsymbol{u}_1 + \cdots + b_r\boldsymbol{u}_r + a_1\boldsymbol{u}_{r+1} + \cdots + a_s\boldsymbol{u}_{r+s}$ となる． □

A.4 代数学の基本定理

x を変数とし複素数を係数とする多項式

$$f(x)=a_0x^n+a_1x^{n-1}+\cdots+a_{n-1}x+a_n \quad (a_0\neq 0,\ a_i\in \boldsymbol{C}) \tag{A.3}$$

全体を $\boldsymbol{C}[x]$ とおく．式 (A.3) における n を $f(x)$ の**次数**とよぶ．

次の定理は**代数学の基本定理**（fundamental theorem of algebra）とよばれ，18 世紀半ばにダランベール（d'Alembert）によって示されたが，50 年以上を経てガウス（Gauss）によって完全な証明が与えられた（命名もガウスによる）．その証明はいろいろ知られているがいずれも実数の連続性に依存し容易に示せるものではない（ダランベールに基づく証明が [5] に与えられている）．

定理 A.4.1 (Gauss) 複素係数の $n\,(>0)$ 次の多項式 $f(x)$ に対して，$f(\alpha)=0$ を満たす複素数 α が存在する．

第 6 章では n 次行列の固有多項式は（重複も込めて）n 個の根をもつことを利用した．これは定理 A.4.1 と次の定理を用いて示すことができる．

定理 A.4.2 (剰余定理) $f(x)\in\boldsymbol{C}[x]$, $a\in\boldsymbol{C}$ に対して，

$$f(x)=(x-a)g(x)+r \quad (r\in\boldsymbol{C})$$

を満たす多項式 $g(x)\in\boldsymbol{C}[x]$ が存在する（$r=f(a)$ であることに注意）．

定理 A.4.3 任意の $n\,(>0)$ 次多項式 $f(x)\in\boldsymbol{C}[x]$ は 1 次式の積に因数分解される．すなわち

$$f(x)=a(x-\lambda_1)\cdots(x-\lambda_n) \quad (a,\ \lambda_i\in\boldsymbol{C})$$

証明 $n=1$ であれば明らかだから $n>1$ とする．定理 A.4.1 により $f(\lambda_1)=0$ となる $\lambda_1\in\boldsymbol{C}$ が存在する．このとき定理 A.4.2 により $f(x)=(x-\lambda_1)g(x)+r$, $r\in\boldsymbol{C}$, $g(x)\in\boldsymbol{C}[x]$ とおける．ここで $r=f(\lambda_1)=0$ であるから $f(x)=(x-\lambda_1)g(x)$. $g(x)$ は $n-1$ 次であるから，次数に関する帰納法によればよい． □

演習問題の解答

第1章

演習問題 1.1

1. (1) $\begin{pmatrix} 2 & 3 & 4 \\ 3 & 4 & 5 \\ 4 & 5 & 6 \end{pmatrix}$ (2) $\begin{pmatrix} 1 & -1 & 1 \\ -1 & 1 & -1 \\ 1 & -1 & 1 \end{pmatrix}$ (3) $\begin{pmatrix} 0 & -3 & -8 \\ 3 & 0 & -5 \\ 8 & 5 & 0 \end{pmatrix}$ (4) $\begin{pmatrix} 0 & 0 & 3 \\ 0 & 4 & 0 \\ 3 & 0 & 0 \end{pmatrix}$

2. $\begin{pmatrix} 1 & 0 \\ 0 & 1 \end{pmatrix}$, $\begin{pmatrix} 0 & 1 \\ 1 & 0 \end{pmatrix}$, $\begin{pmatrix} 1 & 0 & 0 \\ 0 & 1 & 0 \\ 0 & 0 & 1 \end{pmatrix}$, $\begin{pmatrix} 1 & 0 & 0 \\ 0 & 0 & 1 \\ 0 & 1 & 0 \end{pmatrix}$, $\begin{pmatrix} 0 & 1 & 0 \\ 1 & 0 & 0 \\ 0 & 0 & 1 \end{pmatrix}$,
$\begin{pmatrix} 0 & 1 & 0 \\ 0 & 0 & 1 \\ 1 & 0 & 0 \end{pmatrix}$, $\begin{pmatrix} 0 & 0 & 1 \\ 1 & 0 & 0 \\ 0 & 1 & 0 \end{pmatrix}$, $\begin{pmatrix} 0 & 0 & 1 \\ 0 & 1 & 0 \\ 1 & 0 & 0 \end{pmatrix}$

3. $\begin{pmatrix} 1 & 1 & 0 & 1 \\ 1 & 2 & 0 & 2 \\ 0 & 0 & 2 & 1 \\ 1 & 2 & 1 & 3 \end{pmatrix}$ **4**. $\begin{pmatrix} 0 & 1 & 0 & 0 & 0 \\ 1 & 0 & 3 & 1 & 1 \\ 0 & 3 & 0 & 0 & 0 \\ 0 & 1 & 0 & 0 & 2 \\ 0 & 1 & 0 & 2 & 0 \end{pmatrix}$

演習問題 1.2

1. (1) $\begin{pmatrix} -6 & 33 \\ -7 & 14 \\ 10 & 25 \end{pmatrix}$ (2) $\begin{pmatrix} 2 & 0 & 7 \\ 3 & -1 & -3 \end{pmatrix}$ (3) $\begin{pmatrix} 6 & 12 & 3 \\ 2 & 4 & 1 \\ 8 & 16 & 4 \end{pmatrix}$

(4) $\begin{pmatrix} 3 & 21 \\ 36 & 0 \end{pmatrix}$ (5) n が奇数のとき $\begin{pmatrix} 0 & 0 & 1 \\ 0 & 1 & 0 \\ 1 & 0 & 0 \end{pmatrix}$, n が偶数のとき E_3

2. $\begin{pmatrix} a^2+bc & ab+bd \\ ca+dc & cb+d^2 \end{pmatrix} - \begin{pmatrix} (a+d)a & (a+d)b \\ (a+d)c & (a+d)d \end{pmatrix} + \begin{pmatrix} ad-bc & 0 \\ 0 & ad-bc \end{pmatrix} = O$

3. (1) 正しい. $(A+E)^2 = (A+E)(A+E) = A^2 + EA + AE + E^2 = A^2 + 2A + E$. ここで $EA = AE = A$.

(2) 正しくない：$(A+B)^2 = (A+B)(A+B) = A^2 + AB + BA + B^2$ であるから, $(A+B)^2 = A^2 + 2AB + B^2$ が成り立つことと $AB = BA$ であることは同値, $AB \neq BA$ の例としては 1.2 節例 4.

(3) 正しくない：反例 $A=\begin{pmatrix}1 & 0\\ 0 & 0\end{pmatrix}$

(4) 正しくない：対称行列の場合の反例 $A=\begin{pmatrix}1 & 1\\ 1 & 1\end{pmatrix}$, $B=\begin{pmatrix}1 & 0\\ 0 & 0\end{pmatrix}$.

交代行列の場合の反例 $A=\begin{pmatrix}0 & -1\\ 1 & 0\end{pmatrix}$, $B=\begin{pmatrix}0 & 1\\ -1 & 0\end{pmatrix}$

4. $A=\begin{pmatrix}0 & 1\\ 1 & 1\end{pmatrix}$

5. 一般に複素数 $\alpha=a+bi$ と行列 $A=\begin{pmatrix}a & -b\\ b & a\end{pmatrix}$ との対応 $\alpha\leftrightarrow A$ を考えると，(3) によって和と積も対応する： $\alpha+\beta\leftrightarrow A+B$, $\alpha\beta\leftrightarrow AB$. したがってこの対応のもとで，$\begin{pmatrix}a & -b\\ b & a\end{pmatrix}$ $(a, b\in\boldsymbol{R})$ の形の 2 次行列全体は複素数全体と考えてよい．

6. ${}^tB=B$, ${}^tC=-C$ を確かめればよい．

演習問題 1.3 **1**. (1) $\left(\begin{array}{ccc|c}\times & \times & \times & \times\\ \times & \times & \times & \times\\ \hline \times & \times & \times & \times\\ \times & \times & \times & \times\end{array}\right)$ (2) $\left(\begin{array}{c|c|cc}\times & \times & \times & \times\\ \times & \times & \times & \times\\ \times & \times & \times & \times\\ \hline \times & \times & \times & \times\end{array}\right)$

2. (1) 略 (2) $K\,{}^tK=\begin{pmatrix}H & H\\ H & -H\end{pmatrix}\begin{pmatrix}{}^tH & {}^tH\\ {}^tH & -{}^tH\end{pmatrix}$

$$=\begin{pmatrix}2H\,{}^tH & H\,{}^tH-H\,{}^tH\\ H\,{}^tH-H\,{}^tH & 2H\,{}^tH\end{pmatrix}=\begin{pmatrix}2nE_n & O\\ O & 2nE_n\end{pmatrix}=2nE_{2n}$$

(3) $\left(\begin{array}{c|c}1 & 1\\ \hline 1 & -1\end{array}\right)$, $\left(\begin{array}{cc|cc}1 & 1 & 1 & 1\\ 1 & -1 & 1 & -1\\ \hline 1 & 1 & -1 & -1\\ 1 & -1 & -1 & 1\end{array}\right)$

3. $n=6$.

$$T^2=\begin{pmatrix}A & A\\ O & -A\end{pmatrix}\begin{pmatrix}A & A\\ O & -A\end{pmatrix}=\begin{pmatrix}A^2 & A^2-A^2\\ O & A^2\end{pmatrix}=\begin{pmatrix}A^2 & O\\ O & A^2\end{pmatrix},$$

また $A^2=\begin{pmatrix}0 & 1\\ -1 & -1\end{pmatrix}$, $A^3=A^2A=\begin{pmatrix}1 & 0\\ 0 & 1\end{pmatrix}$ を利用して，$T^3=T^2T$, $T^4=T^3T$, $T^5=T^4T$, $T^6=T^5T$ と順次求めていけばよい． **4**. 略

第 2 章

演習問題 2.1 **1**. $A=(a_{ij})$ を任意の $m\times n$ 行列とする．$A=O$ なら明らかなので $A\neq O$ とする．$A_1=A\neq O$ とおく．行の入れ換えによって A_1 を次の形にできる．

$$\left(\begin{array}{ccc|ccc}0 & \cdots & 0 & a_{1i_1} & \cdots & a_{1n}\\ \vdots & & \vdots & \vdots & & \vdots\\ 0 & \cdots & 0 & a_{mi_1} & \cdots & a_{mn}\end{array}\right), \qquad a_{1i_1}\neq 0$$

$1/a_{1i_1}$ を第 1 行に掛けて $(1, i_1)$ 成分を 1 にし，さらに $-a_{ji_1}$ $(2 \leqq j \leqq m)$ を第 1 行に掛けて第 j 行に加えると次の形の行列になる（A_2 は $(m-1)\times(n-i_1)$ 型の行列）．

$$\left(\begin{array}{cccc|ccc} 0 & \cdots & 0 & 1 & * & \cdots & * \\ \hline 0 & \cdots & 0 & 0 & & & \\ \vdots & & \vdots & \vdots & & A_2 & \\ 0 & \cdots & 0 & 0 & & & \end{array}\right).$$

A_2 に対して同様の操作を行い，さらに第 2 行を何倍かして他の行に加えると

$$\left(\begin{array}{cccc|cccc|c} 0 & \cdots & 0 & 1 & * & \cdots & * & 0 & * \cdots * \\ 0 & \cdots & 0 & 0 & 0 & \cdots & 0 & 1 & * \cdots * \\ \cline{9-9} \vdots & & \vdots & \vdots & \vdots & & \vdots & \vdots & \\ 0 & \cdots & 0 & 0 & 0 & \cdots & 0 & 0 & A_3 \end{array}\right).$$

以下同様のことを A_3, $A_4, \ldots$ と続ければよい．

2. (1) $\begin{pmatrix} 1 & 0 & 1 & 3 \\ 0 & 1 & -2 & -2 \end{pmatrix}$, 階数 2　(2) $\begin{pmatrix} 1 & 0 & -1 \\ 0 & 1 & 2 \\ 0 & 0 & 0 \end{pmatrix}$, 階数 2　(3) $\begin{pmatrix} 1 & 0 & 0 & 0 \\ 0 & 1 & 0 & 1/2 \\ 0 & 0 & 1 & -1 \end{pmatrix}$, 階数 3　(4) $\begin{pmatrix} 1 & 0 & 0 & -4 \\ 0 & 1 & 0 & -2 \\ 0 & 0 & 1 & -1 \end{pmatrix}$, 階数 3　(5) $\begin{pmatrix} 1 & 0 \\ 0 & 1 \\ 0 & 0 \\ 0 & 0 \end{pmatrix}$, 階数 2　(6) $\begin{pmatrix} 1 & 0 & -1/5 & 0 \\ 0 & 1 & -3/5 & 0 \\ 0 & 0 & 0 & 1 \\ 0 & 0 & 0 & 0 \end{pmatrix}$, 階数 3

演習問題 2.2　**1**.　(1) $\begin{pmatrix} 3/4 \\ -1/4 \\ -1/4 \end{pmatrix}$　(2) $c\begin{pmatrix} -1 \\ 1 \\ 0 \\ 0 \end{pmatrix}$　(3) $\begin{pmatrix} -1 \\ 1 \\ -1 \\ 0 \end{pmatrix} + c\begin{pmatrix} -2 \\ 1 \\ 1 \\ 1 \end{pmatrix}$

(4) 解なし　(5) $\begin{pmatrix} 2 \\ -1 \\ 0 \\ 2 \\ 0 \end{pmatrix} + c_1\begin{pmatrix} -2 \\ 2 \\ 1 \\ 0 \\ 0 \end{pmatrix} + c_2\begin{pmatrix} 0 \\ -1 \\ 0 \\ -1 \\ 1 \end{pmatrix}$

2. (1) 拡大係数行列の簡約形は $\begin{pmatrix} 1 & 0 & 3 & 4 \\ 0 & 1 & 1 & 3 \\ 0 & 0 & -11-a & -16-3a \end{pmatrix}$,　$a \neq -11$

(2) 拡大係数行列の簡約形は $\begin{pmatrix} 1 & 1 & a & 3 \\ 0 & a & 2 & -1 \\ 0 & 0 & -a+1 & -3 \end{pmatrix}$,　$a \neq 0, 1$

演習問題 2.3　**1**. 与えられた行列を A とおく．

(1) $(A \mid E) = \left(\begin{array}{ccc|ccc} 1 & 0 & 0 & 1 & 0 & 0 \\ 1 & 1 & 1 & 0 & 1 & 0 \\ 2 & 1 & 2 & 0 & 0 & 1 \end{array}\right) \xrightarrow{\text{簡約化}} \left(\begin{array}{ccc|ccc} 1 & 0 & 0 & 1 & 0 & 0 \\ 0 & 1 & 0 & 0 & 2 & -1 \\ 0 & 0 & 1 & -1 & -1 & 1 \end{array}\right)$,

よって $A^{-1} = \begin{pmatrix} 1 & 0 & 0 \\ 0 & 2 & -1 \\ -1 & -1 & 1 \end{pmatrix}$.

(2) A は正則ではない： $A \xrightarrow{\text{簡約化}} \begin{pmatrix} 1 & 0 & 1 \\ 0 & 1 & 1 \\ 0 & 0 & 0 \end{pmatrix}$

2. $E = (AB)^{-1}AB = \big((AB)^{-1}A\big)B$ により B は逆行列をもつ.
同様に $E = (AB)(AB)^{-1} = A\big(B(AB)^{-1}\big)$ により A は逆行列をもつ.

3. (1) $E = AA^{-1}$ の転置は $E = {}^t(A^{-1})\,{}^tA$. よって ${}^t(A^{-1}) = ({}^tA)^{-1}$.
(2) $A = {}^tA \Longrightarrow A^{-1} = ({}^tA)^{-1} = {}^t(A^{-1})$.
(3) $A = -{}^tA \Longrightarrow A^{-1} = -({}^tA)^{-1} = -{}^t(A^{-1})$.

4. (1) $(E-A)\sum_{i=0}^{m-1} A^i = \sum_{i=0}^{m-1} A^i - \sum_{i=0}^{m-1} A^{i+1} = \sum_{i=0}^{m-1} A^i - \sum_{i=1}^{m} A^i = E,$

$$(E+A)\sum_{i=0}^{m-1}(-1)^iA^i = \sum_{i=0}^{m-1}(-1)^iA^i + \sum_{i=0}^{m-1}(-1)^iA^{i+1}$$
$$= \sum_{i=0}^{m-1}(-1)^iA^i + \sum_{i=1}^{m}(-1)^{i-1}A^i = \sum_{i=0}^{m-1}(-1)^iA^i - \sum_{i=1}^{m}(-1)^iA^i = E$$

(2) $\begin{pmatrix} 0 & 1 & 0 \\ 0 & 0 & 1 \\ 0 & 0 & 0 \end{pmatrix}$

5. (1) A の基本行変形による簡約形を $B = PA$ とし，B の基本列変形による簡約形を $R = BQ$ とおくと，$R = PAQ$ は A のランク標準形になる.

P, Q は次のように求めるとよい：$m \times (n+m)$ 行列 $(A\,E_m)$ の基本行変形での簡約形を $(B\,P)$ とおくと $B = PA$. 次に $(m+n) \times n$ 行列 $\begin{pmatrix} B \\ \hline E_n \end{pmatrix}$ の基本列変形での簡約形を $\begin{pmatrix} R \\ \hline Q \end{pmatrix}$ とおくと $R = BQ$ で，$R = PAQ$.

(2) ランク標準形は $\begin{pmatrix} 1 & 0 & 0 \\ 0 & 1 & 0 \\ 0 & 0 & 0 \end{pmatrix}$： $P = \begin{pmatrix} 3 & -1 & 0 \\ -2 & 1 & 0 \\ 2 & -1 & 1 \end{pmatrix}$, $Q = \begin{pmatrix} 1 & 0 & 1 \\ 0 & 1 & -1 \\ 0 & 0 & 1 \end{pmatrix}$

第3章

演習問題 3.1 **1**. $\sigma\sigma = \begin{pmatrix} 1 & 2 & 3 & 4 \\ 4 & 3 & 2 & 1 \end{pmatrix}$, $\sigma^{-1}\tau\sigma = \begin{pmatrix} 1 & 2 & 3 & 4 \\ 1 & 3 & 4 & 2 \end{pmatrix}$

2. 反転：(5, 1), (3, 1), (5, 2), (3, 2), (5, 4), 反転数 5.
$\sigma = (1\ 5)(1\ 3)(2\ 5)(2\ 3)(4\ 5)$

補足　置換を互換の積として表すことが目的であれば，一般には反転によるよりも巡回置換の積を利用する方が効率がよい．すなわち次の (1) と (2) を利用する．

(1) 任意の置換は互いに共通文字を含まない巡回置換の積になる．

証明　n 文字の置換 σ に対して，$i_1 = 1$ とおき，$\sigma(i_1) = i_2$, $\sigma(i_2) = i_3$, $\ldots$ と何回か続けると i_1 に戻る．最初に i_1 に戻るときの文字を i_r として

$$\sigma(i_1) = i_2,\ \ \sigma(i_2) = i_3,\ \ \ldots,\ \ \sigma(i_r) = i_1,$$
$$\tau_1 = (i_1\ \ i_2\ \ \ldots\ \ i_r)$$

とおく．$r < n$ であれば i_j $(1 \leqq j \leqq r)$ 以外の任意の文字 i_{r+1} を取り，同様に σ で移していくとまた i_{r+1} に戻る：$\sigma(i_{r+s}) = i_{r+1}$, $\tau_2 = (i_{r+1}\ \ i_{r+2}\ \ \ldots\ \ i_{r+s})$ とおく．以下同様な操作を繰り返して $\sigma = \tau_k \ldots \tau_2\tau_1$ を得る．□

(2) 任意の巡回置換 $(k_1\ \ k_2\ \ \ldots\ \ k_r)$ に対して次が成り立つ（確認は容易）．

$$(k_1\ \ k_2\ \ \ldots\ \ k_r) = (k_1\ \ k_r)\ldots(k_1\ \ k_3)(k_1\ \ k_2). \qquad \square$$

この方法によれば問題の置換は次のように表示される．

$$\sigma = (1\ \ 3)(2\ \ 5\ \ 4) = (1\ \ 3)(2\ \ 4)(2\ \ 5)$$

演習問題 3.2　**1**. (1) 反転数 3,　$\mathrm{sgn}(\sigma) = -1$,　$(-1)\cdot 3\cdot 5\cdot 12\cdot 14 = -2520$
(2) 反転数 4,　$\mathrm{sgn}(\sigma) = 1$,　$3\cdot 8\cdot 9\cdot 14 = 3024$
(3) 反転数 5,　$\mathrm{sgn}(\sigma) = -1$,　$(-1)4\cdot 7\cdot 9\cdot 14 = -3528$

2. (1) -2　(2) 0　(3) 14　(4) -12

3. (1) 267　(2) 0　(3) 16　(4) 1968（基本行変形 (R3) を用いて第 1 列を 1 と 0 のみにしてから計算するとよい）　(5) 0　(6) 5　(7) 1　(8) 0

演習問題 3.3　**1**. (1) 1140　(2) -240　(3) 0（第 2 列，3 列，4 列を第 1 列に加える．この行列は魔法陣とよばれる行列になっている）　(4) 9　(5) 81　(6) 6

2. (1) $x = -7 \pm \sqrt{35}$　(2) $x = 3/2$　(3) $\det A = (x+3)(x-1)^3$, $x = -3, 1$

3 (1) $abc(b-c)(c-a)(a-b)$　(2) $(a+b+c)(b-c)(c-a)(a-b)$
(3) $(a+3b)(a-b)^3$　(4) 転置行列は a, b, c, d に関するヴァンデルモンドの行列式であるから $(b-a)(c-a)(d-a)(c-b)(d-b)(d-c)$　(5) $(2abc)^2$

演習問題 3.4　**1**. (1) $2\begin{vmatrix} 2 & 0 & 2 \\ 2 & 7 & 3 \\ 1 & 5 & 1 \end{vmatrix} - \begin{vmatrix} 1 & 3 & 1 \\ 2 & 7 & 3 \\ 1 & 5 & 1 \end{vmatrix} - 6\begin{vmatrix} 1 & 3 & 1 \\ 2 & 0 & 2 \\ 1 & 5 & 1 \end{vmatrix} - \begin{vmatrix} 1 & 3 & 1 \\ 2 & 0 & 2 \\ 2 & 7 & 3 \end{vmatrix} = -12$

(2) $-2\begin{vmatrix} 10 & -4 & 2 \\ 5 & 1 & 1 \\ 7 & -6 & 3 \end{vmatrix} + 0 - \begin{vmatrix} 3 & 10 & 2 \\ -1 & 5 & 1 \\ 2 & 7 & 3 \end{vmatrix} + 2\begin{vmatrix} 3 & 10 & -4 \\ -1 & 5 & 1 \\ 2 & 7 & -6 \end{vmatrix} = -302$

2. (1) $|A| = 6$,　$A^{-1} = \dfrac{1}{|A|}\tilde{A} = \dfrac{1}{6}\begin{pmatrix} 10 & -8 & -6 \\ -3 & 3 & 3 \\ 5 & -7 & -3 \end{pmatrix}$

(2) $|A| = 8, \quad A^{-1} = \dfrac{1}{|A|}\tilde{A} = \dfrac{1}{8}\begin{pmatrix} -1 & 5 & -1 \\ -3 & -1 & 5 \\ 5 & -1 & -3 \end{pmatrix}$

3. 与えられた関係式は少なくとも一つの解 (x_0, y_0, z_0) をもつと仮定していることに注意. 連立 1 次方程式 $a^i x + b^i y + c^i z + d^i w = 0$ $(i = 0, 1, 2, 3)$ は $\mathbf{0}$ と異なる解 $(x_0, y_0, z_0, -1)$ をもつので, その係数行列の行列式は 0. またこの行列式はヴァンデルモンドの行列式であるから $(b-a)(c-a)(d-a)(c-b)(d-b)(d-c) = 0$.

4. (1) ${}^t(x \quad y \quad z) = {}^t(7/5 \quad -1/2 \quad -19/5)$ (2) ${}^t(x \quad y \quad z) = {}^t(1 \quad 2 \quad 3)$

第4章

演習問題 4.1 **1**. $B(x, y, z)$ とおくと $\overrightarrow{AB} = (x-7, y, z+2)$. また $\overrightarrow{PQ} = (3, 3, 11)$. よって $B(10, 3, 9)$.

2. $\begin{cases} a_1b_1x + a_2b_1y + a_3b_1z = 0 \\ a_1b_1x + a_1b_2y + a_1b_3z = 0 \end{cases}$ から x を消去して

$$(a_2b_1 - a_1b_2)y + (a_3b_1 - a_1b_3)z = 0.$$

よって $y : z = a_3b_1 - a_1b_3 : a_1b_2 - a_2b_1$.
同様に z を消去して $x : y = a_2b_3 - a_3b_2 : a_3b_1 - a_1b_3$.

演習問題 4.2 **1**. 長さ： $\overrightarrow{AB} = (0, 1, -1)$, $\overrightarrow{AC} = (-2, 1, 1)$, $\overrightarrow{BC} = (-2, 0, 2)$ により

$$\|\overrightarrow{AB}\| = \sqrt{2}, \quad \|\overrightarrow{AC}\| = \sqrt{6}, \quad \|\overrightarrow{BC}\| = 2\sqrt{2}$$

角： $\theta = \angle ABC$ とおくと $(\overrightarrow{BA}, \overrightarrow{BC}) = \|\overrightarrow{BA}\|\,\|\overrightarrow{BC}\| \cos\theta$ により $\cos\theta = 1/2$. よって, $0 \leqq \theta \leqq \pi$ の範囲で $\theta = \pi/3$

面積： $S = (1/2)\|\overrightarrow{BA}\|\,\|\overrightarrow{BC}\| \sin\theta = \sqrt{3}$

2. 求めるベクトルを $\boldsymbol{c} = {}^t(x\ y\ z)$ とおくと, $0 = (\boldsymbol{a}, \boldsymbol{c}) = 2x - 5y + 3z$, $0 = (\boldsymbol{b}, \boldsymbol{c}) = -x + 2y - 2z$. これを解いて $\boldsymbol{c} = c\,{}^t(-4 \ -1 \ 1)$ $(c \in \boldsymbol{R})$. 一方, $\boldsymbol{c}$ は単位ベクトルであるから $\|\boldsymbol{c}\| = 1$. よって $\boldsymbol{c} = \pm\bigl(1/(3\sqrt{2})\bigr)\,{}^t(-4 \ -1 \ 1)$.

演習問題 4.3 **1**. (1) ${}^t(11 \quad -16 \quad 13)$ (2) ${}^t(-7 \quad 17 \quad 1)$

2. $\overrightarrow{OA}$, $\overrightarrow{OB}$, $\overrightarrow{OC}$ を $\boldsymbol{a}$, $\boldsymbol{b}$, $\boldsymbol{c}$ とおく. $\det(\boldsymbol{a}\ \boldsymbol{b}\ \boldsymbol{c}) = -8$. 体積 $V = 8$

演習問題 4.4 **1**. $\boldsymbol{a} = \begin{pmatrix} 3 \\ 2 \end{pmatrix}$ は $2x - 3y - 1 = 0$ と平行で, $\boldsymbol{b} = \begin{pmatrix} 4 \\ -3 \end{pmatrix}$ は $3x + 4y + 2 = 0$ と平行であるから, $\boldsymbol{a}$ と $\boldsymbol{b}$ のなす角を θ' とおくと $\theta' = \theta$ または $\theta' = \pi - \theta$. $(\boldsymbol{a}, \boldsymbol{b}) = \|\boldsymbol{a}\|\,\|\boldsymbol{b}\| \cos\theta'$ により $\cos\theta' = 6/(5\sqrt{13}) > 0$, 一方 $0 \leqq \theta \leqq \pi/2$ であるから $\cos\theta \geqq 0$. よって $\theta' = \theta$ となり $\cos\theta = 6/(5\sqrt{13})$.

2. $Oxyz$ 空間内で三点 $A(x_0, y_0, 0)$, $B(x_1, y_1, 0)$, $C(x_2, y_2, 0)$ を考えればよい．求める面積は $S = ||\overrightarrow{AB} \times \overrightarrow{AC}||$. ここで $\ell = (x_1 - x_0)(y_2 - y_0) - (x_2 - x_0)(y_1 - y_0)$ とおくと $\overrightarrow{AB} \times \overrightarrow{AC} = \ell \boldsymbol{e}_3$. この長さは $|\ell|$ で，行列式 $\begin{vmatrix} x_0 & y_0 & 1 \\ x_1 & y_1 & 1 \\ x_2 & y_2 & 1 \end{vmatrix}$ の絶対値と一致する．

A, B, C が同一直線上にあるためには $S = 0$ であることが必要十分である．

注 $P(x_1 - x_0,\ y_1 - y_0)$, $Q(x_2 - x_0,\ y_2 - y_0)$ とおいて，$\overrightarrow{OP}$ と $\overrightarrow{OQ}$ で張られる平行四辺形の面積 S を求めてもよい．

$\boldsymbol{a} = \begin{pmatrix} x_1 - x_0 \\ y_1 - y_0 \end{pmatrix}$, $\boldsymbol{b} = \begin{pmatrix} x_2 - x_0 \\ y_2 - y_0 \end{pmatrix}$ とおくと，例題 4.3.1(1) により $S = |\det(\boldsymbol{a}\ \boldsymbol{b})|$,

また $\det(\boldsymbol{a}\ \boldsymbol{b}) = (x_1 y_2 - x_2 y_1) - (x_0 y_2 - x_2 y_0) + (x_0 y_1 - x_1 y_0)$. 右辺は $\begin{vmatrix} x_0 & y_0 & 1 \\ x_1 & y_1 & 1 \\ x_2 & y_2 & 1 \end{vmatrix}$ を第 3 列に関して展開した式である．

3. 求める平面の方程式を $ax + by + cz + d = 0$, $(a, b, c, d) \neq (0, 0, 0, 0)$ とおくと，$ax_i + by_i + cz_i + d = 0$ $(i = 0,\ 1,\ 2)$. この四式は解 ${}^t(a, b, c, d) \neq \mathbf{0}$ をもつから，係数行列 A の行列式は 0. ここで

$$A = \begin{pmatrix} x & y & z & 1 \\ x_0 & y_0 & z_0 & 1 \\ x_1 & y_1 & z_1 & 1 \\ x_2 & y_2 & z_2 & 1 \end{pmatrix}.$$

逆に $|A| = 0$ とする．

$$a = \begin{pmatrix} y_0 & z_0 & 1 \\ y_1 & z_1 & 1 \\ y_2 & z_2 & 1 \end{pmatrix},\ b = \begin{pmatrix} z_0 & x_0 & 1 \\ z_1 & x_1 & 1 \\ z_2 & x_2 & 1 \end{pmatrix},\ c = \begin{pmatrix} x_0 & y_0 & 1 \\ x_1 & y_1 & 1 \\ x_2 & y_2 & 1 \end{pmatrix},\ d = \begin{pmatrix} x_0 & y_0 & z_0 \\ x_1 & y_1 & z_1 \\ x_2 & y_2 & z_2 \end{pmatrix}$$

とおくと $|A|$ を第 1 行に関して展開して $ax + by + cz + d = 0$. この式が点 P_i を通ることは，x, y, z に P_i の成分を代入すれば明らか．ここで $a = 0, b = 0, c = 0$ とすると，問題 **2** を利用して三点 P_i が同一直線上にあることがわかり仮定に反する．よって $(a, b, c) \neq (0, 0, 0)$ であるから，式 $ax + by + cz + d = 0$ は P_0, P_1, P_2 を含む平面を表す．

4. 第一の直線上の 2 点を取る：例えば $P_0(3, 5, 1)$, $P_1(1, 2, 0)$. 第二の直線上の 1 点を取る：例えば $P_2(3, -1, 1)$. P_0, P_1, P_2 に対して問題 **3** を適用して，$x - 2z - 1 = 0$.

5. $\boldsymbol{p} = \begin{pmatrix} 2 \\ a \\ 2 \end{pmatrix}$, $\boldsymbol{q} = \begin{pmatrix} -2 \\ 1 \\ b \end{pmatrix}$ とおくと二直線は $\boldsymbol{x} = \begin{pmatrix} 1 \\ 2 \\ 3 \end{pmatrix} + t\boldsymbol{p}$, $\boldsymbol{x} = \begin{pmatrix} 0 \\ 3 \\ 2 \end{pmatrix} + t\boldsymbol{q}$.

(1) $\boldsymbol{p}$, $\boldsymbol{q}$ のなす角は θ または $\pi - \theta$ であるから

$$\cos\theta = \bigl|(\boldsymbol{p}, \boldsymbol{q})/\bigl(||\boldsymbol{p}||\,||\boldsymbol{q}||\bigr)\bigr| = |a + 2b - 4|/\bigl(\sqrt{a^2 + 8}\sqrt{b^2 + 5}\bigr)$$

(2) 平行 $\Longleftrightarrow \cos^2\theta = 1 \Longleftrightarrow 4(a + 1)^2 + 4(b + 2)^2 + (ab - 2)^2 = 0$
$\Longleftrightarrow a = -1,\ b = -2$

(3)　直交 $\Longleftrightarrow \cos\theta = 0 \Longleftrightarrow a + 2b = 4$

第5章

演習問題 5.1　**1**. 略　　**2**. $\boldsymbol{a} - 2\boldsymbol{b} = \begin{pmatrix} -7 \\ -5 \\ 14 \\ 16 \end{pmatrix}$

演習問題 5.2　**1**. (1) (3) (4) は 部分空間である．

(2) 部分空間ではない．たとえば $\boldsymbol{x} = \begin{pmatrix} 0 \\ 1 \end{pmatrix} \in W$ だが $2\boldsymbol{x} = \begin{pmatrix} 0 \\ 2 \end{pmatrix} \notin W$．

2. $W_1 \cap W_2$ について： $\boldsymbol{x}, \boldsymbol{y} \in W_1 \cap W_2$ とする．$\boldsymbol{x}, \boldsymbol{y} \in W_i$ $(i = 1, 2)$ であるから $\boldsymbol{x} + \boldsymbol{y} \in W_i$, $r\boldsymbol{x} \in W_i$．よって $\boldsymbol{x} + \boldsymbol{y} \in W_1 \cap W_2$, $r\boldsymbol{x} \in W_1 \cap W_2$

$W_1 + W_2$ について： $\boldsymbol{x}, \boldsymbol{y} \in W_1 + W_2$ をとる．
$\boldsymbol{x} = \boldsymbol{x}_1 + \boldsymbol{x}_2$, $\boldsymbol{y} = \boldsymbol{y}_1 + \boldsymbol{y}_2$　$(\boldsymbol{x}_i, \boldsymbol{y}_i \in W_i)$ とおくと，

$$\boldsymbol{x} + \boldsymbol{y} = (\boldsymbol{x}_1 + \boldsymbol{y}_1) + (\boldsymbol{x}_2 + \boldsymbol{y}_2) \in W_1 + W_2, \quad r\boldsymbol{x} = r\boldsymbol{x}_1 + r\boldsymbol{x}_2 \in W_1 + W_2.$$

演習問題 5.3　**1**.　$\boldsymbol{x}, \boldsymbol{y} \in \boldsymbol{R}^2$ について「$\boldsymbol{x}, \boldsymbol{y}$ が 1 次従属である $\Leftrightarrow$ $\boldsymbol{x}, \boldsymbol{y}$ は同一直線上にある」を示す．$\boldsymbol{x}, \boldsymbol{y}$ が 1 次従属であることは，ある $(a, b) \neq (0, 0)$ に対して $a\boldsymbol{x} + b\boldsymbol{y} = \boldsymbol{0}$ が成り立つことである．$a \neq 0$ であれば $\boldsymbol{x} = (-b/a)\boldsymbol{y}$, $b \neq 0$ であれば $\boldsymbol{y} = -(a/b)\boldsymbol{x}$．よって $\boldsymbol{y}$ は $\boldsymbol{x}$ と同じ直線上にある．逆に同一直線上にあれば，$\boldsymbol{y} = a\boldsymbol{x}$ または $\boldsymbol{x} = b\boldsymbol{y}$ とおける．よって $a\boldsymbol{x} + (-1)\boldsymbol{y} = \boldsymbol{0}$ または $\boldsymbol{x} + (-b)\boldsymbol{y} = \boldsymbol{0}$．ゆえに $\boldsymbol{x}, \boldsymbol{y}$ は一次従属である．

2. 与えられたベクトルを列ベクトルとする n 次行列を A とおく．

(1) $n = 3$, $\operatorname{rank} A = 3 = n$．1 次独立　　(2) $n = 4$, $\operatorname{rank} A = 3 < n$．1 次従属

3. $A = (\boldsymbol{u}\ \boldsymbol{v}\ \boldsymbol{w}\ \boldsymbol{a}) \xrightarrow{\text{簡約化}} \begin{pmatrix} 1 & 0 & 0 & 1/5 \\ 0 & 1 & 0 & 13 \\ 0 & 0 & 1 & -38/5 \\ 0 & 0 & 0 & 0 \end{pmatrix}$．よって $\boldsymbol{a} = \dfrac{1}{5}\boldsymbol{u} + 13\boldsymbol{v} - \dfrac{38}{5}\boldsymbol{w}$

演習問題 5.4　**1**. (1) 任意の $c \in \boldsymbol{C}$ は $c = a + b\sqrt{-1}$ $(a, b \in \boldsymbol{R})$ と一意的に表されるから，$\{1, \sqrt{-1}\}$ は $\boldsymbol{R}$ 上のベクトル空間 $V = \boldsymbol{C}$ の基底になる．よって $\dim V = 2$

(2) $\dim V = 3$,　基底として次のものをとれる $\left\{ \begin{pmatrix} 1 & 0 \\ 0 & 0 \end{pmatrix}, \begin{pmatrix} 0 & 1 \\ 0 & 0 \end{pmatrix}, \begin{pmatrix} 0 & 0 \\ 0 & 1 \end{pmatrix} \right\}$

2. $A = \begin{pmatrix} 1 & -1 & 1 \\ 1 & 0 & 3 \\ 2 & 2 & 3 \end{pmatrix}$, $B = \begin{pmatrix} -1 & 0 & 1 \\ 1 & 3 & -1 \\ -2 & 1 & 1 \end{pmatrix}$ とおく．$B = AP$ を満たす P を求めればよい (5.5)．$A^{-1} = \dfrac{1}{7}\begin{pmatrix} 6 & -5 & 3 \\ -3 & -1 & 2 \\ -2 & 4 & -1 \end{pmatrix}$ により $P = A^{-1}B = \dfrac{1}{7}\begin{pmatrix} -17 & -12 & 14 \\ -2 & -1 & 0 \\ 8 & 11 & -7 \end{pmatrix}$．

3. $A=\big(a_{ij}\big)$, $B=\big(b_{ij}\big)$, $C=AB=\big(c_{ij}\big)$ とおく．$c_{ij}=\sum_k a_{ik}b_{kj}$ であり，$(\boldsymbol{u}_1,\dots,\boldsymbol{u}_r)C$ の第 j 列は $\sum_i c_{ij}\boldsymbol{u}_i$ である．

一方

$$(\boldsymbol{u}_1,\dots,\boldsymbol{u}_r)A=\Big(\sum_i a_{i1}\boldsymbol{u}_i,\dots,\sum_i a_{ir}\boldsymbol{u}_i\Big)$$

であるから，$\big((\boldsymbol{u}_1,\dots,\boldsymbol{u}_r)A\big)B$ の第 j 列は

$$\sum_k b_{kj}\Big(\sum_i a_{ik}\boldsymbol{u}_i\Big)=\sum_i\Big(\sum_k a_{ik}b_{kj}\Big)\boldsymbol{u}_i=\sum_i c_{ij}\boldsymbol{u}_i.$$

よって

$$\big((\boldsymbol{u}_1,\dots,\boldsymbol{u}_r)A\big)B=(\boldsymbol{u}_1,\dots,\boldsymbol{u}_r)(AB).$$

演習問題 5.5 **1**. $A=(\boldsymbol{a}_1,\boldsymbol{a}_2,\boldsymbol{a}_4,\boldsymbol{a}_5)$ の簡約形を求めると，$\{\boldsymbol{a}_1,\boldsymbol{a}_2,\boldsymbol{a}_4,\boldsymbol{a}_5\}$ は 1 次独立で $\boldsymbol{a}_3=-2\boldsymbol{a}_1+\boldsymbol{a}_2$ を得る（この解は一例である）．

2. 与えられた行列の簡約形から階数 3 がわかり，第 1, 2, 3 列の組は 1 次独立．転置行列をとって基本行変形により簡約化すると，第 1, 2, 4 行の組は 1 次独立であることがわかる．

3. 定理 5.5.1(1) と基底の存在の性質 (3)（83 頁）とによる．

4. 与えられたベクトルを順に $\boldsymbol{a}_1,\boldsymbol{a}_2,\boldsymbol{a}_3$ とおき $W=\langle\boldsymbol{a}_1,\boldsymbol{a}_2,\boldsymbol{a}_3\rangle$ とおく．行列 $(\boldsymbol{a}_1\ \boldsymbol{a}_2\ \boldsymbol{a}_3)$ は階数が 2 で $\boldsymbol{a}_1,\boldsymbol{a}_2$ は W の基底となり $\dim W=2$.

また $\operatorname{rank}A=3-2=1$ により A は 1×3 行列でよい．$A=(a,b,c)$ とおいて $ax_1+bx_2+cx_3=0$ が $\boldsymbol{a}_1,\boldsymbol{a}_2$ を解にもつように係数を決めればよいのだから

$$\begin{cases} 3a-b+2c=0 \\ -2a+b\qquad=0 \end{cases}$$

を満たす a,b,c $((a,b,c)\neq(0,0,0))$ を求めればよい．$c=-1$ とおくと，$a=2$, $b=4$. ゆえに $2x_1+4x_2-x_3=0$ は求める同次方程式である．

演習問題 5.6 **1**. (1) gf の単射性：$gf(x)=gf(x')$ とする．g が単射であるから $f(x)=f(x')$. さらに f が単射であるから $x=x'$.

gf の全射性：任意の $z\in Z$ に対して，g が全射であるから $z=g(y)$ となる $y\in Y$ が存在する．さらに f が全射であるから $y=f(x)$ となる $x\in X$ が存在する．ゆえに $z=gf(x)$ が成り立つ．

(2) f の単射性：$f(x)=f(x')\Rightarrow gf(x)=gf(x')$. gf が単射であるから $x=x'$.

g の全射性：任意の $z\in Z$ に対して，gf が全射であるから $z=gf(x)$ を満たす $x\in X$ が存在する．ゆえに $y=f(x)\in Y$ とおけば $z=g(y)$.

2. 与えられた行列を A とおく．

(1) $\operatorname{rank}A=2$, $f_A:\boldsymbol{R}^2\to\boldsymbol{R}^3$. よって $\dim(\operatorname{Ker}f_A)=2-\operatorname{rank}A=0$. $\operatorname{Ker}f_A=0$ により f_A は単射であるが，$\dim(\operatorname{Im}f_A)=\operatorname{rank}A=2<3=\dim\boldsymbol{R}^3$ により全射ではない．

(2) $\operatorname{rank}A=3$, $f_A:\boldsymbol{R}^3\to\boldsymbol{R}^3$. よって $\dim(\operatorname{Ker}f_A)=3-3=0$. よって f_A は単射．$\dim(\operatorname{Im}f_A)=3=\dim\boldsymbol{R}^3$ により，f_A 全射，したがって全単射である．

(3) $\operatorname{rank} A = 3$, $f_A : \boldsymbol{R}^4 \to \boldsymbol{R}^3$. よって $\dim(\operatorname{Im} f_A) = \operatorname{rank} A = 3 = \dim \boldsymbol{R}^3$ により f_A は全射. $\dim(\operatorname{Ker} f_A) = 4 - 3 = 1$ であるから $\operatorname{Ker} f_A \neq \{0\}$ により f_A は単射ではない.

3. (1) 頂点の座標が $(-2, -8)$, $(-4, 4)$, $(5, 0)$ の三角形　(2) 二点 $(-4, 8)$, $(6, -12)$ を結ぶ線分

4. (1) 像の基底 $\left\{ \begin{pmatrix} 1 \\ 4 \\ 1 \end{pmatrix}, \begin{pmatrix} -2 \\ -9 \\ -1 \end{pmatrix} \right\}$, $\operatorname{rank} f_A = 2$. 核の基底 $\left\{ \begin{pmatrix} -5 \\ -2 \\ 1 \end{pmatrix} \right\}$, f_A の退化次数 $= 1$. (2) 像の基底 $\left\{ \begin{pmatrix} 1 \\ 1 \\ 2 \end{pmatrix}, \begin{pmatrix} -1 \\ 0 \\ 0 \end{pmatrix}, \begin{pmatrix} -3 \\ -1 \\ 6 \end{pmatrix} \right\}$, $\operatorname{rank} f_A = 3$. 核の基底 $\left\{ \begin{pmatrix} -2 \\ 1 \\ 0 \\ 0 \end{pmatrix} \right\}$, f_A の退化次数 $= 1$.

5. (1) $\Rightarrow$ (4) $f_A f_{A^{-1}} = f_E = f_{A^{-1}} f_A$ ($= 1_{\boldsymbol{R}^n}$: 恒等写像) は全単射. よって問題 **1** により f_A は全射かつ単射.

(4) $\Rightarrow$ (2) (3) 明らか

(2) $\Rightarrow$ (1) $\dim(\operatorname{Ker} f_A) = 0$ により $n = \operatorname{rank} A$. よって A は正則行列.

(3) $\Rightarrow$ (1) $n = \dim(\operatorname{Im} f_A) = \operatorname{rank} A$. よって $\operatorname{rank} A = n$ となり A は正則.

さらにこれらの条件のもとで, $f_{A^{-1}} \cdot f_A = 1_{\boldsymbol{R}^n}$ により $(f_A)^{-1} = f_{A^{-1}}$.

6. 略

演習問題 5.7　**1**. $X = (x_{ij})$, $Y = (y_{ij})$ とおく.

$$\operatorname{tr}(XY) = \sum_i \Bigl(\sum_j x_{ij} y_{ji} \Bigr) = \sum_j \Bigl(\sum_i y_{ij} x_{ji} \Bigr) = \operatorname{tr}(YX).$$

2. (1) $\begin{pmatrix} -1 & 1 & 1 \\ 1 & 1 & 0 \\ -1 & 0 & 2 \end{pmatrix}$　(2) $P = \begin{pmatrix} 2 & -1 & 0 \\ 0 & 2 & 3 \\ 1 & 1 & 1 \end{pmatrix}$, $P^{-1} = \dfrac{1}{5} \begin{pmatrix} 1 & -1 & 3 \\ -3 & -2 & 6 \\ 2 & 3 & -4 \end{pmatrix}$

であるから, f の表現行列は $P^{-1}AP = \dfrac{1}{5} \begin{pmatrix} -3 & 12 & 7 \\ -1 & 4 & -6 \\ 4 & -1 & 9 \end{pmatrix}$.

3. (1) $f(1) = 0$, $f(x) = 1$, $f(x^2) = 2x$, $f(x^3) = 3x^2$ により

$$\bigl(f(1),\ f(x),\ f(x^2),\ f(x^3)\bigr) = (1,\ x,\ x^2,\ x^3)A, \quad A = \begin{pmatrix} 0 & 1 & 0 & 0 \\ 0 & 0 & 2 & 0 \\ 0 & 0 & 0 & 3 \\ 0 & 0 & 0 & 0 \end{pmatrix}$$

(2) $$P^{-1}AP = \begin{pmatrix} 1 & 0 & 0 & 0 \\ 0 & 1 & 0 & -1 \\ -1 & 0 & 1 & 0 \\ 0 & 0 & 0 & 1 \end{pmatrix} A \begin{pmatrix} 1 & 0 & 0 & 0 \\ 0 & 1 & 0 & 1 \\ 1 & 0 & 1 & 0 \\ 0 & 0 & 0 & 1 \end{pmatrix} = \begin{pmatrix} 0 & 1 & 0 & 1 \\ 2 & 0 & 2 & 0 \\ 0 & -1 & 0 & 2 \\ 0 & 0 & 0 & 0 \end{pmatrix}$$

4. (1) $c_{n-1}A^{n-1}\boldsymbol{u}+\cdots+c_1A\boldsymbol{u}+c_0\boldsymbol{u}=\boldsymbol{0}$ とする．両辺に A^{n-1} を掛けると，仮定 $A^n=O$ により，$c_0A^{n-1}\boldsymbol{u}=\boldsymbol{0}$. よって $c_0=0$ で $c_{n-1}A^{n-1}\boldsymbol{u}+\cdots+c_1A\boldsymbol{u}=\boldsymbol{0}$. この式の両辺に A^{n-2} を掛けると $c_1A^{n-1}\boldsymbol{u}=\boldsymbol{0}$. よって $c_1=0$ で $c_{n-1}A^{n-1}\boldsymbol{u}+\cdots+c_2A\boldsymbol{u}=\boldsymbol{0}$. 以下同様に繰り返せばすべての $c_i=0$ となり，n 次元ベクトル空間 $\dim \boldsymbol{R}^n$ の n 個のベクトル $\{A^{n-1}\boldsymbol{u},\dots,\boldsymbol{u}\}$ は 1 次独立．よってこれらは $\dim \boldsymbol{R}^n$ の基底になる．f_A の表現行列は

$$\begin{pmatrix} 0 & 1 & 0 & \dots & 0 \\ & 0 & 1 & \ddots & \vdots \\ \vdots & & \ddots & \ddots & 0 \\ & & & 0 & 1 \\ 0 & & \dots & & 0 \end{pmatrix}$$

5. $f(\boldsymbol{u}_1)=\begin{pmatrix}1\\2\end{pmatrix}=\boldsymbol{v}_2$, $f(\boldsymbol{u}_2)=\begin{pmatrix}4\\3\end{pmatrix}=5\boldsymbol{v}_1-\boldsymbol{v}_2$, $f(\boldsymbol{u}_3)=\begin{pmatrix}4\\4\end{pmatrix}=4\boldsymbol{v}_1$.

よって $\big(f(\boldsymbol{u}_1)\ f(\boldsymbol{u}_2)\ f(\boldsymbol{u}_3)\big)=(\boldsymbol{v}_1\ \boldsymbol{v}_2)A$, $A=\begin{pmatrix}0 & 5 & 4\\ 1 & -1 & 0\end{pmatrix}$

6. 基底 $\{\boldsymbol{u}_i\}, \{\boldsymbol{v}_i\}$ と $\{\boldsymbol{u}'_i\}, \{\boldsymbol{v}'_i\}$ に関する f の表現行列 A, B は次の式で定義される．

$$\big(f(\boldsymbol{u}_1),\ \dots\ , f(\boldsymbol{u}_n)\big)=(\boldsymbol{v}_1,\ \dots\ , \boldsymbol{v}_n)A$$
$$\big(f(\boldsymbol{u}'_1),\ \dots\ , f(\boldsymbol{u}'_n)\big)=(\boldsymbol{v}'_1,\ \dots\ , \boldsymbol{v}'_n)B$$

よって $\big(f(\boldsymbol{u}'_1),\ \dots,\ f(\boldsymbol{u}'_n)\big)=\big(f(\boldsymbol{u}_1),\ \dots,\ f(\boldsymbol{u}_n)\big)P=(\boldsymbol{v}_1,\ \dots\ \boldsymbol{v}_n)AP$,

$$(\boldsymbol{v}'_1\ \dots,\ \boldsymbol{v}'_n)B=\big(\boldsymbol{v}_1,\ \dots,\ \boldsymbol{v}_n\big)QB.$$

ゆえに $(\boldsymbol{v}_1,\ \dots,\ \boldsymbol{v}_n)AP=\big(\boldsymbol{v}_1,\ \dots,\ \boldsymbol{v}_n\big)QB$ により $AP=QB$, $B=Q^{-1}AP$.

第6章

演習問題 6.1 **1**. (1) $A=\big(a_{ij}\big)$ とおく．行列式 $|xE_n-A|$ を展開すると

$$g_A(x)=(x-a_{ii})\cdots(x-a_{nn})+(x \text{ に関する } n-2 \text{ 次以下の多項式}).$$

よって x^{n-1} の係数 a_1 は $-\operatorname{tr} A$. また $a_n=g_A(0)=|-A|=(-1)^n|A|$.

(2) A が固有値 0 をもつ $\Longleftrightarrow g_A(0)=0 \Longleftrightarrow a_n=0 \Longleftrightarrow |A|=0$（(1) を適用）

(3) $g_A(x)=(x-\lambda_1)\cdots(x-\lambda_n)$ により

$$a_1=-(\lambda_1+\cdots+\lambda_n),\quad a_n=(-1)^n\lambda_1\cdots\lambda_n.$$

よって (1) により $\operatorname{tr} A=\lambda_1+\cdots+\lambda_n$, $|A|=\lambda_1\cdots\lambda_n$.

2. (1) $g_A(x)=(x-3)(x-6)$, 相異なる固有値 3, 6, $\dim W(A,3)=1$, $\dim W(A,6)=1$ (2) $g_A(x)=(x-2)^2(x+1)$, 相異なる固有値 2, -1, $\dim W(A,2)=2$, $\dim W(A,-1)=1$ (3) $g_A(x)=(x-1)(x-2)(x-3)$, 異なる固有値 $\lambda=1,2,3$, $\dim W(A,\lambda)=1$ $(\lambda=1,2,3)$.

3. $A=\begin{pmatrix}-3 & -2\\ 2 & 2\end{pmatrix}$ とおくと $f=f_A$ で，f の固有値は $1,-2$.
$W(f,1)$ の基底 $\begin{pmatrix}1\\ -2\end{pmatrix}$，$W(f,-2)$ の基底 $\begin{pmatrix}-2\\ 1\end{pmatrix}$.

4. A の固有多項式：x^2-x-2. よって $A^2-A-2E=O$.

$$x^5=(x^3+x^2+3x+5)(x^2-x-2)+11x+10$$

を利用して $A^5=11A+10E=\begin{pmatrix}87 & 88\\ -55 & -56\end{pmatrix}$

$E=\dfrac{1}{2}A(A-E)$ により $A^{-1}=\dfrac{1}{2}(A-E)=\dfrac{1}{2}\begin{pmatrix}6 & 8\\ -5 & -7\end{pmatrix}$.

演習問題 6.2 **1**. 固有多項式は $x^2-2(\cos\theta)x+1$. 固有値：$\cos\theta\pm\sqrt{-1}\sin\theta$.

2. 与えられた行列を A とおく.

(1) A の固有値は 1, 3.

$P^{-1}AP=\dfrac{1}{2}\begin{pmatrix}-1 & 1\\ 1 & 1\end{pmatrix}A\begin{pmatrix}-1 & 1\\ 1 & 1\end{pmatrix}=\begin{pmatrix}1 & 0\\ 0 & 3\end{pmatrix}$，$(P^{-1}AP)^n=\begin{pmatrix}1 & 0\\ 0 & 3^n\end{pmatrix}$.

よって

$$A^n=P(P^{-1}AP)^nP^{-1}=\frac{1}{2}\begin{pmatrix}1+3^n & -1+3^n\\ -1+3^n & 1+3^n\end{pmatrix}.$$

(2) A の固有値は 4, -3.

$P^{-1}AP=\dfrac{1}{7}\begin{pmatrix}2 & 1\\ 1 & -3\end{pmatrix}A\begin{pmatrix}3 & 1\\ 1 & -2\end{pmatrix}=\begin{pmatrix}4 & 0\\ 0 & -3\end{pmatrix}$，$(P^{-1}AP)^n=\begin{pmatrix}4^n & 0\\ 0 & (-3)^n\end{pmatrix}$.

よって

$$A^n=\frac{1}{7}\begin{pmatrix}6\cdot 4^n+(-3)^n & 3\cdot 4^n+(-3)^{n+1}\\ 2\cdot 4^n-2(-3)^n & 4^n-2(-3)^{n+1}\end{pmatrix}.$$

3. $g_A(x)=x^2+1=(x-i)(x+i)$（ここで $i=\sqrt{-1}$）により A の固有値は i, $-i$ で実数ではないから A は実対角行列に相似にはならない. 一方 A の固有値はすべて異なるから A はある正則行列 P によって対角化される：$P^{-1}AP=\begin{pmatrix}i & 0\\ 0 & -i\end{pmatrix}$. i, $-i$ に属する固有ベクトルとしてそれぞれ $\begin{pmatrix}1\\ i\end{pmatrix}$，$\begin{pmatrix}i\\ 1\end{pmatrix}$ を選べば $P=\begin{pmatrix}1 & i\\ i & 1\end{pmatrix}$ とおける.

4. (1) $A=\dfrac{1}{2}\begin{pmatrix}1 & 1\\ 2 & 0\end{pmatrix}$

(2) 固有値：1, $-1/2$. 固有ベクトル：$\begin{pmatrix}1\\ 1\end{pmatrix}\in W(A,1)$，$\begin{pmatrix}1\\ -2\end{pmatrix}\in W(A,-1/2)$.

(3) $P=\begin{pmatrix}1 & 1\\ 1 & -2\end{pmatrix}$ とおくと $P^{-1}=\dfrac{1}{3}\begin{pmatrix}2 & 1\\ 1 & -1\end{pmatrix}$，$P^{-1}AP=\begin{pmatrix}1 & 0\\ 0 & -1/2\end{pmatrix}$，

$$A^n=P(P^{-1}AP)^nP^{-1}=\frac{1}{3}\begin{pmatrix}2+(-1/2)^n & 1-(-1/2)^n\\ 2+(-1/2)^{n-1} & 1-(-1/2)^{n-1}\end{pmatrix}.$$

ゆえに $\lim_{n\to\infty} A^n = \frac{1}{3}\begin{pmatrix} 2 & 1 \\ 2 & 1 \end{pmatrix}$. また

$$\begin{pmatrix} a_{n+2} \\ a_{n+1} \end{pmatrix} = A^n \begin{pmatrix} a_2 \\ a_1 \end{pmatrix} = \frac{1}{3}\begin{pmatrix} 2+(-1/2)^n \\ 2+(-1/2)^{n-1} \end{pmatrix}$$

により $a_{n+1} = (1/3)\bigl(2+(-1/2)^{n-1}\bigr)$, よって $\lim_{n\to\infty} a_n = 2/3$.

演習問題 6.3 **1**. $\alpha = 10-5i$, $\beta = 2/5-(9/5)i$ **2**. $5-3i$

3. (1) $\|\boldsymbol{x}+\boldsymbol{y}\|^2 = (\boldsymbol{x}+\boldsymbol{y}, \boldsymbol{x}+\boldsymbol{y})$, $\|\boldsymbol{x}-\boldsymbol{y}\|^2 = (\boldsymbol{x}-\boldsymbol{y}, \boldsymbol{x}-\boldsymbol{y})$ を展開して整理すれば右辺を得る. (2) 求める等式の左辺は $2(\boldsymbol{x}, \boldsymbol{y})$

4. 右辺を展開して整理すれば左辺を得る. 右辺は常に実数であるが左辺は実数とは限らないので, 一般に $\boldsymbol{C}^n$ では成立しない.

反例：$\boldsymbol{x} = \begin{pmatrix} i \\ 0 \end{pmatrix}$, $\boldsymbol{y} = \begin{pmatrix} 1 \\ 0 \end{pmatrix}$ に対して $(\boldsymbol{x}, \boldsymbol{y}) = i \notin \boldsymbol{R}$

5. 行列単位 E_{ij} 全体は $M_{m,n}(K)$ の基底なので $\dim M_{m,n}(K) = mn$. また例えば内積の性質 (2) は $(Y, X) = \mathrm{tr}({}^tY\overline{X}) = \mathrm{tr}({}^t({}^tY\overline{X})) = \mathrm{tr}({}^t\overline{X}Y) = \overline{\mathrm{tr}({}^tX\overline{Y})} = \overline{\mathrm{tr}({}^tX\overline{Y})} = \overline{(X, Y)}$. 以下略.

演習問題 6.4 **1**. 与えられたベクトルを順に $\boldsymbol{v}_1, \boldsymbol{v}_2, \boldsymbol{v}_3$ とおいて直交化をすると,

$$\left\{ \frac{1}{\sqrt{2}}\begin{pmatrix} 1 \\ 0 \\ 1 \end{pmatrix}, \frac{1}{\sqrt{6}}\begin{pmatrix} -1 \\ 2 \\ 1 \end{pmatrix}, \frac{1}{\sqrt{3}}\begin{pmatrix} -1 \\ -1 \\ 1 \end{pmatrix} \right\}$$

注 $\boldsymbol{v}_1, \boldsymbol{v}_2, \boldsymbol{v}_3$ の取り方を換えれば別の正規直交基底が得られる.

2. (1) $\boldsymbol{u}_1 = \frac{1}{\sqrt{3}}\begin{pmatrix} 1 \\ -1 \\ 1 \end{pmatrix}$, $\boldsymbol{u}_2 = \frac{1}{\sqrt{6}}\begin{pmatrix} 1 \\ 2 \\ 1 \end{pmatrix}$

(2) $\boldsymbol{u}_3 = \frac{1}{\sqrt{2}}\begin{pmatrix} 1 \\ 0 \\ -1 \end{pmatrix}$ とおけば, $\{\boldsymbol{u}_1, \boldsymbol{u}_2, \boldsymbol{u}_3\}$ は $\boldsymbol{R}^3$ の正規直交基底

3. $$(\boldsymbol{x}, \boldsymbol{y}) = \bigl(\textstyle\sum_i x_i\boldsymbol{v}_i, \sum_j y_j\boldsymbol{v}_j\bigr) = \sum_{i,j} x_i\overline{y}_j(\boldsymbol{v}_i, \boldsymbol{v}_j) = \sum_i x_i\overline{y}_i$$

4. n 次の置換行列 P は n 次の単位行列 $\boldsymbol{e}_1, \cdots, \boldsymbol{e}_n$ を並び換えた列をもつ行列のことである. すなわち n 文字の置換 σ によって

$$P = \bigl(\boldsymbol{e}_{\sigma(1)} \ \cdots \ \boldsymbol{e}_{\sigma(n)}\bigr)$$

と表される. この n 個の列ベクトルが正規直交系を成すことは明らかである.

5. 固有値は 2 (重根) のみで, $W(A, 2) = \left\{c\begin{pmatrix} 1 \\ 1 \end{pmatrix} \mid c \in \boldsymbol{R}\right\}$, $\dim W(A, 2) = 1 \neq 2$. よって A は対角化できない.

$\boldsymbol{u}_1 = \dfrac{1}{\sqrt{2}}\begin{pmatrix}1\\1\end{pmatrix}$, $\boldsymbol{u}_2 = \dfrac{1}{\sqrt{2}}\begin{pmatrix}1\\-1\end{pmatrix}$ とおき $P = \dfrac{1}{\sqrt{2}}\begin{pmatrix}1 & 1\\1 & -1\end{pmatrix}$ とおくと，P は正規直交行列で ${}^tPAP = \begin{pmatrix}2 & -6\\0 & 2\end{pmatrix}$.

6. (1)
$$ {}^tPP = \begin{pmatrix}a^2+c^2 & ab+cd\\ ab+cd & b^2+d^2\end{pmatrix} $$

よって ${}^tPP = E$ であることは次の三式が成り立つことと同値である.

$$ a^2+c^2=1,\ \ ab+cd=0,\ \ b^2+d^2=1 $$

(2) $a^2+c^2=1, b^2+d^2=1$ により，ある θ, φ を用いて $a=\cos\theta, c=\sin\theta, b=\cos\varphi, d=\sin\varphi$ とおける．このとき

$$ 0 = ab+cd = \cos\theta\cos\varphi + \sin\theta\sin\varphi = \cos(\theta-\varphi). $$

よって $\varphi-\theta = \pi/2+n\pi$．ゆえに

$$ \cos\varphi = \cos(\theta+\pi/2+n\pi) = \mp\sin\theta\ \ (n \text{ が偶数のとき}-, \text{奇数のとき}+) $$
$$ \sin\varphi = \sin(\theta+\pi/2+n\pi) = \pm\cos\theta\ \ (n \text{ が偶数のとき}+, \text{奇数のとき}-). $$

これにより求める形の行列が得られる.

(3) $P\begin{pmatrix}x\\y\end{pmatrix} = \begin{pmatrix}x\\-y\end{pmatrix}$ であるから，f_P によって任意の点 (x,y) は x 軸に関して対称な点 $(x,-y)$ に移る（x 軸に関する**折り返し**).

(4) 幾何ベクトルの和やスカラー倍は，もとの幾何ベクトルを ℓ に関して対称な位置に移したベクトルの和やスカラー倍と（ℓ に関して）対称な位置にある．よって ℓ は線形写像である．変換 ℓ の表現行列 L を求めるためにこの変換を次の (i) (ii) (iii) に分けて考える.

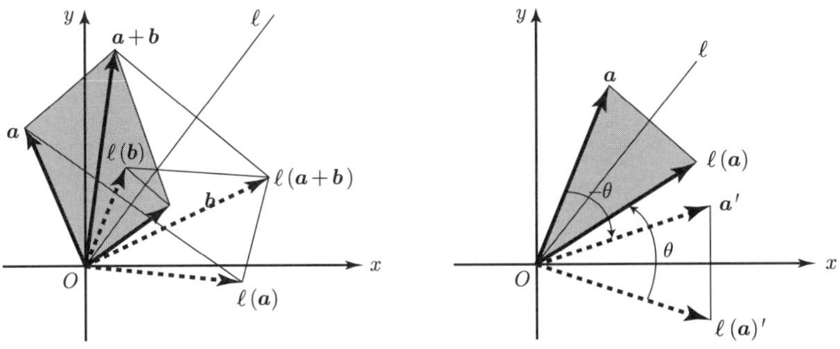

(i) 平面を 原点の周りに $-\theta$ 回転 すると ℓ は x 軸に一致する．このとき

(ii) $\boldsymbol{a}$ が $\boldsymbol{a}'$ に移れば $\ell(\boldsymbol{a})'$ は $\boldsymbol{a}'$ を x 軸に関して折り返し て得られる．次に

(iii) 平面を 原点の周りに θ 回転 させれば $\ell(\boldsymbol{a})'$ は $\ell(\boldsymbol{a})$ になる．

(i) (ii) (iii) での下線部の操作は，それぞれ次の行列によって定まる線形変換である．

$$\begin{pmatrix} \cos\theta & \sin\theta \\ -\sin\theta & \cos\theta \end{pmatrix}, \quad \begin{pmatrix} 1 & 0 \\ 0 & -1 \end{pmatrix}, \quad \begin{pmatrix} \cos\theta & -\sin\theta \\ \sin\theta & \cos\theta \end{pmatrix}$$

よって

$$L = \begin{pmatrix} \cos\theta & -\sin\theta \\ \sin\theta & \cos\theta \end{pmatrix}\begin{pmatrix} 1 & 0 \\ 0 & -1 \end{pmatrix}\begin{pmatrix} \cos\theta & \sin\theta \\ -\sin\theta & \cos\theta \end{pmatrix} = \begin{pmatrix} \cos 2\theta & \sin 2\theta \\ \sin 2\theta & -\cos 2\theta \end{pmatrix}.$$

(5) $\begin{pmatrix} \cos\theta & -\sin\theta \\ \sin\theta & \cos\theta \end{pmatrix}$ による線形変換は原点の周りの角 θ の回転である．また $\begin{pmatrix} \cos\theta & \sin\theta \\ \sin\theta & -\cos\theta \end{pmatrix}$ による線形変換は x 軸との角が $\theta/2$ の直線に関する鏡映である．直交行列は (2) によってこれら二種類の行列に限るから，直交行列による線形変換は原点周りの回転か鏡映に限ることになる．

演習問題 6.5 **1**. (1) A を n 次実交代行列とする．固有値 λ とそれに属する固有ベクトル $\boldsymbol{x} \in \boldsymbol{C}^n$ に対して次のようにエルミート内積を考える．

$$(A\boldsymbol{x}, \boldsymbol{x}) = (\lambda\boldsymbol{x}, \boldsymbol{x}) = \lambda(\boldsymbol{x}, \boldsymbol{x})$$
$$(A\boldsymbol{x}, \boldsymbol{x}) = (\boldsymbol{x}, {}^tA\boldsymbol{x}) = (\boldsymbol{x}, -A\boldsymbol{x}) = -(\boldsymbol{x}, \lambda\boldsymbol{x}) = -\overline{\lambda}(\boldsymbol{x}, \boldsymbol{x})$$

よって $\lambda = -\overline{\lambda}$．したがって λ は 0 または純虚数である．

(2) ユニタリ行列 U によって A は三角化可能：$U^{-1}AU = \begin{pmatrix} \lambda_1 & & * \\ & \ddots & \\ 0 & & \lambda_n \end{pmatrix}$.

ここで ${}^t(U^{-1}AU) = {}^tU\,{}^tA\,{}^t(U^{-1}) = \overline{U}^{-1}(-A)\overline{U} = -\overline{U^{-1}AU}$ （仮定により ${}^tA = -A = -\overline{A}$, ${}^tU = \overline{U}^{-1}$）．よって $U^{-1}AU = \begin{pmatrix} \lambda_1 & & 0 \\ & \ddots & \\ 0 & & \lambda_n \end{pmatrix}$, $\lambda_i = -\overline{\lambda}_i$. ゆえに

$$U^{-1}(E \pm A)U = \begin{pmatrix} 1 \pm \lambda_1 & & 0 \\ & \ddots & \\ 0 & & 1 \pm \lambda_n \end{pmatrix}.$$

ここで $\lambda_1, \ldots, \lambda_n$ は 0 または純虚数であるから $1 \pm \lambda_i \neq 0$．よって $|U^{-1}(E \pm A)U| = (1 \pm \lambda_1) \cdots (1 \pm \lambda_n) \neq 0$, 特に $|E \pm A| \neq 0$．ゆえに $E \pm A$ は正則である．

(3) $P = \begin{pmatrix} 0 & 1 \\ 1 & 0 \end{pmatrix}$ とおくと $|E \pm P| = 0$ となり，$E \pm P$ は正則ではない．

2. (1) $E+C(X)=E+(E-X)(E+X)^{-1}=(E+X+E-X)(E+X)^{-1}=2(E+X)^{-1}$. この式の最後の項が正則であるから $E+C(X)$ も正則で，その逆行列は

$$(E+C(X))^{-1}=\frac{1}{2}(E+X).$$

また
$$\begin{aligned}C(C(X))&=(E-C(X))(E+C(X))^{-1}\\&=\bigl(E-(E-X)(E+X)^{-1}\bigr)2^{-1}(E+X)=X.\end{aligned}$$

(2) $E+{}^tX={}^t(E+X)$ であるから $E+X$ が正則であれば $E+{}^tX$ も正則である．

$$\begin{aligned}C({}^tX)&=(E-{}^tX)(E+{}^tX)^{-1}={}^t(E-X)\bigl({}^t(E+X)\bigr)^{-1}\\&={}^t(E-X){}^t\bigl((E+X)^{-1}\bigr)={}^t\bigl((E+X)^{-1}(E-X)\bigr)\\&={}^t\bigl((E-X)(E+X)^{-1}\bigr)={}^tC(X)\end{aligned}$$

ここで $X(E+X)=(E+X)X$ により $(E+X)^{-1}X=X(E+X)^{-1}$ であるから，

$$(E+X)^{-1}(E-X)=(E-X)(E+X)^{-1}.$$

X が対称であるとすると，${}^tC(X)=C({}^tX)=C(X)$．よって $C(X)$ も対称．逆に $C(X)$ が対称であるとすると $C(X)=C({}^tX)$．よって (1) により，$X=C(C(X))=C(C({}^tX))={}^tX$．ゆえに X も対称．

(3) $C(-X)=(E+X)(E-X)^{-1}=\bigl((E-X)(E+X)^{-1}\bigr)^{-1}=C(X)^{-1}$,
(1) と (2) を適用して，$X=-{}^tX \Longleftrightarrow C(X)=C(-{}^tX)=C({}^tX)^{-1}=\bigl({}^tC(X)\bigr)^{-1}$.

3. (1) $A=\begin{pmatrix}1&0&-1\\0&1&0\\-1&0&1\end{pmatrix}$, $g_A(x)=x(x-1)(x-2)$. 固有値がすべて異なるから，各固有値 0, 1, 2 に属する長さ 1 の固有ベクトル $\boldsymbol{p}_1, \boldsymbol{p}_2, \boldsymbol{p}_3$ をそれぞれ一つ求めれば，$\{\boldsymbol{p}_1,\ \boldsymbol{p}_2,\ \boldsymbol{p}_3\}$ は正規直交系になる（定理 6.5.1 (2)）．例えば

$$\boldsymbol{p}_1=\frac{1}{\sqrt{2}}\begin{pmatrix}1\\0\\1\end{pmatrix},\quad \boldsymbol{p}_2=\begin{pmatrix}0\\1\\0\end{pmatrix},\quad \boldsymbol{p}_3=\frac{1}{\sqrt{2}}\begin{pmatrix}1\\0\\-1\end{pmatrix}$$

とおくと，$P=\begin{pmatrix}1/\sqrt{2}&0&1/\sqrt{2}\\0&1&0\\1/\sqrt{2}&0&-1/\sqrt{2}\end{pmatrix}$, $P^{-1}AP=\begin{pmatrix}0&0&0\\0&1&0\\0&0&2\end{pmatrix}$

(2) $A=\begin{pmatrix}0&0&1\\0&1&0\\1&0&0\end{pmatrix}$, $g_A(x)=(x-1)^2(x+1)$. $W(A,1)$ から正規直交系 $\{\boldsymbol{p}_1,\ \boldsymbol{p}_2\}$ をとり，$W(A,-1)$ から長さ 1 のベクトル $\boldsymbol{p}_3$ をとる：例えば

$$\boldsymbol{p}_1=\begin{pmatrix}0\\1\\0\end{pmatrix},\quad \boldsymbol{p}_2=\frac{1}{\sqrt{2}}\begin{pmatrix}1\\0\\1\end{pmatrix},\quad \boldsymbol{p}_3=\frac{1}{\sqrt{2}}\begin{pmatrix}1\\0\\-1\end{pmatrix}$$

をとり $P=\begin{pmatrix}0 & 1/\sqrt{2} & 1/\sqrt{2}\\ 1 & 0 & 0\\ 0 & 1/\sqrt{2} & -1/\sqrt{2}\end{pmatrix}$ とおくと，$P^{-1}AP=\begin{pmatrix}1 & 0 & 0\\ 0 & 1 & 0\\ 0 & 0 & -1\end{pmatrix}$

4. 各 2 次形式の行列を A とおく.

(1) $A=\begin{pmatrix}1 & -3\\ -3 & 1\end{pmatrix}$, 固有多項式 $g_A(x)=(x-4)(x+2)$,

$\boldsymbol{p}_1=\dfrac{1}{\sqrt{2}}\begin{pmatrix}1\\ -1\end{pmatrix}\in W(A,4)$, $\boldsymbol{p}_2=\dfrac{1}{\sqrt{2}}\begin{pmatrix}1\\ 1\end{pmatrix}\in W(A,-2)$.

$P=(\boldsymbol{p}_1\ \ \boldsymbol{p}_2)$ とおいて

$$P^{-1}AP=\begin{pmatrix}4 & 0\\ 0 & -2\end{pmatrix},\quad (P^{-1}AP)[\boldsymbol{x}]=4x_1^2-2x_2^2$$

(2) $A=\dfrac{1}{2}\begin{pmatrix}0 & 1 & 1\\ 1 & 0 & 1\\ 1 & 1 & 0\end{pmatrix}$, 固有多項式 $g_A(x)=(x-1)\Big(x+\dfrac{1}{2}\Big)^2$,

$\boldsymbol{p}_1=\dfrac{1}{\sqrt{3}}\begin{pmatrix}1\\ 1\\ 1\end{pmatrix}\in W(A,1)$, $\boldsymbol{p}_2=\dfrac{1}{\sqrt{2}}\begin{pmatrix}-1\\ 0\\ 1\end{pmatrix}$, $\boldsymbol{p}_3=\dfrac{1}{\sqrt{6}}\begin{pmatrix}1\\ -2\\ 1\end{pmatrix}\in W(A,-1/2)$.

$P=(\boldsymbol{p}_1\ \ \boldsymbol{p}_2\ \ \boldsymbol{p}_3)$ とおいて

$$P^{-1}AP=\begin{pmatrix}1 & 0 & 0\\ 0 & -1/2 & 0\\ 0 & 0 & -1/2\end{pmatrix},\quad (P^{-1}AP)[\boldsymbol{x}]=x_1^2-\frac{1}{2}x_2^2-\frac{1}{2}x_3^2$$

(3) $A=\begin{pmatrix}1 & -1 & 1\\ -1 & 1 & 1\\ 1 & 1 & 1\end{pmatrix}$, 固有多項式 $g_A(x)=(x-2)^2(x+1)$,

$\boldsymbol{p}_1=\dfrac{1}{\sqrt{3}}\begin{pmatrix}1\\ 1\\ -1\end{pmatrix}\in W(A,-1)$, $\boldsymbol{p}_2=\dfrac{1}{\sqrt{2}}\begin{pmatrix}1\\ 0\\ 1\end{pmatrix}$, $\boldsymbol{p}_3=\dfrac{1}{\sqrt{6}}\begin{pmatrix}1\\ -2\\ -1\end{pmatrix}\in W(A,2)$.

$P=(\boldsymbol{p}_1\ \ \boldsymbol{p}_2\ \ \boldsymbol{p}_3)$ とおいて

$$P^{-1}AP=\begin{pmatrix}-1 & 0 & 0\\ 0 & 2 & 0\\ 0 & 0 & 2\end{pmatrix},\quad (P^{-1}AP)[\boldsymbol{x}]=-x_1^2+2x_2^2+2x_3^2$$

参考文献

本書を書くに当たっては主として次の本を参考にした.

[1] 岩堀長慶編「線形代数学」, 裳華房 (1982)

[2] 佐竹一郎著「線形代数」, 共立出版 (1997)

[3] 津島行男著「線形代数・ベクトル解析」, 学術図書出版社 (1993)

[4] 三宅敏恒著「入門線形代数」, 培風館 (1991)

[5] 吉野雄二著「基礎課程　線形代数」, サイエンス社 (2000)

[6] C. W. Curtis 著「Linear algebra, An introductory approach」, Springer-Verlag (1997)

[7] 日本数学会編集「数学辞典　第 3 版」, 岩波書店 (1985)

索　引

著者略歴

山形邦夫（やまがた くにお）

1972年　東京教育大学大学院修士課程修了
東京教育大学(理学部)，筑波大学(数学系)を経て
現　在　東京農工大学名誉教授　理学博士

和田倶幸（わだ ともゆき）

1973年　北海道大学大学院博士課程中退
小樽商科大学(商学部)を経て
現　在　東京農工大学名誉教授　理学博士

2006年3月30日　初版発行
2022年2月25日　初版第15刷発行

線形代数学入門

著　者　山形邦夫
　　　　和田倶幸
発行者　山本　格

発行所　株式会社　培風館
東京都千代田区九段南4-3-12・郵便番号102-8260
電話(03)3262-5256(代表)・振替00140-7-44725

中央印刷・牧製本

PRINTED IN JAPAN

ISBN978-4-563-00354-8　C3041